DER STAT
S. LEODIGARI
S.MAVRIZ

Charlotte Jurecka

BRÜCKEN

Historische Entwicklung – Faszination der Technik

Charlotte Jurecka

BRÜCKEN

Historische Entwicklung – Faszination der Technik

VERLAG ANTON SCHROLL & CO · WIEN UND MÜNCHEN

Mittenwaldbahn, Schloßgrabenbrücke

122 Abbildungen, davon 27 in Farbe, und 40 Textfiguren

Auf dem Vor- und Nachsatzblatt ist eine Ansicht der Stadt Luzern mit ihren Brücken aus dem Jahre 1597 wiedergegeben, nach einem Stich aus dem Stadtarchiv Luzern

Das Frontispiz (Abb. 1) zeigt die Schloßgrabenbrücke der Mittenwaldbahn in Tirol, erbaut 1911/12; darunter ein einfacher Holzsteg

Printed in Austria
Gesamtherstellung: Agens-Werk Geyer + Reisser, Wien
ISBN 3-7031-0464-3

Inhalt

Vorwort

Brücken übten von jeher eine Faszination auf die Menschen aus, besonders wenn sie so wohlgelungen waren oder sind, daß sie sich in vollendeter Harmonie in die Landschaft oder das Stadtbild fügen und ein echtes Bindeglied darstellen. Nicht umsonst haben sich Maler aller Zeiten Brücken als Motiv gewählt, haben sich Dichter mit diesem Thema befaßt. Wie sehr Brücken, im echten wie im übertragenen Sinn des Wortes, in der Geschichte aller Völker eine Rolle spielten, soll hier aufgezeigt werden. Leider ist, wenn wir die Geschichte betrachten, das Sprichwort von den Brücken, die hinter jemandem abgebrochen werden – wobei sich die Worte sowohl auf Bauwerke wie auf menschliche Bindungen beziehen können –, nur allzuoft in die Tat umgesetzt worden. Viel öfter, als es uns wohl bewußt ist und wir es vielleicht wahrhaben wollen, wurden Brücken nicht dazu gebaut, Verbindungen dauerhafter Art herzustellen, sondern sie waren kurzlebige Objekte, um einen Angriff vorzutragen, sie dienten der Zerstörung und wurden wieder zerstört, in weit zurückliegenden Kriegen ebenso wie in jüngster Zeit; am schlimmsten gewiß im Zweiten Weltkrieg: *Abb. 4*
die zertrümmerten Rheinbrücken mögen für die unzähligen anderen Zeugnis ablegen. Viele Brücken wurden seither neu gebaut, zuerst meistens an den alten Stellen. Die Brücken über den Rhein, zwischen Deutschen und Franzosen, wurden auch menschlich wieder geschlagen, und die Vereinigten Staaten von Amerika schufen mit der Luftbrücke nach Berlin nicht nur ein neues Wort, sondern auch eine Demonstration der Freundschaft.

Das Bemühen um diesen geistigen Brückenbau müßte so vollendet gelingen, wie dies bei einigen der technischen Wunderwerke der Fall ist. Denken wir an die kühne Europabrücke bei Innsbruck, die schon durch ihren Namen das Völkerverbindende ausdrückt, denken wir an die Bosporusbrücke in *Abb.*
Istanbul, die von Engländern, Deutschen und Türken gemeinsam erbaut wurde. Ähnliche Beispiele *105*
gibt es in aller Welt.

Durch die Zunahme der Verkehrswege – Schienen wie Straßen – stehen heute immer öfter mehrere Brücken in unmittelbarer Nachbarschaft, wobei ganz verschiedenartige Bauwerke zusammentreffen. Bei der Schloßgrabenbrücke der Mittenwaldbahn und dem darunter liegenden Holzsteg ergibt sich *Abb. 1*
gerade aus der Verschiedenartigkeit der Übergänge ein Anblick von eigenem Reiz. Eine ganze Kolonie älterer und neuerer Straßen- und Eisenbahnbrücken befindet sich im Ennstal beim Verkehrsknotenpunkt Kastenreith. Harmonisch wirkt diese „Brückenfamilie" allerdings nicht, *Abb. 5*
bestenfalls ist sie ein Beispiel der technischen Entwicklung verschiedener Brückenarten. In manchen Städten reihen sich über die sie teilenden Flüsse Brücken wie Perlenketten. Paris ist dafür eines der berühmtesten Beispiele, es wird seit Jahrhunderten wegen seiner prächtigen Seinebrücken gepriesen.

Manchmal scheint es, daß Brücken heute nur dann in aller Munde sind, wenn ein spektakuläres Ereignis sie in den Blickpunkt der Öffentlichkeit rückt: sei es eine besondere technische Leistung – wie die im Frühjahr 1976 erfolgte Verschiebung der Oberkasseler Brücke in Düsseldorf an ihren endgültigen Standort – oder der bedauerliche Einsturz der seit 1936 bestehenden Wiener Reichsbrücke am 1. August 1976. Auch von solchen „schwarzen Tagen" in der Geschichte des Brückenbaues wird noch die Rede sein.

Hauptsächlich will dieses Buch jedoch die historische Entwicklung dieser Bauwerke, ihre Bedeutung in Kultur, Geschichte und Religion, ihre Erwähnung in Literatur, Lied und Sprichwort und – nicht zuletzt – ihre bauliche Faszination aufzeigen. Diese Faszination der Brücken hängt weder vom

Material noch von ihrer Größe ab: es ist die Kraft des Verbindens über ein Hindernis hinweg, gleichgültig ob es sich nur um einen kleinen Bach, eine wilde Schlucht, einen Fluß oder um einen Meeresarm handelt. Die Anmut eines ländlichen Holzsteges, die handwerkliche Kunst einer überdachten Holzbrücke, die harmonische Schönheit römischer oder etwa chinesischer, die anheimelnde Art mittelalterlicher Steinbrücken, die Wucht stählerner Giganten, der bizarre oder grazile Bau geflochtener Seilbrücken, die modernsten, kühnen und scheinbar schwerelosen Konstruktionen – sie und alle übrigen Arten des Brückenbaues können uns in ihren Bann ziehen und sind ein Spiegel genialen Erfindergeistes und menschlicher Schaffenskraft.

Ein wenig Brückenkunde

Fig. 1 „Wildensteinvestung" mit vier Zugbrücken bei Leibertingen, Kreis Sigmaringen (Zeichnung nach Merian)

Im Jahre 1890 erschien ein kleines Buch von E. M. Schranka mit dem Titel „Brückenkunde" (Lit. 140), in welchem der Autor die Herkunft des Wortes „Brücke" erläutert: aus dem althochdeutschen „pruecha", im Schwabenspiegel „brugge", und dem verwandten angelsächsischen „brich" und „brygga" wurde einerseits das hochdeutsche Wort Brücke, andererseits das englische „bridge", altfranzösisch „brigue", während sich das lateinische „pons" im Italienischen zu „ponte" und im Französischen zu „pont" gewandelt hat.

Bei vielen an einer Brücke gegründeten Orten drückt sich dies schon im Namen aus. Bei Gründungen aus der Römerzeit findet sich in alten Dokumenten häufig der Zusatz „ad pontem". In Österreich gibt es mindestens 16 Orte, die sich „Bruck" nennen, wie Bruck an der Mur, an der Lafnitz, an der Leitha, Bruck-Fusch u. a. m.; dann in Zusammensetzungen: Innsbruck, Vöcklabruck, Möllbrücke, oder in Deutschland z. B. Saarbrücken, Zweibrücken, Osnabrück, Bingerbrück. In Frankreich beginnen viele Ortsnamen mit „Pont", und zahllos sind in Großbritannien und Amerika die Städte, die das Wort „bridge" im Namen führen, wobei der Bezug zu einer Brücke oft verlorengegangen ist. Die Beispiele ließen sich in anderen Ländern beliebig fortsetzen.

Neben den unterschiedlichsten festen Brücken, von denen dann hauptsächlich die Rede sein wird, gab es schon in sehr früher Zeit viele Arten von beweglichen Brücken, von denen einige noch heute gebaut werden. Es gab oder gibt Roll- oder Schubbrücken, Hub- und Zugbrücken, Klapp-, Dreh- und Fallbrücken, Faß- oder Tonnenbrücken, Schiffsbrücken – manchmal mit ausfahrbaren Teilen –, sowie sogenannte „Fliegende Brücken", womit Fähren, die an Seilen laufen, gemeint sind, während Schanz- oder Laufbrücken militärischen Zwecken dienten und im Seekampf auch „Enterbrücken" eingesetzt wurden.

Natürliche Eis- oder Felsbrücken, von denen manche prachtvoll und berühmt sind, wurden nicht nur bewundert, sondern einige wurden auch tatsächlich als Übergänge benützt, wie die Felsbrücke unterhalb der Wasserfälle von Terni in Italien, die heute fast vergessen und wild überwuchert ist. Die Naturbrücke von l'Ardêche in Frankreich ist sogar auf einer Briefmarke abgebildet. *Abb.*

Als Urbild des Verbindenden kommt in Legenden, Märchen und Religionen fast aller Kulturvölker *2b*
der Regenbogen vor: als Himmelbrücke z. B. in den nordischen Sagen, wo er „Bifröst" oder althochdeutsch „piparasta" (= die bebende Rast) genannt wird, über den die Götter nach Asgard wandelten. Im Alten Testament ist der Regenbogen das von Gott gesetzte Zeichen für den Bund zwischen ihm und der Erde, und in christlichen, vor allem volkstümlichen Darstellungen finden wir Gott oder Christus auf einem Regenbogen thronend oder das Christuskind sowie Engel auf einem solchen zur Erde niedersteigend. Von Schiller gibt es ein poetisches Sinnrätsel, das den Regenbogen meint: „Von Perlen baut sich eine Brücke ..."

Als Gegensatz zur „Himmelsbrücke" gibt es auch zahlreiche „Teufelsbrücken", wobei es sich um echte, jedoch außergewöhnliche Bauwerke handelt: überall, wo Brücken besonders kühn, hoch oder etwa aus übergroßen Steinen erbaut waren, vermutete man später des Teufels Mitarbeit, und dies gilt nicht nur für unsere Regionen. Als Beispiel sei Ceylon angeführt. Robert Knox berichtete 1697 von drei bis vier Ruinen sehr alter Steinbrücken, die im 17. Jh. dort entdeckt wurden, darunter Reste einer Brücke in der Nähe von Anaradhapura, die so grandios gewesen sein soll, daß sie von den Eingeborenen nur „Teufelsbrücke" genannt und für das Werk von Dämonen gehalten wurde (Lit. 107). In der Liste der unter Denkmalschutz stehenden französischen Brücken befinden sich acht „Ponts du Diable".

Sprichwörter und Redewendungen, die sich mit Brücken befassen, werden heute nur mehr wenig gebraucht oder sind ganz in Vergessenheit geraten. Früher, als in den Orten die Brücke noch im Mittelpunkt des täglichen Lebens stand, kamen diese Vergleiche viel häufiger vor. „Brücken machen" bedeutete alte Schulden mit neuen tilgen. „Einem die Brücke treten" hieß, ihm den Weg bahnen; oder es gab die Sprichworte: „Auch die besten Brücken tritt man mit den Füßen", „Es ist eine schlechte Brücke, die kürzer ist als der Strom" – und so ließen sich die Beispiele beliebig fortsetzen. Eine Wiener Redensart lautete: „Er deckt sich alle Nacht mit der Brücken zua", wobei Obdachlose gemeint waren, die unter der Brücke schliefen. Eine nette Redewendung gebrauchten die Londoner: „London bridge was made for wise men to go over and fools to go under". Sprichwörter wie „Die Brücke im Rücken abbrechen" oder „Einem die Brücke abbrennen" gehen sicher sehr weit zurück, und es gibt sie in ähnlicher Art auch in anderen Sprachen. Heute vergessen ist: „Freund hinterm Rück ist eine feste Brück". Eine chinesische Spruchweisheit lautet: „Über diese Brücke werden wir gehen, wenn wir hinkommen", und ein Spruch aus dem Koran besagt: „Dünn wie ein Haar und scharf wie ein Schermesser ist die Brücke, die zum Paradies oder in die Hölle führt." Auch zur Wahrheitsfindung wurden Brücken benützt: Unter Lügnern brach sie angeblich zusammen. Aus alten Berichten gewinnt man manchmal den Eindruck, daß hie und da bei dem „Einsturz" nachgeholfen wurde. Es gab sogar Übergänge, die Totenbrücken genannt wurden. So heißt es bei Johann Fastenrath zum Auszug Napoleons aus Metz: „O Kutscher, nicht über den Pont des Morts . . ." Zu den Totenbrücken zählt auch die Seufzerbrücke, der Ponte dei sospiri, in Venedig, die den Dogenpalast über den Rio di Palazzo hinweg mit den Prigioni, den Gefängnissen mit den berüchtigten Bleikammern verband. Über sie mußten die Verurteilten ihren letzten Weg zur Richtstätte gehen. Es wird auch von einer eisernen Brücke bei Tegernfelden berichtet, die Totenbrücke genannt wurde, weil der Burgherr dort die zum Tode verurteilten Untertanen hinrichten ließ (Lit. 140).

Tragisches Geschehen rund um Brücken beschäftigte stets die Phantasie der Dichter, nicht nur in Gedichten, sondern auch in Balladen, Erzählungen und Romanen. Die berühmteste Ballade ist wohl Theodor Fontanes „Die Brücke am Tay". Wie eindrucksvoll erlebt man die Unrast der

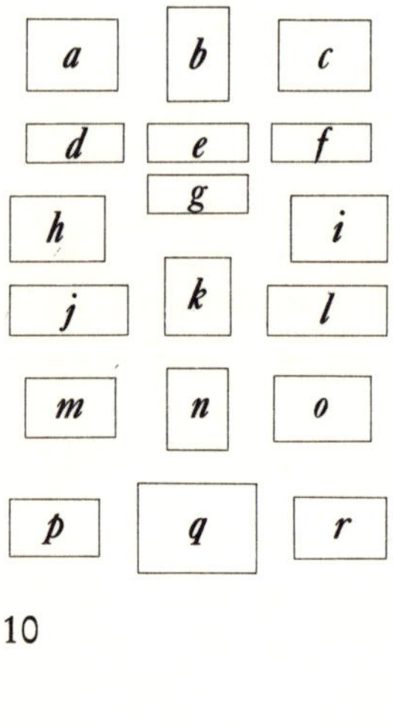

2 Darstellungen von Brücken auf Briefmarken: *a)* Lianenhängebrücke in Gabun (Afrika); *b)* Naturbrücke von l'Ardêche (Frankreich); *c)* Steinbogenbrücke in Jin-gang-shan; *d)* Hängebrücke in Lan-chang, vermutlich die „An-Lan" (s. S. 41); *e)* Brücke mit Pavillons in Sang-jiang; *f)* „Pao-Tai"-Steinbogenbrücke in Suchow; *g)* erste flache Steinbogenbrücke in Süd-Hopei, 610 errichtet (alle China); *h)* Mpudzi Bridge, Stahlbetonbogenbrücke; *i)* Low Level Bridge, Straßenbrücke, beide in Rhodesien; *j)* Göltzschtalviadukt bei Reichenbach in Sachsen; *k)* Innbrücke bei Finstermünz (Tirol); *l)* Stahlbogenbrücke über den Templiner See (DDR); *m)* Stahlhängebrücke über die Niagaraschlucht (USA); *n)* Salazarbrücke (Portugal); *o)* Birchenough Bridge in Rhodesien; *p)* türkische Steinbogenbrücke über den Weißen Drin (Albanien); *q)* die „2." Quebec Bridge (während der Bauzeit kam es am 29. August 1907 zu einem spektakulären Einsturz) sowie die Verrazano Narrows Bridge in New York; *r)* Hängebrücke von Tancerville (Frankreich)

RÉPUBLIQUE GABONAISE
75F
POSTES 1974
PONT DE LIANES DE POUBARA
P. LAMBERT
DELRIEU
1,40
POSTES
REPUBLIQUE FRANÇAISE
1971
GORGES DE L'ARDÈCHE
10分
中国人民邮政
10分
中国人民邮政
20分
中国人民邮政
8分
4分
中国人民邮政
RHODESIA
MPUDZI BRIDGE
9d
RHODESIA
LOW LEVEL BRIDGE
3d
2s
INNBRÜCKE b. FINSTERMÜNZ
Tirol
REPUBLIK ÖSTERREICH
GÖLTZSCHTAL VIADUKT
DDR 25
BRÜCKE ÜBER DEN TEMPLINER SEE
10 DDR
A CENTURY OF FRIENDSHIP
UNITED STATES – CANADA
1848-1948
UNITED STATES POSTAGE
3¢
PONTE SALAZAR
- 1966 -
2$80
PORTUGAL
RHODESIA
BIRCHENOUGH BRIDGE
2/6
MBRETNIJA SHQIPTARE
2 FRAR
POSTAT
2 FRAR
BRITISH HONDURAS
NARROWS BRIDGE, NEW YORK
BRIDGES OF THE WORLD
QUEBEC BRIDGE, CANADA
5 CENTS
PONT DE TANCARVILLE
POSTES
30F
REPUBLIQUE FRANÇAISE

VTILITATI·PVBLICÆ
PONS·AD·SPREAM·IN·VRBIS·
SPLENDOREM·MEDIO·BELLO
BEROLINI·ERECTVS·
M·DC·XCII·
LA VILLE DE PARIS
LES RIVES DE LA SEINE
UNIES PAR DE
NOUVEAUX LIENS
PONTS ET CHAUSSEES
TIR FEDERAL A FRIBOURG 1881
5 Fr

„Brücknersleut" im Brückenhaus in der stürmischen Wintersnacht mit – und das hohnvolle Geheul der siegreichen Winde: *Hei! Wie Splitter brach das Gebälk entzwei. Tand, Tand, ist das Gebilde von Menschenhand!* Wie oft haben Naturgewalten „Gebilde von Menschenhand" zerstört, aber die Menschen errichteten sie unverdrossen immer wieder neu. In der modernen Literatur wurde besonders Thornton Wilders in Peru spielende Erzählung „Die Brücke von San Louis Rey" und der Roman von Ivo Andrič „Die Brücke über die Drina" bekannt, sowie die Filme „Die Brücke" von Bernhard Wicki und „Die letzte Brücke" von Helmut Käutner.

Immer wieder beschäftigte dieses Thema auch die Maler. Nicht nur in unzähligen chinesischen und japanischen Blättern ist das Brückenmotiv festgehalten – von dem japanischen Künstler K. Hokusai (1760–1849) gibt es eine ganze Folge von Farbholzschnitten „Brücken aus den Provinzen" –, *Abb.*
sondern wir kennen auch in Europa ganz berühmte Brückenbilder, wie das der „Brücke von Arles" *25*
von Vincent van Gogh (1888), und Maler wie Monet, Cézanne, Feininger, Munch, Dufy, Kokoschka u. a. m. wählten Brückenmotive für einige ihrer Werke. Und „Brücke" nannte sich zu Beginn des 20. Jahrhunderts auch eine berühmte expressionistische Künstlergruppe in Dresden.

Sehr beliebt ist heute auch die Darstellung von Brücken auf Briefmarken; zum geringeren Teil *Abb. 2*
handelt es sich dabei um alte Bauwerke, etwa aus Anlaß ihrer Renovierung, großteils werden moderne Brücken anläßlich ihrer feierlichen Verkehrsübergabe als Motiv gewählt. Zahlreich sind auch die Darstellungen von Brücken auf Münzen und Medaillen, wobei die Römer vermutlich die *Abb. 3*
ersten waren, die ihre technischen Leistungen auf diese Weise zur Schau stellten, und seit der Renaissance bis in die heutige Zeit wurde von dieser Möglichkeit immer wieder Gebrauch gemacht. Man könnte eine kleine Geschichte des Brückenbaues allein auf Grund dieser Darstellungen auf Münzen und Medaillen schreiben.

Von den vielen Liedern, die von Brücken handeln, gehörten zu den weitestverbreiteten die von der Prager Karlsbrücke, welche die Studenten gerne sangen. Aber auch Rhein- und Donaubrücken wurden besungen oder die Magdalenenbrücke in Neapel, wo es im Lied heißt, St. Januarius möge die Stadt vor neuem Aschenregen bewahren.

Robert Hamerling schreibt über die Brücken von Verona:

Ich sah, Verona, Dich von Deinen Brücken
reizprangend, unter mir die Flut, die schnelle . . .

Altbekannt ist das Reiterlied vom Prinzen Eugen mit der Stelle:

Er ließ schlagen eine Brucken, daß man konnt' hinüberrucken . . .

und ebenso die Kinderreigen über die Brücke von Avignon und die London Bridge.

Im alten Kinderlied spielt die „Goldene Brücke" eine ganz große Rolle; von den Brückenliedern, die zugleich als Spiele gestaltet werden, sind sicher Melodie und Text der „Goldenen Brücke" am bekanntesten, wobei es davon viele Variationen gibt: aus Thüringen und Magdeburg, Danzig,

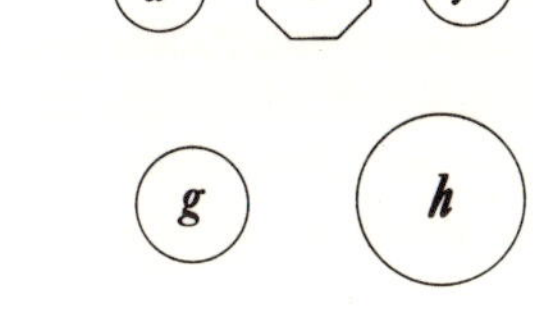

3 Darstellungen von Brücken auf Münzen: *a)* Reiterstatue auf dem Aqua Marcia (Silberdenar, 56. v. Chr.); *b)* Kurfürstenbrücke zu Berlin (Zinnmedaille anläßlich der Erbauung 1692); *c)* Esslingen mit der Pliensaubrücke am Neckar (Silbermedaille, 1717 zur 200-Jahr-Feier der Reformation); *d)* Pont-de-Neuilly (französischer Silberjeton, vermutlich 1772 zur Brückeneröffnung geprägt); *e)* Pont des Arts mit Louvre (französische Silbermedaille, 1801, anläßlich des Baues von drei Seinebrükken in Paris); *f)* Pont-Neuf (französischer Silberjeton, 1801); *g)* Saanebrücke bei Fribourg (Schweizer 5-Franken-Silbermünze, 1881); *h)* Eisenbahn-Gitterträgerbrücke über die Weichsel (Bronzemedaille, 1860 zur 600-Jahr-Feier der Stadt Dirschau geprägt)

Brandenburg, Westfalen, dem Oberlahnkreis, Nürnberg und Preßburg, also kreuz und quer durch das deutschsprachige Gebiet.
Das Lied von der „Merseburger Brücke" wurde von den Kindern im Dresdener Raum in anderer Fassung gesungen, es war dort die „Meißner Brücke":

Wir woll'n die Meißner Brücke bau'n,
Wer hat sie denn zerbrochen?...

Aus Kassel stammt das Lied von der „Meierschen Brücke"; vielleicht handelte es sich dabei um einen Bauherrn dieses Namens, vielleicht lag auch eine „Meierei" (Milchwirtschaft) an der Brücke. Böhme (Lit. 13) meint, das Brückenspiel sei uralt und fuße auf mythischen Grundlagen, wofür er auch Beispiele anführt. Meist bildeten die Kinder bei ihren Spielen „Brücken" mit ihren Armen – das Symbol des Händegebens als Brücke von Mensch zu Mensch wird darin verdeutlicht. Unter anderen gab es ein „Engels- und Teufelsspiel" bei dem die beiden Seiten auch als Himmel und Hölle bezeichnet wurden und die „Brücke" dazwischen vielleicht die „Totenbrücke" aus den alten Sagen symbolisierte. Brückenspiele gab es in ganz Europa. Eines ist aus Aargau bekannt, eines hieß „Die Prager Brücke", eines „Die Spanische Brücke", eines stammte aus Königsberg, und auch in Schweden gab es ein „Teufelsspiel". Besonders war das Brückenspiel in der Rheinprovinz zu Hause, und zwar in vielen Varianten. Kreuzberg (Lit. 86), der sich eingehend damit befaßte, nennt in diesem Zusammenhang vor allem Siegburg, Westerhausen, Opladen, Elberfeld, Essen, Krefeld sowie Orte in der Eifel und bei Saarbrücken.
Die mittelalterlichen Brücken hatten ihre feststehende Funktion für fast alle Lebensbereiche: Märkte oder kleine Läden befanden sich auf ihnen, Gefangenenaustausch und Gerichtsbarkeit – bis hin zur oft grausamen Urteilsvollstreckung – wurden auf Brücken vollzogen. Es gab Hochzeits- und Totenbrücken, letztere auch deshalb so genannt, weil der Friedhof nur über diese Brücke zu erreichen war und die Toten darüber ihren letzten Weg nahmen. Aber auch Festgelage wurden auf Brücken abgehalten und Bündnisse und Friedensabschlüsse darauf besiegelt: die Brücke war dann Symbol des Zusammenschlusses der verfeindeten Parteien, oder sie war das „Niemandsland", auf dem man zusammenkam, ohne daß einer das Gebiet des anderen betreten mußte. Bezüglich der Gerichtsbarkeit kennen wir als berühmte Beispiele Johannes Nepomuk und Agnes Bernauer, die, auf Brücken gerichtet, beide in den Fluten ertranken.
In der Chronik von Schwäbisch Hall kann man die Geschichte der „Henkersbrücke" – ursprünglich aus Holz erbaut – bis 1228 zurückverfolgen. Sehr früh schon wurde auf ihr Brückenzoll erhoben, wie eine Eintragung besagt, wonach König Ludwig am 13. Dezember 1343 der Stadt den ihr vormals zur Ausbesserung der Henkersbrücke auferlegten Zoll bis auf Widerruf verlängerte. Seinen Namen erhielt das Bauwerk, weil die Verurteilten über diese Brücke zum Hochgericht geführt wurden und weil lange Zeit auch das Haus des Henkers darauf stand, welches später das Wächterhaus für den Scheiterzoll wurde.
Es gibt auch viele Hinweise über die Rolle der Brücke im Aberglauben, übersichtlich zusammengestellt im „Handwörterbuch des deutschen Aberglaubens" (Lit. 62). Ein Gewässer galt fast überall als natürliche Grenze, die jedoch durch den Bau eines Steges oder einer Brücke als aufgehoben betrachtet wurde. Weil nun die den Gewässern innewohnenden Gottheiten nach alter Vorstellung durch den Bau einer Brücke erzürnt wurden, mußten sie durch ständige Opfer besänftigt werden; dafür stand dann die Brücke unter ihrem Schutz. Von altersher stehen also viele Kulthandlungen im Zusammenhang mit Brücken. Im niederdeutschen Raum wurden bis in das 18. Jh. große Feste mit Mahlzeiten und Trinkgelagen auf Brücken abgehalten, ein Brauch, der wahrscheinlich auf ein altes Ritual zurückgeht.
Aus manchen Göttern wurden mit der Zeit Geister, und so kennen wir den Wassermann – den Nöck der Löwe-Ballade –, Wassernixen in vielen Variationen und Irrlichter unter den Brücken und in den angrenzenden Mooren. Dem Volksglauben nach trieben sich auch Teufel gern um diese Bauwerke herum, ebenso Geister in Gestalt von Hunden, Katzen oder auch als Ziegenbock, der ebenfalls als

Symbol des Teufels galt, und andere Sagengestalten, wie der „wilde Jäger", der mit seinem Gefolge über Brücken jagt. Schätze stehen in alten Erzählungen ebenfalls in Beziehung zu Brücken, sie werden dort versenkt, versteckt oder auch gefunden.
Bei der Einweihung von Brücken, die mit „Hilfe des Teufels" erbaut worden waren, wurde in den Erzählungen dieser dann meist um seine ihm versprochene Seele geprellt, indem ein Hund, ein Hahn oder ein anderes Tier als erstes über das fertiggestellte Bauwerk gejagt wurde. Legenden und Sagen dieser Art gibt es fast in jedem Land.
Auch Selbstmörderbrücken gab es zu jeder Zeit, und in unserem Jahrhundert stehen einige Brücken ebenfalls in diesem traurigen Ruf und tragen im Volksmund diesen Namen.
Viele der alten Brücken gaben – besonders nachts – dem einfachen Volk sicher viel Anlaß zu Angst und Gruseln, und es war sehr nützlich, bei der Kapelle oder dem Heiligen – die sich meist mitten auf der Brücke befanden – ein Gebet zu sprechen, bevor man die Brücke dann ganz überschritt.

Von den Ursprüngen des Brückenbaues

Fig. 2 Clam Bridge in Wycoller, Lancashire (England), aus der Zeit um 1000 v. Chr.

Fast alle Brückentypen, welche die Menschheit je ersann, um ein Gewässer zu überqueren, gibt es noch heute. Schon früh bestanden in den verschiedenen Ländern die unterschiedlichsten Arten von Brücken gleichzeitig nebeneinander und blieben oft Jahrhunderte hindurch fast unverändert. Deshalb kann man nicht von einer kontinuierlichen Entwicklung des Brückenbaues sprechen, eher von einer zeitweisen Weiterentwicklung einzelner Formen.
In vielen Teilen der Welt war Holz das erste Material, das zum „Brückenschlag" verwendet wurde, wenn auch niemand sagen kann, wer den ersten Baumstamm über einen Bach, über ein kleines Gerinne legte. Meistens wird die Natur Vorbild gewesen sein; ein vom Sturm gefällter Baum, der zufällig über ein Gewässer zu liegen kam. Wir können annehmen, daß schon die Jäger- und Nomadenvölker der Jungsteinzeit solche primitive Brücken benutzten. Wenn sie nun auch schon seltener geworden sind, so findet man doch den Baumstamm und den einfachen Holzsteg auch heute noch fast in aller Welt – besonders im Gebirge, in abgelegenen Tälern –, und der Anblick eines solchen hölzernen, roh gezimmerten Überganges, der sich schlicht in die unberührte Landschaft fügt, kann uns heute noch bezaubern. In der romantischen Periode des vergangenen Jahrhunderts dienten solche Sujets Künstlern oft als Vorbild. *Abb. 6*

Holz war auch der Baustoff für die Pfahlbauten, die man auf der ganzen Erde nachweisen kann, besonders an Seeufern und in moorigen Gebieten. Da wird es auch einfache Pfahlstege gegeben haben, denn die Häuser mußten ja vom Ufer aus erreichbar sein, und zwischen den einzelnen Gebäuden werden Verbindungsstege den Kontakt der Bewohner ermöglicht haben. Im Alpengebiet Europas kannte man seit 4500 v. Chr. die Pfahlbautechnik; die älteste bildliche Darstellung stammt aus Ägypten, um 1650 v. Chr.

Die ältesten und längsten bisher nachgewiesenen Pfahlbrücken in Mitteleuropa wurden im Jahre 1907 in der Schweiz am Ufer des Sees von Neuchâtel entdeckt, wo bereits seit der Mitte des 19. Jh.s an der Freilegung dieser Siedlungen gearbeitet worden war. Neben den Resten verschiedener Wohngruppen fand man die exakten Doppelreihen von Holzpfählen zweier ehemaliger Brücken, von denen eine 80 m lang war. Man nimmt an, daß diese Pfahlbrücken zum Teil Verteidigungszwekken dienten und durch Palisaden geschützt waren. Parallelen dazu finden sich oft Jahrhunderte oder *Vorsatzblatt* Jahrtausende später, wie z. B. die berühmte Kapellbrücke in Luzern, ein reines Holzbauwerk aus dem 14. Jh., die ursprünglich zum Teil ein Wehr- und Schutzbau war und auch Palisaden besessen haben soll.

Die Blütezeit der Pfahlbauten war die Bronzezeit, und die Siedlungen bei Neuchâtel gehören der „La Têne"-Periode an, welche ungefähr die letzten fünfhundert Jahre v. Chr. umfaßt (Lit. 165).

Da Holz leider ein sehr vergängliches Material ist, läßt sich heute nicht mehr nachweisen, bis zu welcher Kunstfertigkeit vielleicht hie und da in früherer Zeit solche Brücken gediehen waren. Im Ablauf der Geschichte gerieten handwerkliches Können und Wissen um verschiedene Arbeitsmethoden immer wieder in Vergessenheit.

War auch die Ausführung der Holzbrücken bezüglich Qualität und Schönheit oft sehr unterschiedlich, blieben doch ein paar Grundtypen über alle Zeiten unverändert: Im Gebirge – vom Himalaya über den Kaukasus bis in die Alpen – wurden neben den einfachsten Formen meist vorkragende Brücken verschiedenster Art errichtet, im Flachland bevorzugte man fast überall Jochbrücken, in China außerdem große Balkenbrücken, die auf Holzsäulen ruhten. Hie und da dürfte es schon recht früh Fachwerkbrücken gegeben haben, vielleicht auch einfache Häng- und Sprengwerke. In Mitteleuropa traten Häng- und Sprengwerke erst sehr spät in Erscheinung, etwa im 14. Jh., und *Fig. 15* Tragwerke mit Holzbogenkonstruktion erst im 18. Jh. Fachwerkbogen waren jedoch schon den Römern bekannt, wie man an der berühmten Donaubrücke Trajans sehen kann.

Doch nicht überall war das Holz dominierend. In manchen Gegenden benützte man daher schon in vorgeschichtlicher Zeit große Steine, ja Steinbalken zur Überquerung kleinerer Gewässer. In England finden wir noch heute solche prähistorische Steinbrücken, Unikate, die urtümlich in die *Fig. 2* Landschaft passen: die sogenannten Clapper and Clam-Bridges, wobei die Clams aus einem großen *Abb. 9* Monolithstein bestehen, der auf beiden Seiten des Bachufers auf Sockeln aus einem oder mehreren schweren Felsbrocken ruht, während die Clappers aus mehreren Steinbalken – meist zwei oder drei – errichtet sind, die im Bachbett auf einzelnen großen oder mehreren aufeinandergetürmten etwas kleineren Steinen aufliegen. Noch außergewöhnlicher und interessanter sind die sogenannten Tarr Steps in Somerset. Es handelt sich dabei um eine Steinbalkenbrücke mit vielen Öffnungen, die möglicherweise dreitausend Jahre alt ist, mit einer Länge von 140 engl. Fuß und einer Breite von zirka 5 engl. Fuß. Die 24 Steinbalken sollen ein Gewicht von je 4 bis 5 Tonnen haben, so daß es eine bewundernswerte Leistung war, sie zu transportieren und in ihre Lage zu bringen. Kein Wunder, daß man also bei dieser Brücke an die Mithilfe des Teufels glaubte. Im Jahr 1952 wurden die Tarr Steps bei einem Hochwasser der Flüsse Exe, Barle, Mole und Lyn schwer beschädigt, aber sofort *Abb. 8* wieder restauriert (Lit. 22). Es kann sein, daß diese Steinbalkenbrücken in der Bronzezeit von den gleichen Stämmen errichtet wurden, die auch die Monumente von Stonehenge schufen, wobei dort Steinbalken mit einem Gewicht von 6 bis 28 Tonnen Verwendung fanden.

Als dritte Gruppe primitiver Brücken entwickelten sich dort, wo tragfähiges Holz oder passende Steine fehlten oder eher eine Seltenheit waren, dafür aber Schlingpflanzen von sehr großer Festigkeit in reicher Fülle gediehen oder anderes flechtbares Material zur Verfügung stand, die Seil- und

4, 5 *Oben:* Die gesprengte Kaiser-Wilhelm-Brücke in Köln, 1945. *Rechts:* Am Verkehrsknotenpunkt Kastenreith im Ennstal (Österreich) befindet sich diese nicht gerade harmonische „Brükkenfamilie“; sie ist jedoch ein Beispiel konstanter Wichtigkeit mancher Talübergänge

6, 7 *Oben:* Romantische Gebirgsszenerie bei Reichenbach (Sachsen) mit einem hölzernen Steg. Nach einem Stich Anf. des 19. Jh.s. *Links:* Peruanische Hängebrücke, möglicherweise die Apurimacbrücke, die um 1350 das erste Mal erstellt und immer wieder erneuert wurde. Nach einer Zeichnung

8, 9 *Oben:* Die sogenannten Tarr Steps in Exmoor (England), erbaut um 1000 v. Chr. *Rechts:* In Wycoller (Lancashire) findet man noch „Clams" und „Clappers". Im Hintergrund ist eine Clapper Bridge zu sehen, im Vordergrund eine „Packhorse Bridge", deren Blütezeit das 17./18. Jh. war

10 Die Mouslouk-Brücke in Pergamon (dem heutigen Bergama in der Türkei), nach einer Darstellung von Texier (Lit. 156). Diese römische Brücke geht möglicherweise, wie drei andere römische Brücken auf kleinasiatischem Boden, auf hellenistische Ursprünge zurück

Hängebrücken. In manchen Gegenden dürften die Bewohner ausschließlich mit der Flechtkunst vertraut gewesen sein, so daß sie diese Technik nicht nur für ihre Hütten und viele Gebrauchsgegenstände, sondern auch für ihre Brücken verwendeten.
Mitunter wurden es im Laufe der Zeit recht durchdachte und komplizierte Gebilde, die letzten Endes zur Entwicklung der eisernen Hängebrücken führten, zuerst in China oder Tibet. Für diese teils kühnen, ja waghalsigen, mitunter jedoch auch relativ stabil aussehenden Übergänge wurde an Material alles verwendet, was sich nur halbwegs eignete: Baumrinde und Bast, Bambus, Schilf, Maisstroh, Weidenruten, verschiedene Schlingpflanzen und anderes mehr.
Bei der Errichtung dieser oft „schwindelerregenden" Brücken spielten die Natur und das vorhandene Material eine bedeutende Rolle. Sicher waren auch lokale und kulturelle Gegebenheiten sowie ethnische und soziale Bedingungen von entscheidendem Einfluß. Sehen wir uns zuerst im Westen von China um und südlich von Tibet: Die Hängebrücken in der Himalayaregion erregten zu jeder Zeit das Staunen der Reisenden. In West-Yunnan gibt es heute noch äußerst primitive Seilbrücken: Zwei Bambusseile hängen so, daß der Ankunftspunkt etwas tiefer liegt als der Abfahrtspunkt, und daran schweben – mit Yakbutter geschmiert – über beachtliche Schluchten aus Bambusstäben hergestellte „Wiegen" verschiedenster Art für Menschen wie für Tiere. In Nord-Yunnan wurden sogar hölzerne Röhren als Läufer für die Wiegen verwendet. Needham (Lit. 116) weist darauf hin, daß dieser Brückentypus auch in Peru bekannt war, und von Alexander v. Humboldt gibt es Beschreibungen und Zeichnungen aus den Äquatorial-Anden Südamerikas von derartigen „Überbrückungsmöglichkeiten".
Tibet soll das Ursprungsland der Hängebrücken gewesen sein. Nicht nur an Zahl, sondern auch an Formen, von den einfachsten bis zu den originellsten, sowie auch modern anmutenden Ausführungen übertrifft es andere Regionen. Zuerst gab es nur zwei Seile; der nächste Schritt war der zur V-Form, die aus drei Seilen besteht, wobei das Trittseil mit den beiden Seitenseilen in kurzen Intervallen verbunden wird. Diese Art ist in China, Indien, Burma, Gilgit (Pakistan), Celebes, Borneo und Sumatra bekannt (Lit. 116). In Assam an der Tibetgrenze spannte man auch noch ein Seil über den Köpfen und umflocht das Ganze zu einer mehr oder minder O-förmigen Röhre. Es wird von einer solchen Röhre von 800 Fuß Länge erzählt, die seitlich 50 Fuß ausschwang! Man nimmt an, daß „Meisterschützen" das Ende eines dünnen Seiles auf die andere Seite der Schlucht schossen, und mit Hilfe dieses dünnen Seiles wurden dann die schweren nachgezogen. Die frühesten Berichte über Seilbrücken in China stammen aus dem Jahr 90 n. Chr. und erzählen von solchen Übergängen in den Hindukusch-Bergen: Diese seien voll von Klüften und steilsten Felswänden, aber Seile hingen von Seite zu Seite und ermöglichten die Übergänge. Da der Name Hindukusch übersetzt etwa „Hängende Übergänge" bedeutet, wäre dies vielleicht eine Deutung des Ursprungs dieser Brücken. Es gibt noch eine ältere Reisebeschreibung (um 25 v. Chr.), aufgezeichnet von einer chinesischen diplomatischen Mission, welche den Himalaya unter extremen Schwierigkeiten überquerte. Pfade an den Felsen, kaum breiter als ein Fuß, zwangen die Reisenden, einander an den Schultern haltend, Schritt für Schritt vorwärts zu kommen und Seilbrücken, über tiefe Schluchten führend, mußten überwunden werden. Da aber keine genaueren Ortsbezeichnungen angegeben sind, ist es nicht sicher, ob sich diese primitiven Seilbrücken ebenfalls auf chinesischem Boden befanden. Man nimmt an, daß es dieser Weg oder Pfad war, den auch der erste von vielen folgenden buddhistischen Pilgern nach Indien, Fa-Hsien, 399 n. Chr. benützte und äußerst drastisch beschrieb (Lit. 116).
Inwieweit China, Tibet, die übrigen Staaten im Himalayagebiet und Indien sich gegenseitig beim Bau der Hängebrücken beeinflußten, bzw. wer für die eine oder andere Art das „Urheberrecht" besitzt, ist sicher kaum mehr festzustellen. Merckel (Lit. 107), der sich in seinem umfangreichen Werk über die Ingenieurtechnik im Altertum auch eingehend mit den verschiedenen Brückenarten befaßt, berichtet u. a. von Seilbrücken aus dem Himalayagebiet, die „Shula" genannt wurden, wobei das Wort etwa „ein starkes, über den Fluß gespanntes Seil" bedeutete. Auf dem Seil lief ein Holzblock, der den Passagieren als Sitz diente und hin und her gezogen wurde. Eine solche Shula

befand sich zur Zeit des Berichterstatters (1899) noch bei Rampur über den Fluß Setledsch. *Sangho*, berichtet Merckel weiter, bedeutete *eine geflochtene Hängebrücke, und manchmal war dieses Geflecht so grobmaschig, daß man sich nur wundern konnte, daß sich Leute darüber wagten, den Abgrund dauernd unter ihren Füßen erblickend.*

In Indien gab es ebenfalls verschiedene Arten von Seilbrücken. Bezüglich Ceylon berichtet abermals Merckel von dort heimischen Schlinggewächsen, welche die enorme Länge von 180 m bei fast gleichbleibender Stärke von der Wurzel bis zur Spitze erreichten. Nicht nur die Brückenbahnen bestanden aus einer Anzahl von Seilen aus diesen Gewächsen, auch links und rechts waren solche gespannt und mit Bambusstäben mit dem unteren Brückenteil verbunden, so daß ein recht gutes Geländer entstand.

Auf Java gab es wunderschöne Bambusbrücken. Das Modell einer solchen Brücke ist im Technischen Museum in Wien zu sehen; im Deutschen Museum in München gibt es eine besonders kunstvolle Nachbildung der Bambusbrücke über den Tjiliwoeng bei Buitenzorg auf Java. Auch in Afrika wurden solche Brücken gebaut, von denen sich an der Elfenbeinküste noch einige erhalten
Abb. 2a haben. Auf einer Briefmarke des Staates Gabun ist eine Lianenbrücke dargestellt.

Aber auch die Indianervölker Südamerikas flochten die unterschiedlichsten Brücken; in den Anden wurde besonders Peru durch seine zahlreichen Hängebrücken berühmt. Bezüglich der Herstellung und Erhaltung dieser vielgerühmten Übergänge fand sich einzig für Peru ein Bericht des Garcilasco de la Vega (Lit. 51), der später seinem Namen noch das Wort „Inca“ voraussetzte. Das Buch stammt aus dem 16. Jh., als dort der Bau dieser Brücken noch sehr im Schwung war. Leider kannten die Inkas sowie ihre Vorgänger noch nicht die Schrift. Historische Begebenheiten und alles, was für ihr Leben wichtig schien, wurde von „besonderen Leuten“ im Gedächtnis aufbewahrt und mündlich an ausgewählte Personen weitergegeben. „Inca Garcilasco“ lebte von 1539 bis 1616, seine Mutter war eine Inkaprinzessin; der letzte Inkakönig Atahualpa wurde 1533 von den Spaniern ermordet. Gewiß waren in Garcilascos Kindheit all diese Ereignisse sowie die Geschichte der Inkas noch sehr lebendig.

Die Inkas übernahmen, als sie um 1100 n. Chr. die Stadt Cusco gründeten, schon viele Straßen und wahrscheinlich auch Brücken von den dort ansässigen Indianern. Sie entwickelten eine große Bautätigkeit und erweiterten das Straßennetz auf schätzungsweise 10.000 Meilen, durch Wüsten, über Gebirge und durch den Urwald; zahlreiche Flüsse und Schluchten wurden überbrückt. Da die Andenvölker das Rad nicht kannten, waren ihre Straßen und Brücken nur für Fußgänger und Lama-Karawanen gebaut. Die Straße über die Anden war 3.250 Meilen lang, und es soll dort nicht weniger als 100 Brücken gegeben haben, für geringe Weiten in einfacher Bauart, z. B. Stege aus Balsa-Holz, für größere Weiten und über tiefere Schluchten jedoch die berühmten geflochtenen
Abb. 7 Hängebrücken aus unterschiedlichem Material.

Um 1350 n. Chr. wurde die große Hängebrücke über den Apurimac und seinen riesigen Canyon
Fig. 3 erstellt. Zu dieser Zeit bestanden bereits südwestlich an drei weniger exponierten Stellungen Übergänge, doch dieser neue von ungefähr 45 m Länge wurde der berühmteste, „Huacachaca“, die „Heilige Brücke“ genannt. Garcilasco beschreibt den Bau einiger Hängebrücken, besonders ausführlich aber jenen der „Huacachaca“. Es war eine sehr langwierige Arbeit: Man benötigte eine sehr große Menge Ruten von Korbweiden – eine andere Art als in Spanien, dünner und zäher –, aus denen man Seile flocht, die viel länger als die fertige Brücke sein mußten. Je drei dieser dreiteiligen Seile wurden abermals verflochten, und dieser Prozeß wurde solange fortgesetzt, bis, so meint der Autor, die Seile dicker als der Körper eines Mannes waren. Davon wurden fünf Stück benötigt. Diese starken und sehr schweren Seile wurden an armdicken Hanfseilen befestigt, von den Indios schwimmend oder mit Flößen über den Fluß gebracht und dort am natürlichen Felsen, der entsprechend ausgehauen worden war, befestigt. In dem Hohlraum befanden sich Balken, *so dick wie Ochsen*, um welche die Seile geschlungen und gespannt wurden, während auf der flacheren Uferseite ein *Gestell von Steinen, riesigen Balken und Felsbrocken* zur Befestigung der Seile diente. *Doch hängt die Brücke immer in einem beträchtlichen Bogen, und bei einer Brise oder gar starkem*

Fig. 3 Brücke über den Apurimac in Peru, um 1350 erstmals erstellt (nach einem Stich)

Wind schaukelt sie hin und her. Drei der fünf Seile dienten als Brückenbahn und wurden mit armdicken Holzknüppeln, die durch Weidengeflecht zusammengehalten wurden, bedeckt. Darauf kam ein enges Mattengeflecht aus dünnen Zweigen. Die restlichen zwei der ganz starken Seile wurden links und rechts als Geländer gespannt, und ebenfalls feingeflochtene Matten verbanden die Seitenteile mit der Brückenbahn, *so daß Mensch und Tier Schutz und Halt fanden und die Brücke gut passieren konnten ... und manche, um ihren Mut zu zeigen, sogar zu Pferde darüber ritten!* Wir hören weiter, wie die Bevölkerung beim Bau wie bei den Reparaturen mithelfen mußte. Alle Brücken zu Zeiten der Inkas wurden jedes Jahr (!) repariert, und zwar von den Bewohnern der benachbarten Provinzen. Das Material mußte von ihnen vorbereitet und mitgebracht werden.

Eine zweite, ebenfalls berühmte Brücke ließ derselbe König etwas später am Abfluß des Titicaca-Sees bauen. Während aber die meisten anderen Seilbrücken aus dem eben beschriebenen Weidengeflecht bestanden, wurde diese Brücke aus Stroh, Zyperngras und Bast (Kolbenschilf) hergestellt. Aus langen, weichen und zähen Strohhalmen wurden armdicke Seile hergestellt und wieder auf die beschriebene Art an das andere Flußufer gebracht. Bündel von Zyperngras und Schilf wurden darübergelegt, dann abermals zwei dicke Seile gespannt und alles gut miteinander verbunden. Eine weitere Schicht von kleineren, feinen festverflochtenen Bündeln aus Zyperngras und Schilf, sauber in Reihen gelegt und festgebunden, ergab die oberste Brückenbahn. Immer wieder wird bei dieser Aufzählung betont, welche Unmengen an Material für diese Arbeiten benötigt wurden. Damit nun die Seile und der Belag – die ja aus nicht besonders wetterbeständigem Material bestanden – weder faulen noch reißen konnten, wurde diese Brücke alle sechs Monate repariert oder erneuert! Also ein unvorstellbarer Aufwand. Auch bei dieser Brücke war die Instandhaltung auf die umliegenden Provinzen aufgeteilt, und da man wußte, wieviel Material man benötigte und weil Trosse, Belag und dünnere Seile von Jahr zu Jahr vorbereitet wurden, *machten sie diese Brücke in kürzester Zeit . . .*, weiß Garcilasco zu berichten. Die Enden der Seile waren an den Ufern vergraben und dort an dicken Holzpfosten befestigt. *Von Zeit zu Zeit wurde die Brücke etwas nach oben oder nach unten verschoben, aber nie weit von ihrem ersten Ort.* Die Eigenheit dieser Brücken und ihre Instandhaltung muß den Schreiber – und auch spätere Reisende – sehr beeindruckt haben. Ein Teil dieser hängenden Übergänge bestand auch noch lange in der spanischen Zeit, ja die Spanier sollen die Art der Reparaturpflicht übernommen und noch lange weitergeführt haben. Später bauten die Spanier in Peru dann auch eine Anzahl schöner Steinbogenbrücken, im selben Stil wie sie in diesen Jahrhunderten auch in ihrer Heimat errichtet wurden; einige davon sind noch erhalten.
Material und Flechtmethoden mögen bei diesen Seilbrücken in den verschiedenen Ländern zum Teil unterschiedlich gewesen sein, es ist aber anzunehmen, daß diese handwerklich oft so kunstvollen Gebilde überall eine Gemeinschaftsarbeit waren, und sicher hatte die jeweils daran beteiligte Bevölkerung ein besonderes Verhältnis zu „ihrer Brücke".

Brücken im Zweistromland und am Nil, in Kleinasien, Kreta und Griechenland

Fig. 4 Plattenbrücke im Artemis-Heiligtum von Brauron in Griechenland (Zeichnung nach Briegleb, Lit. 18)

Die Meinungen über den Ursprung des Brückenbaues, womit nun echte, selbständige Bauwerke gemeint sind, gehen immer noch auseinander. Auch sorgen unsere Historiker und Archäologen für immer neue Erkenntnisse und Umdatierungen, was auch für den Brückenbau gilt.
Holzbrücken, die es sicher im Vorderen Orient schon sehr früh gab, hinterließen keine Spuren, wenn es sich nicht um eine gemischte Bauweise aus Holz und Stein handelte. Von frühen Holzbrücken können wir also höchstens aus schriftlichen Berichten Kunde haben. Bald jedoch versuchte man, wenigstens über kleine Gewässer, stabilere und dauerhaftere Übergänge zu schaffen.

Man legte zu beiden Seiten Steindämme an und schloß die Öffnung mit Stein- oder Holzbalken, wobei man bei größeren Öffnungen bald zur Kragsteintechnik kam: Man setzte die seitlichen Steine jeweils ein Stück vor, um den Abschlußbalken in der damals möglichen Größe zu halten. Bei einer Überdeckung mit Holzbalken waren lichte Weiten von 5 m bis maximal 10 m üblich, bei Steinbalken ungefähr 3–4 m (Lit. 18).
Eine zweite Art stellten die Plattenbrücken dar, deren Belag auf einer den Wasserspiegel nur wenig überragenden Steinbalkenkonstruktion lag; das Ganze glich eher einer Fortsetzung der Straße knapp über der Wasseroberfläche des zu überschreitenden Gewässers als einer Brücke in unserem heutigen Sinn.
Der Bogen, bis heute in zahlreichen Abwandlungen für uns Sinnbild der Kraft, Spannung und Schönheit, wurde für Brücken in diesen Gebieten nicht von Anfang an angewendet. Man weiß, daß in Mesopotamien, wahrscheinlich zwischen 3500 und 3000 v. Chr. – und etwas später im ägyptischen und dann auch im hethitischen Reich – ein echter Bogen aus Ziegeln als überdeckendes Gewölbe bekannt war und bei Bauten Anwendung fand. Die Griechen verwendeten ab dem 4., spätestens dem 3. Jh. v. Chr., den echten Keilsteinbogen für ihre Bauwerke – jedoch nicht für Brücken. Vielfach wird die Ansicht vertreten, daß Demokritos von Abdera (um 460 v. Chr.), ein hervorragender Mathematiker und Physiker, der die Lehre von den Atomen schuf, der Erfinder der echten Gewölbekonstruktion gewesen sei. Seneca schreibt diese Erfindung dem Demokritos zu (Lit. 71).
Die Überbrückung großer Flüsse war in jenen Zeiten, wie wir aus historischen Beispielen wissen, nur durch Schiffsbrücken möglich, es sei denn, es handelte sich um zwar breite, aber seichte Gewässer oder Flüsse, die man umleiten konnte, um die Gründung für eine Pfeilerbrücke vornehmen zu können. Ohne Zwischenpfeiler war eine größere Brücke in diesem ganzen Kulturbereich nicht denkbar. Pfeiler aber schufen – und schaffen auch heute noch – Probleme: Sie hemmen den Wasserlauf und sind selbst durch Strömung und Hochwässer dauernd gefährdet – und sie behindern die Schiffahrt, wo diese möglich ist.
Aus Ägypten, wo sich aus dem Neuen, dem Mittleren, bis hin zum fernen Alten Reich so viele Baudenkmäler und schriftliche Quellen erhalten haben, erfahren wir fast nichts über Brücken. Ja selbst ein altägyptisches Wort für „Brücke“ ist bisher nicht bekannt. Wer Ägypten kennt, den wird dies eigentlich nicht wundern. Der Nil mit seinen ungeheuren Wasserstandsschwankungen ließ einen Bau von Brücken mit den Mitteln der damaligen Zeit nicht zu – gibt es doch auch heute nur wenige Nilbrücken. Die meisten Übergänge nilaufwärts sind Fahrstraßen auf den ab Ende des 19. Jh.s errichteten Staudämmen. Brücken gab es und gibt es hauptsächlich im Delta über Nilarme und Bewässerungskanäle – wie es sicher auch im Ägypten des Altertums war –, und diese Brücken werden großteils aus Holz gewesen sein. Das Hauptverkehrsmittel über den Nil und dessen Arme oder Kanäle war das Boot: Man braucht nur die vielen Darstellungen von Booten zu betrachten, in Tempeln, Gräbern, auf Papyri und als Grabbeigaben, Boote zum Fischen und zum Einbringen der Ernte, zur Jagd und bei Kriegszügen – bis hin zum Boot zur letzten Fahrt über den Nil ins Reich der Toten.
In Inschriften und bildlichen Darstellungen, die sonst alle Dinge des Lebens in Ägypten so lebendig wiedergeben, findet sich nur eine einzige Brücke, und zwar als Relief im Tempel Sethos' I. in Karnak – leider in Draufsicht, so daß über Konstruktion und Material höchstens Vermutungen angestellt werden können. Es dürfte sich um eine Balkenbrücke gehandelt haben. Dieses Bauwerk – das bei Merckel (Lit. 107) „Brücke von Zaru“ benannt wird – ist bei den Archäologen und in der Literatur als „Brücke von Sile“ bekannt. Sie dürfte über einen toten Nilarm geführt haben, der zur Zeit Sethos' I. (1439–1388 v. Chr.) die damalige ägyptische Grenze bildete. Sile war also Grenzfestung, was auf dem Relief durch Türme und Tore deutlich gemacht wird, während der Nilarm mit Krokodilen im Wasser und Schilf an den Ufern dargestellt ist. Der genaue Standort ist nicht bekannt, doch nimmt man an, daß es sich um die Gegend des heutigen El Kantara (El Quantara) am Suezkanal gehandelt haben könnte.

Archäologische Funde und Berichte lassen darauf schließen, daß es außerdem vor dem Taltempel des Chefren zwei Rampen zu einer Terrassenanlage gab, und zwei kleine Steinbalkenbrücken dürften über den dazwischen liegenden kleinen Kanal hinweggeführt haben. Die ganze Anlage entstand um 2600 v. Chr.

Eine weitere, die sogenannte große Steinbalkenbrücke südöstlich des Pyramidenfeldes von Gizeh, wurde erstmals 1837 freigelegt und vermessen (H. Vyse und J. S. Perring führten diese Arbeiten aus), versandete jedoch wieder, wie dies so oft mit Bauwerken in Ägypten geschah; sie wurde von O. R. Rostem erneut freigelegt und vermessen. Drei 7 m lange Deckbalken aus Kalkstein überbrückten die 3 m breite und 5 m hohe Öffnung. Auch diese Brücke wird der Zeit des Alten Reiches, 4. oder 5. Dynastie (2720–2420 v. Chr.) zugeschrieben. Alle diese ägyptischen Brücken, wie etwa auch jene in Dahschur in den Pyramidenaufwegen beim Tempel Sesostris' III. (1878–1843 v. Chr.) und jene beim Taltempel Amenemhets III. (1842–1797 v. Chr.) waren in einen Dammweg mit einer Balkenkonstruktion eingefügt, also noch keine selbständigen Brückenbauwerke.

Obwohl das Auftreten von Bogengewölben in Ägypten für die Zeit um 2200 v. Chr. angenommen wird, wurde diese Technik nie bei Brücken angewandt. Nach arabischen Quellen (Lit. 151) soll Archimedes (3. Jh. v. Chr.), der ja in Alexandrien seine Ausbildung vollendete, in Ägypten Vermessungen durchgeführt und Brücken und Dämme gebaut haben, wahrscheinlich in der Gegend des Nildeltas.

Aus dem Hethiter-Reich, dessen Blüte etwa in die Zeit des Mittleren Reiches in Ägypten fiel, ist überhaupt nur eine einzige Brücke bekannt: bei der ehemaligen Hauptstadt Hattusa, in der Nähe des heutigen Boghazköy in der Türkei. Sie muß über eine klammartige Schlucht geführt haben, und man nimmt an, daß die beträchtliche Weite von ca. 8,5 m durch auskragende Steinpfeiler reduziert und die restliche Öffnung von etwa 6,5 m durch Holzbalken abgedeckt war. Da die Brücke in den Verteidigungsring von Hattusa einbezogen war, gab es, wie man aus spärlichen Felsabarbeitungen erkennen will, auch je eine größere Bastion zu beiden Seiten; diejenige auf der Stadtseite schloß sich an die Befestigungsmauern an. Schon deshalb könnte man vermuten, daß der Brückenbelag aus Holz und eventuell abnehmbar gewesen ist. Diese Anlage dürfte am Ende des 14. Jh.s v. Chr. oder zu Beginn des 13. Jh.s v. Chr. entstanden sein (Lit. 18). Es wäre denkbar, daß die Hethiter in dem damals sicher noch waldreichen Kleinasien überall dort Holzbrücken bauten, wo sie gebraucht wurden. Ein Teil der türkischen Flüsse führt jedoch bis heute nur in den regenreichen Monaten viel Wasser, so daß man in der restlichen Zeit des Jahres keine Brücken benötigt. Noch vor 20 Jahren führten Sandstraßen zu den Furten zahlreicher, im Sommer ganz wenig Wasser führender Flüsse; Brücken waren an diesen Stellen nicht vorhanden, für die damalige Verkehrssituation auch nicht nötig.

Am interessantesten bezüglich des frühen Brückenbaues im Vorderen Orient ist zweifellos Mesopotamien, das häufig als Wiege der menschlichen Kultur bezeichnet wird. Archäologen und andere Wissenschaftler fördern dort auch heute noch immer neue, überraschende Funde zutage. Vieles spricht dafür, daß in Mesopotamien die ersten selbständigen Brückenbauwerke entstanden. So gibt es eine Backsteininschrift, die von einer Brücke des Königs Addapaksu von Susa erzählt. Er gehörte der Dynastie von Silhala an, die etwa gleichzeitig mit der ersten Dynastie von Babylon (2032–1733 v. Chr.) regierte. Spätere Quellen aus neuassyrischer und neubabylonischer Zeit geben bereits ausführlicher Auskunft. Eine Inschrift berichtet, daß Tiglatpileser I. (1113–1075 v. Chr.) bei einem Feldzug in Armenien im Jahre 1110 v. Chr. Bäume fällen und hölzerne Brücken bauen ließ. Aus dem 9. Jh. v. Chr. gibt es Bronzereliefs als Torbeschläge des Palastes in Imgur Enlil aus der Zeit Salmanassars III. (858–824 v. Chr.), auf denen Schiffsbrücken dargestellt sind. Auch bei der durch eine Inschrift Sargons II. (722–705 v. Chr.) bezeugten Brücke des Königs von Bit-Jakin, die dieser bei der Verteidigung seiner Hauptstadt gegen assyrische Truppen 709 v. Chr. abbrechen ließ, dürfte es sich um eine Holz- oder Schiffsbrücke gehandelt haben (Lit. 18).

Die älteste Steinbrücke, die bisher in diesem Gebiet bekannt wurde, stammt aus der Zeit Sargons II. Sie gehörte zu dessen Palast, der etwa 16 km von Ninive entfernt, in der Nähe des heutigen Dorfes

Khorsabad stand. Die Brücke verband, mit einer Steigung von 40 Prozent, den Palast mit einer 4 m höher liegenden Terrasse. Reste von Stufen wurden nicht gefunden, hingegen solche von der Konstruktion der Brücke, welche die 3,7 m breite Öffnung mit einem lanzettförmigen Bogen aus vorkragenden Steinen überspannte.

Aus der Zeit von Sargons II. Sohn Sanherib (705–681 v. Chr.) stammt die Anlage eines künstlichen Kanals, der durch ein ungefähr 300 m breites Tal als dammartiger Aquädukt geführt wurde und einen Bach mit fünf, ebenfalls lanzettförmigen Bogen überquerte. Diese Art der Bauweise dürfte längere Zeit hindurch gebräuchlich gewesen sein. Diese Kanalbrücke bei dem heutigen Dorf Dscherwan, ca. 40 km nordöstlich von Ninive, die Briegleb (Lit. 18) ausführlich beschreibt, bestand aus Kalksteinquadern und stellte bereits eine sehr beachtliche Bauleistung dar. Den vier Pfeilern waren sogar schon Wellenbrecher vorgelegt, die mehrere Inschriften tragen.

Nur durch eine Inschrift bezeugt ist ein vielfach in der Literatur als älteste Steinbrücke bezeichnetes, unter Sanherib erstelltes Bauwerk in Ninive ... *gegenüber vom Stadttore inmitten der Stadt* ... über den Chosr, einen Nebenfluß des Tigris. Als Baumaterial wurden sowohl gebrannte Ziegel wie Hausteinquader aus Kalkstein verwendet, über Größe und Konstruktion gibt es keine Nachricht.

Auf einem Orthostatenrelief aus dem Palast des Assurbanipal (669–626 v. Chr.) befindet sich eine ganze Landschaft mit Bewässerungsgräben und einem Kanal, der zum Teil über einen Aquädukt ganz ähnlicher Konstruktion wie der oben beschriebene führt; diese Anlage stellt vielleicht einen Teil des großen Bewässerungssystems Sanheribs dar, welches auf Inschriften jener Zeiten gerühmt wird (Lit. 18).

Den Höhepunkt mesopotamischen Brückenbaues stellte zweifellos die große Euphratbrücke in Babylon (ca. 600 v. Chr.) dar, welche die beiden Stadtteile im Verlauf der Prozessionsstraße verband. Die herrlichen Prachtbauten an der Straße sowie die Brücke erregten Bewunderung und Staunen nicht nur der Zeitgenossen. Sie wurde immer wieder eingehend und im Detail beschrieben, wobei sich allerdings Differenzen ergaben. Diese Beschreibungen fanden ihren Niederschlag in allen bekannten „Brückenbüchern", vom ausklingenden Mittelalter bis heute. Reste der Brücke wurden in den Jahren 1910/11 von der Deutschen Orient-Gesellschaft in Verbindung mit den Königlichen Museen in Berlin unter R. Koldewey freigelegt, untersucht und beschrieben. Allein die Maße dieses Bauwerkes waren beachtlich: die Länge betrug 126,4 m, und es besaß zwei Land- und sechs Strompfeiler, die am Fuß ca. 23,8, oben 11,8 m Länge aufwiesen und in Form von Kähnen gebildet waren, so, als habe man die Boote einer Schiffsbrücke nachgeahmt, die vielleicht vorher dort bestanden hatte. Die Pfeilerabstände betrugen 7–9 m mit Ausnahme einer größeren Öffnung von 19,4 m. Es könnte nun sein, daß sich in diesem großen Pfeilerabstand eine Zugbrücke, ein ausfahrbarer Pontonteil oder ein anderes bewegliches Brückenstück befand, welches man leicht entfernen konnte. Herodot berichtet u. a., daß der Belag aus vierkantigen Holzbalken nachts abgenommen wurde, um wechselseitige Diebeszüge von einem Stadtteil in den anderen zu verhindern! Die Stadtväter hatten also auch damals bezüglich der Sicherheit einige Sorgen. Es ist schwer vorstellbar, daß der Brückenbelag täglich bzw. jeden Abend über die Gesamtlänge abgenommen wurde. Die oben geäußerte Annahme, die in der neueren Literatur ebenfalls vertreten wird, daß nur derjenige Teil über dem größten Pfeilerabstand abzuheben oder auszufahren war, dürfte daher eher zutreffen.

Auch bezüglich des Auftraggebers der Euphratbrücke bestehen verschiedene Theorien: Herodot, der eifrige Berichterstatter, meint, die Königin Nitokris habe den Euphrat in einen künstlichen See ableiten lassen, der eine Einfassung von Quadersteinen besaß. Vielleicht diente der See als Reservoir für das umfangreiche Bewässerungssystem, von dem immer wieder die Rede ist. Gewiß aber hatte der See einen Abflußkanal, der weiter flußabwärts wieder in das alte Flußbett zurückführte.

Weiter berichtet Herodot, daß nach der Ableitung des Wassers die Kaimauern und dann die Pfeiler *aus gewaltigen Hausteinen*, die mit Eisen und Blei verbunden waren, errichtet worden seien. Nach Diodor, der diese Angaben von Ktesias übernommen haben soll, war es die Königin Semiramis, die die Brücke erbauen ließ. Auch er spricht von Steinquadern, die mit eisernen, in Blei vergossenen

Dübeln befestigt waren, als Baumaterial sowie vom Brückenbelag aus Zedern- und Zypressenholz und den Wellenbrechern vor den Flußpfeilern.
Briegleb (Lit. 18) weist darauf hin, daß erstaunlicherweise alle alten Autoren von Pfeilern aus Steinquadern berichten, während die Archäologen, die diese Pfeiler freilegten, auf reines Ziegelmauerwerk stießen. Es wäre möglich, fügt er hinzu, daß die besonders großen babylonischen Ziegel irrtümlich für Steine gehalten wurden, wahrscheinlicher ist aber, daß die Pfeiler eine Hausteinverkleidung hatten bzw. eventuell auch nur eine Steinabdeckung. Wer die Brücke wirklich baute, wird man vielleicht nie erfahren: Es könnte auch Nebukadnezar II. gewesen sein, der Babylon so prächtig ausbaute. Merckel (Lit. 107) nimmt als Auftraggeber ebenfalls diesen Herrscher an oder sogar dessen Mutter Nitokris, während Justi (Lit. 77) den Urenkel und zugleich Nachfolger Nebukadnezars II. nennt. Aber gleichgültig, wer die Brücke erbauen ließ, sie war für jene Zeit eine phantastische Leistung.
Aus Inschriften aus der Zeit Nebukadnezars II. weiß man von einer weiteren Brücke über den Libilhegalla-Kanal, doch ist die Lage dieses Überganges bisher unbekannt. Da in der Inschrift von Bauholz die Rede ist, wird sie zumindest einen hölzernen Belag gehabt haben, wenn sie nicht ganz aus diesem Material errichtet war. Schramm (Lit. 139) will aus Chronistenberichten wissen, daß es unweit von Babylon eine aus 24 Schiffen bestehende Brücke gab; vielleicht sind diese beiden Übergänge identisch.
Nach den bisherigen Untersuchungen dürften tatsächlich die ältesten Nachrichten über den Brückenbau aus dem Zweistromland stammen, und es dürften dort auch die ersten Brücken und Aquädukte mit lanzettförmigen Bogen aus Steinen errichtet worden sein; ebenso waren die großen Backsteinpfeiler der Euphratbrücke in Babylon eine Pionierleistung.
Auch das alte Jerusalem besaß bereits Stadtbrücken, was durch archäologische Funde zweier Überbrückungen des Tropoion-Tales bewiesen ist: den sogenannten Viadukt des Robinson und den des Wilson. Den Ansatz des Viadukts des Robinson kann man heute noch deutlich an der alten Stadtmauer rechts von der Klagemauer erkennen, während ein fast erhaltener Bogen des Viadukts des Wilson, eingemauert in andere Bauteile, sich heute in dem Raum links von der Klagemauer, der auch für Frauen zugänglich ist, befindet. Beide Brückenreste sollen aus der Zeit der Makkabäer (ca. 161–35 v. Chr.) stammen. Wahrscheinlich existierte zu jener Zeit noch eine ganze Anzahl weiterer Stadtbrücken, zumindest sind solche in einer großen Modellrekonstruktion mit den alten Stadtmauern und dem Palast des Herodes, in einem Freigelände Jerusalems aufgebaut, zu sehen.
Bevor wir uns Griechenland zuwenden, wollen wir uns noch kurz im kretisch-mykenischen Kulturbereich umsehen. Bisher kennt man auf Kreta nur eine einzige, kombinierte Viadukt-Brükken-Anlage, wobei ungeklärt ist, ob Viadukt und Brücke in der gleichen Periode errichtet worden sind (Lit. 18). Evans fand 1924 Reste dieser Anlage in unmittelbarer Nähe des Palastes von Knossos, doch sind viele Fragen darüber noch ungeklärt: Falls, wie vermutet wird, die Brücke der Zugang zur alten Palastanlage war, fällt ihre Bauzeit bereits in die Periode um 2000 v. Chr., die des gesamten Komplexes einschließlich des Viaduktes aber möglicherweise bis in die Zeit um 1450 v. Chr. Briegleb beschreibt diese Anlage, die aus großen Steinquadern errichtet und sehr gewaltig gewesen sein muß, eingehend. Interessanterweise wurden bei den Viadukten auch vorkragende Steine verwendet, aber nicht in Parabelform, sondern in schräger Ebene. Ob die Öffnungen Dreiecksform hatten oder ob waagrechte Steinbalken einen trapezförmigen Abschluß bildeten, ist ungeklärt. Auf jeden Fall wurde hier eine eigenständige Form entwickelt, die von der in Mesopotamien bekannten abweicht. Da Kreta im allgemeinen nur kleine Flüsse aufweist, von denen viele gar nicht das ganze Jahr über Wasser führen, waren dort im allgemeinen Brückenbauten wohl kaum erforderlich. Sicher verkehrte man, dies gilt für den gesamten griechischen Bereich, eher von Hafen zu Hafen als mühselig über die Gebirge.
Über Brücken im Bereich von Mykene auf dem Peloponnes weiß man mehr, weil die Burg Mittelpunkt eines weitverzweigten Wegnetzes war, dessen Spuren zum Teil heute noch zu sehen sind und in dessen Verlauf Brücken notwendig waren. Da diese antiken Straßen in den meisten

Fällen zu Heiligtümern führten, könnte bereits hier eine Beziehung von Religion zu Straßen- und Brückenbau, von der später noch öfter gesprochen werden wird, erkannt werden.
Bei der Burg von Mykene fanden sich Reste einer großen steinernen Brücke aus fast unbehauenen Kalksteinblöcken in Form eines Steindammes mit einer einzigen, kragsteinförmigen Öffnung; ob spitzbogig oder dreieckig ist ungewiß, da die Reste zu gering sind. Sie dürfte aus der Zeit zwischen 1400 und 1200 v. Chr. stammen. In der Nähe fand man spärliche Reste einer ähnlichen noch älteren Brücke. H. Steffen beschrieb 13 solcher kyklopischen Brücken im Zuge der verschiedensten Straßen in der Argolis (Lit. 18). Doch scheint es sich immer um eine ähnliche Bauart gehandelt zu haben, für welche die Brücke von Prosyma, die bei amerikanischen Grabungen freigelegt wurde, ein Beispiel ist. Obgleich aus Stein, waren all diese Übergänge doch in einer sehr schwerfälligen Dammbauweise errichtet, und von einem kühnen Brückenbau ist in diesen Kulturen noch nichts zu finden.
Auch im Griechenland der hellenistischen Zeit mit den vielen Stadtstaaten war kein großes Straßennetz vorhanden. Dies ist nicht verwunderlich, weil die Gebirgsstöcke im Landesinneren großteils ein kaum zu bewältigendes Hindernis waren. Nur Saumpfade schlängelten sich darüber – zum Teil bis in unsere Zeit. Erst in den letzten Jahrzehnten wurde das Land durch oft kühne Bergstraßen erschlossen, die auch Brücken notwendig machten. Das Meer war der Hauptverkehrsweg, während sich das antike Straßensystem hauptsächlich auf die Prozessionsstraßen zu den Heiligtümern beschränkte. Bereits 1869 wies Becker (Lit. 5) darauf hin, daß bei den Griechen die Wegbereitung und der Brückenbau zur Erreichung sakraler Orte besonders wichtig gewesen seien und sehr gepflegt wurden. Er führt z. B. an, daß Nikias zwischen Delos und Rhenaia zu Ehren Apollos eine Brücke über das Meer erbauen ließ. Auch die doppelten Kephissos-Brücken des „Heiligen Weges“ zwischen Athen und Eleusis dienten religiösen Zwecken. Cüppers (Lit. 27) erwähnt eine griechische Schrift aus der Zeit von 321/320 v. Chr., worin zu lesen sei, daß ein Mann namens Xenokles eine Brücke an der Heiligen Straße zwischen Athen und Eleusis errichten ließ. Es wird auch die Ansicht vertreten, daß Priester und Kultbeamte, besonders im 4. Jh. v. Chr., zur Erleichterung der religiösen Prozessionen den Wege- und Brückenbau förderten, ja sich vielleicht auch beteiligten. Und Becker (Lit. 5) schreibt unter anderem: *Dem Gotte und seinen frommen Verehrern sollten überall die Wege gebahnt und geebnet werden. Es zu tun oder zu fordern, war ein frommes, hochverdienstliches Werk, zu welchem der Gott selbst oft der Legende nach die Anweisung gegeben zu haben schien.* Wir finden später Parallelen bei den Römern, im Mittelalter und in einer gewissen Periode sogar auch in China.
Sicher gab es in Griechenland über kleine Bäche nur einfache Stege und Holzbrücken sehr vergänglicher Art, die Steinbrücken der Antike aber waren in Kragsteintechnik gebaut; sie wurden im Laufe der Zeit mit besser behauenen Steinen, regelmäßiger und symmetrischer errichtet, und danach lassen sie sich auch datieren.
Bis in das 4., vielleicht sogar das 3. Jh. v. Chr. blieb es bei dieser Technik, das echte Gewölbe wurde für Brücken – obwohl inzwischen durch die Römer bekannt – vor dieser Zeit nicht angewendet.
Brücken in Kragsteintechnik sind bei folgenden Orten nachzuweisen (Lit. 18): eine bei Agrigent, zwei Brücken bei Eleutherma auf Kreta, eine auf der Halbinsel Knidos (Kleinasien) sowie einige Wehrbrücken und eine Menge durch Inschriften bezeugter Brücken entlang der „Heiligen Straßen“.
Auch Reste der bereits erwähnten Plattenbrücken sind gefunden worden: darunter 1964 bei griechisch-schweizerischen Grabungen eine bei Eretria. Sie besaß drei Steinpfeilerreihen, die auf Fundamentplatten standen; darauf lagen Steinbalken, die ihrerseits mit Steinplatten abgedeckt waren. Man nimmt an, daß diese Plattenbrücke aus dem 5. Jh. v. Chr. stammt. Eine weitere, unzerstörte Plattenbrücke wurde 1962 bei Grabungen der Griechischen Archäologischen Gesellschaft im Artemis-Heiligtum von Brauron freigelegt. Sie hatte eine fast quadratische Form, mit *Fig. 4*
9,2 m Länge und 9,06 m Breite, und der Plattenbelag wies noch gleisartige Wagenspuren auf. Diese Brücke soll aus der zweiten Hälfte des 5. Jh.s v. Chr. stammen, eine andere 1881 bei Assos freigelegte Brücke mit ganz ähnlicher Konstruktion aus dem 4. Jh. v. Chr.
Um diese Zeit wurden dann auch die ersten Steinbogenbrücken gebaut. Doch gerade bei diesen alten

Steinbrücken, die öfter repariert oder umgebaut, ja manchmal fast neu errichtet wurden, gibt es bis heute viele Meinungsverschiedenheiten. So zählt Briegleb (Lit. 18) zu den fälschlich für griechische Bauwerke gehaltenen Brücken die Chasandschi Köprü (Kesselflickerbrücke) in Pergamon, die sicher eine lange und sehr lebhafte Geschichte hatte. Sie diente angeblich bis zum 27. Oktober 1842 – als sie einem Hochwasser zum Opfer fiel – ununterbrochen dem Verkehr. Texier (Lit. 156) berichtet in seinem Buch von fünf Brücken in der Stadt Pergamon, wobei er die an höchster Stelle liegende Mouslouk-Brücke genau beschreibt und auch eine Abbildung bringt. Dies sei, so meint er, eine römische Brücke auf griechischen Fundamenten, mit zwei Bogen von 9,1 m und 12,6 m; sie sei älter als alle anderen Brücken und öfter und in verschiedenen Epochen repariert worden, wie man an den Steinen erkennen könne. Auch sei die Brücke, wie man zu seiner Zeit noch deutlich sehen konnte, mit zwei Marmorsäulen dekoriert gewesen; Reste einer Säule lagen noch dicht am Kai. Texiers Buch erschien 1849; sollte es sich um die von Briegleb genannte Brücke handeln, müßte Texier diesen Ort vor 1842 besucht und die Bilder angefertigt haben. Die Mouslouk-Brücke sieht jedenfalls sehr reizvoll aus, und dahinter kann man ein weiteres Bauwerk, vermutlich türkischer Herkunft, mit zwei Bogen, ganz mit Häusern besetzt, erkennen. *Abb. 10*

Merckel (Lit. 107) erwähnt auch Reste großer Brücken in der Türkei, die, wie er meint, griechischen Ursprungs sein könnten, vielleicht aber auch erst von den Römern erbaut worden seien. Vor allem nennt er zwei prächtige Brücken aus weißem Marmor bei der ehemaligen phrygischen Hauptstadt Aizani, die wahrscheinlich unter den Königen von Pergamon errichtet worden sind. Bei Texier findet sich auch die Abbildung einer dieser Brücken. Ob es gelingt, alle Unklarheiten zu beseitigen, ist fraglich, besonders, da in den letzten Jahrzehnten auch in der Türkei der anwachsende Verkehr überall Opfer an alten Bauwerken forderte und manche Reste bereits ganz verschwunden sind. Briegleb hält jedenfalls neben der oben genannten „Kesselflickerbrücke" drei den Griechen zugeschriebene Steinbogenbrücken auf dem Gebiet der heutigen Türkei eher für römische Bauwerke.

Eine sehr bemerkenswerte Brücke anderer Bauart (Lit. 107 und 59) entstand während des Peloponnesischen Krieges: Nach der Niederlage der Athener auf Sizilien (415 v. Chr.) sagten sich viele Bundesgenossen und Stadtstaaten von Athen los, darunter auch Euböa. Um sich gegen Athen abzusichern, baute die Bevölkerung der Insel, mit Hilfe der Böotier, an beiden Seiten des Meereskanals zwischen Chalkis und Aulis Dämme, die in der Mitte eine Durchfahrtsöffnung für Schiffe hatten. Die Verbindung mit der Insel bestand aus zwei je 200 Fuß langen hölzernen Brücken, die mit Türmen und Pforten schwer befestigt waren.

Eine ausgesprochene Kuriosität unter den griechischen Brücken – wenn auch einige Male repariert und wiederaufgebaut, existiert sie heute noch in dieser merkwürdigen Gestalt – ist die dreiarmige
Fig. 5 Brücke bei Meligala in Messenien (eine dreiarmige Brücke dürfte es sonst nur noch in England

Fig. 5 Dreiarmige Brücke bei Meligala in Messenien (Griechenland), ursprünglich aus dem 4. Jh. v. Chr.

geben, doch darüber später). Diese griechische Brücke ist nicht nur wegen ihrer Form hervorzuheben, von ihr kennen wir auch zum ersten Mal die Baugeschichte. Die unteren, z. T. deutlich zu identifizierenden antiken Mauerteile – sie dürften aus dem 4. Jh. v. Chr. stammen (Lit. 18) – lassen die Dreiteiligkeit der Brücke bereits erkennen: zwei Übergänge bzw. Arme der Brücke führen über die Flüßchen Mavrozoumenos (antik Leukasia) und Vivari bzw. Vasiliko (antik Amphitos), der dritte über ein dazwischenliegendes Überschwemmungsgebiet. Eine Inschrift bezeugt den Wiederaufbau der Brücke im 16. Jh., wobei alte Teile verblieben und die neuen Teile mit Spitzbogen deutlich türkischen Charakter aufweisen. Es wird vermutet (Lit. 18), daß die Bogen der Brücke in hellenistischer Zeit in der damals gebräuchlichen Kragsteintechnik – entweder mit Abschlußsteinen oder Steinbalken oder mit Lanzettbogen – gestaltet waren und der dritte Brückenarm möglicherweise nur eine Dammschüttung war, ob mit oder ohne Durchlaß, bleibt ungewiß. Jedenfalls war dieses Bauwerk zur Zeit seiner Errichtung ein zentraler Verkehrsknotenpunkt der Straßen nach Messene, Arkadien und Kalamai. Wie gut, daß man zu jener Zeit hauptsächlich zu Fuß oder auf Eseln und Maultieren unterwegs war und es dadurch gewiß kaum „Verkehrsschwierigkeiten" gab, selbst wenn zufällig einmal aus allen drei Richtungen gleichzeitig Reisende, Lasttiere oder etwa ein Schäfer mit seiner Herde einander auf der Brücke begegneten. Auch heute wird die Brücke, die weder Geländer noch Brüstung besitzt und durch deren Bogen immer noch die zwei Flüßchen ihren Weg nehmen, von Fußgängern, bäuerlichen Reitern sowie Hirten und ihren Tieren benützt.

Von großen Schiffsbrücken und dem Brückenbau im alten Persien

Fig. 6 Wehr- und Mühlenpfeiler der großen Wehrbrücke in Dezful (Persien), aus dem 3. Jh. n. Chr.

Zur Überbrückung breiter Gewässer waren in alter Zeit Schiffsbrücken in vielen Teilen der Welt gebräuchlich: in China und Indien schon sehr früh und ebenso in Mesopotamien. Auch die Perser werden einige Übung in dieser Art des Brückenschlags gehabt haben, bevor ihre berühmten großen Schiffsbrücken entstanden. Wie wir aus der persischen Geschichte wissen, waren es die Könige Kyros, Darius und Xerxes, die sich bei ihren Kriegszügen dieser Brückenform bedienten.
Wieder war es Herodot, der eingehend darüber berichtete. Danach ließ Kyros eine Schiffsbrücke über den Euphrat schlagen, über welche er dann 537 v. Chr. sein Heer führte. Der Euphrat spielte übrigens in der wechselhaften kriegerischen Geschichte immer wieder eine große Rolle, es wurden noch viele wichtige, durch Aufzeichnungen bekannte Brücken über diesen Fluß geschlagen, z. B. auch von den Römern. Kyros ließ außerdem eine doppelte Schiffsbrücke mit zwei Richtungsfahrbahnen über den Jaxartes erbauen, was sehr modern anmutet.

In alle Geschichtsbücher fand dann die Schiffsbrücke des Darius (521–486 v. Chr.) über den Bosporus Eingang, errichtet 493 v. Chr. von dem berühmten Baumeister Mandrokles aus Samos, der dafür von dem Perserkönig reich beschenkt worden sein soll. Die Schiffe waren seitlich verankert und mit hölzernen Überbauten versehen. Darius soll mit 600.000 Mann die Meerenge überschritten haben! Wenn man die starke Strömung im Bosporus und die harten Winde, die dort herrschen können, berücksichtigt, wird einem die Großartigkeit dieser Leistung erst richtig bewußt. Trotz mehrmaliger Projekte wagte sich ja erst unsere heutige Technik mit einer kühnen Hängebrücke, die 1973 vollendet wurde, an eine feste Überbrückung dieser Meerenge. Die Schiffsbrücke des Darius soll sich etwa zwischen dem heutigen „Anadolu Hissar“ (Anatolische Feste) und „Rumeli Hissar“ (Europäische Feste) befunden haben. Die Festungen wurden erst von den Sultanen Bajasid I. und Mehmed II. Mitte des 15. Jh.s errichtet. Die Stelle gilt als die engste des Bosporus. Die zweite Schiffsbrücke des Darius, dicht am Delta in der Nähe der Donaumündung gelegen, soll durch jonisches „Schiffsvolk“ erbaut worden sein.

Etwas weniger Glück hatten Xerxes (485–465 v. Chr.) oder, besser gesagt, seine Baumeister und Bauleute. Es waren angeblich Phönizier und Ägypter, welche die Schiffsbrücke von Abydos über die Dardanellen schlugen. Der erste Versuch mißlang, und die fast vollendete Brücke wurde durch einen außergewöhnlich heftigen Sturm zerstört. Xerxes, sozusagen auch in Bewegung geraten, ließ in schrecklichem Zorn *das Wasser mit Ruten peitschen und den Baumeistern die Köpfe abschlagen!* Durch dieses Naturereignis aber nicht entmutigt, ließ Xerxes den Bau sofort wieder vorantreiben, und diese zweite Brücke war um 480 v. Chr. vollendet. Sie bestand aus zwei Reihen von Schiffen (die Angaben schwanken zwischen 674 und 700 Stück), die ebenfalls seitlich verankert waren. In jeder Richtung gab es eine Fahrbahn. Es wird berichtet (Lit. 107), daß hin und wieder eine Schiffsbreite freigelassen – und wohl mit abnehmbaren Bohlen überdeckt war –, so daß kleine Boote durchfahren konnten. Über die ganze Brückenbahn waren *kostbare Taue aus Flachs und Byssus* (= klebrige Fäden, die von einer Muschel erzeugt werden) gespannt, die den doppelten Bohlenbelag trugen. Dieser war mit festgestampfter Erde bedeckt. Zu beiden Seiten der Fahrbahn gab es Zäune, damit Zugvieh und Pferde, die scheuten, nicht ins Wasser fallen konnten. Xerxes soll sogar mit 700.000 Mann *zu Roß und zu Fuß* auf dieser Brücke die Meerenge überquert haben. Sie war bestimmt für einen längeren Zeitraum geplant, denn die meisten anderen dieser Brücken, größtenteils für kriegerische Vorstöße errichtet, besaßen in diesem Fall nur lose aufliegende Bohlen. Darius wie Xerxes hatten allerdings mit ihren Feldzügen gegen die Griechen wenig Glück; den Schiffsbrücken war also nicht eine so lange Lebenszeit beschieden, wie ihre Erbauer erhofft hatten.

Die Geschicklichkeit im Bau von Schiffsbrücken wie auch schnell zu fertigenden Holzbrücken müssen sich die Perser lange Zeit hindurch erhalten haben. Noch der byzantinische Geschichtsschreiber Prokop (6. Jh. n. Chr.) berichtet, daß die Perser bei ihren Kriegszügen stets eiserne Haken mit sich führten, die sie zur Verbindung der teilweise auch mitgeführten Pontons oder Balken beim raschen Brückenbau benutzten. Bei Attok in Pakistan existiert noch heute eine Schiffsbrücke, die ganz nach alter Tradition auf den Schiffen einen Holz- und darüber einen dichten Strohbelag aufweist.

Weitere berühmte historische Schiffsbrücken aus späterer Zeit waren kurios – wie die des Caligula (37–41 n. Chr.), der eine solche zwischen Puteoli und Bauli einzig darum errichten ließ, um über das Meer reiten und sich selbst rühmen zu können –, oder wurden glorifiziert, wie die Brücke Alexanders des Großen über den Oxus, Hannibals über die Rhône, des Herzogs von Parma über die Schelde (1584) und die des Prinzen Eugen bei Belgrad. In den beiden Weltkriegen wurden von Pioniertrupps viele Pontonbrücken geschlagen, und als Not- und Behelfsbrücken haben sie auch heute noch ihren Platz im Brückenbau.

Die Perser bauten aber in so früher Zeit nicht nur Schiffsbrücken, sondern sorgten auch für sehr gute Verkehrsadern im eigenen Land. Das Perserreich war von altersher von vielen Straßen und bald auch von vielen Kanälen durchzogen; bereits zur Zeit der Achämeniden (553–330 v. Chr.) werden in Aufzeichnungen Brücken erwähnt. Justi (Lit. 77) spricht (1879) von einigen Brücken, u. a. von einer solchen bei Persepolis, die den Namen „Puli-chan“ trug, und einer weiteren über den Oroatis, die „Jekan“ genannt wurde. Reste dieser Brücken waren damals noch vorhanden.

Bereits unter Darius soll das Straßennetz so gut ausgebaut und weitläufig gewesen sein, daß es 111 Posthäuser gab, mit einem gut funktionierenden Dienst durch reitende Boten. Das Land war fast überall kultiviert, und die Ebenen, z. B. zwischen „Hyrkanien“ und der „Chiwa-Oase“, waren von vielen Kanälen durchzogen. Dieses Wassernetz muß sehr eindrucksvoll gewesen sein, denn es wird in allen Berichten über Persien erwähnt. Von den vielen Brücken, die es gegeben haben muß, wissen wir nur wenig. Leider verfielen sie in den letzten 100 Jahren oder verschwanden restlos. Erst in jüngster Zeit begann man sich für diese Brücken zu interessieren und die noch vorhandenen vor weiterem Verfall zu schützen.

F. Hartung (Lit. 66) beschreibt einige altiranische Großwasserbauten, die er selbst kennenlernte, zu denen auch Brücken, besonders die berühmten von Schuschtar und Dez gehören. Es ist heute wissenschaftlich erwiesen, daß bereits unter Darius große Wasserbauten entstanden. Aus seiner Zeit stammen die ersten erhaltenen Bauwerke Persiens dieser Art, und zwar am Kor-Fluß in der Nähe von Persepolis. Bei den dort gefundenen Resten handelt es sich um brückenähnliche Bauwerke, deren Fundamente so weit hochgezogen waren, daß sich ein Stau bilden konnte. Das Wasser wurde durch relativ kleine Öffnungen, die vermutlich durch Holztafeln verschlossen werden konnten, in Bewässerungskanäle geleitet. Die Pfeiler aus großen, behauenen Steinen mit Rundköpfen waren mit Steinbalken überbrückt. Bei einem weiteren solchen Bauwerk, aus ebenso schön behauenen Steinquadern, das sich ebenfalls im Kor-Tal befindet und beim Bau der modernen Talsperre „Darius-Kebir“ entdeckt und gesichert wurde, finden sich bereits Spitzbogenöffnungen. Diese Bogenform wurde typisch für fast alle derartigen späteren Bauten. Hartung hebt besonders die bereits schön ausgebildeten Wehrwangen dieses Brückenwehres hervor.

Erstaunlich ist, daß die Perser bereits in frühester Zeit mit Vorliebe Mehrzweckanlagen errichteten: Brücken, die zugleich als Wehre dienten oder umgekehrt; später wurden auch noch Mühlen eingebaut. Selbst wenn es nicht restlos zu erklären ist, ob es sich bei diesen Bauwerken in erster Linie um Brücken oder um Wehre gehandelt hat, so stellen sie jedenfalls bereits die Urform des großen Brückenwehres dar. Dieser Typus trat dann in der Sassanidenzeit (ab dem 3. Jh. n. Chr.) bereits vielfältig auf, wovon gewaltige Reste zeugen.

Zu den größten und berühmtesten Anlagen Persiens zählt die unter Schahpur I. errichtete Brücke über den Karun bei Schuschtar, die von allen früheren Persienreisenden gerühmt wird und die 1846, als Layard (Lit. 90) sie sah, noch so weit intakt war, daß man darüber gehen konnte. Hartung (Lit. 66) zitiert den holländischen Ingenieur Graat van Roggen, der die Wehrbrücke und das ganze dazugehörige Kanalsystem vor etwa 65 Jahren genau beschrieb und Zeichnungen anfertigte; damals muß die Brücke auch noch benützbar gewesen sein. Die Anfänge dieses wassertechnischen Systems sollen auf Darius zurückgehen, ebenso wie der Dariun-Kanal, der durch zwei etwa 100 m lange, unter der Zitadelle hindurchführende Stollen gespeist wurde. Auch ein altes Wehr – eventuell Brückenwehr – dürfte sich in so früher Zeit bereits dort befunden haben.

Zur Erstellung der Wehrbrücke unter Schahpur I. waren große Vorarbeiten notwendig: So wurde ein Umleitungskanal gebaut, der die Flußkrümmung trockenlegte, die Einläufe des Dariun-Kanals wurden verbessert, ein Uferschutz am Außenufer des Karun unterhalb der Zitadelle sowie das Verteiler-Wehr „Bend-e Mizan“ wurden errichtet und ein weiterer Kanal als Verbindung mit der Schlucht des Gâgàr-Baches sowie ein Staudamm erbaut. Es ist bekannt, das Schahpur I. 260 n. Chr. den römischen Kaiser Valerian bei Epida besiegte und ihn mit 80.000 Mann gefangennahm. Im Gegensatz zu sonstigen grausamen Gepflogenheiten ließ er diese Leute nicht hinrichten oder niedermetzeln, sondern setzte sie höchstwahrscheinlich bei diesen großen Wasserbauten am Karun und Dez als Zwangsarbeiter ein; dadurch kam die zum Teil typisch römische Bautechnik zur Anwendung. Der Anteil der genialen persischen Wasserbauer wie der römischen Pioniertruppen mit ihren Ingenieuren, die sich zu dieser großartigen Leistung zusammenfanden und diese präzis durchdachten Anlagen schufen, ist im einzelnen heute nicht mehr feststellbar. Die große

Wehrbrücke von Schuschtar hatte eine Länge von 500 m (!), die mächtigen Pfeilerbankette erlaubten eine normale Stauhöhe von etwa 3–4 m, und die kleinen Bogenöffnungen dienten bei starkem Hochwasser als zusätzliche Entlastungsmöglichkeit. Ebenso wie dieses Bauwerk nützliche bewässerungstechnische Aufgaben erfüllte, war es als Brücke – an der großen Reichsstraße von Pasargarda nach Ktesiphon – von großer strategischer Bedeutung. Selbst die Ruine zeugt noch von der Größe der Anlage und weist neben den erwähnten römischen typisch persische Merkmale auf, wie man sie an vielen ähnlichen Bauwerken späterer Zeit finden kann.

Etwa gleichzeitig ließ Schahpur I. am Dez-Fluß ein noch komplizierteres Brückenwehr erstellen, das *Fig. 6* im Wechsel spitzbogige Mühlen- und Wehrpfeiler besaß. Bei ersteren handelte es sich um Hohlpfeiler, die oberstrom eine schiffartige Form aufwiesen; oben auf dieser Brücke befanden sich Verkaufs- und Repräsentationsbauten. Hartung erwähnt, daß die Mühlenpfeiler technisch so durchdacht waren, daß sie an ein Pfeilerkraftwerk unserer Tage erinnern. Besonders bei diesem Bauwerk glauben die Archäologen, an der Schichtung des Mauerwerks die Mitarbeit der römischen Gefangenen erkennen zu können. Da dieses Brückenwehr mit seinen vielfältigen Funktionen aber auch typisch persische Züge aufweist, stammen die Ideen und Entwürfe zu diesen Bauten möglicherweise fast ausschließlich von persischen Fachleuten. Die Römer dürften nur zur Ausführung der Arbeiten eingesetzt worden sein. Auf keinen Fall haben, wie häufig angenommen wird, erst die römischen Kriegsgefangenen die Perser mit dem Steinbogenbrückenbau bekannt gemacht. Wir hörten bereits, daß schon unter Darius, also im 5. Jh. v. Chr., ähnliche, wenn auch kleinere Brückenwehre errichtet wurden, die mit Spitzbogen versehen waren, und den Spitzbogen finden wir noch heute im ganzen Orient, während die Römer fast ausschließlich den Kreisbogen verwendeten.

In dem persischen Buch „RAH WA RABAT“ (Lit. 115) werden außer den eben erwähnten noch folgende mehr oder minder erhaltene Brückenbauten aus der Sassanidenzeit angeführt: ein Brückenwehr am Kaschfan-Fluß, die Gavmischan-Brücke am Seymareh-Fluß sowie die Tang-Brücke und die Zal-Brücke, beide am Zal-Fluß. Alle diese Bauten befinden sich in der Provinz Khuzestan. In der Provinz Fars steht die älteste Brücke aus der Sassanidenzeit, d. h. es sind nur noch die Brückenpfeiler des über den Firouz-Abad führenden Bauwerkes erhalten, das unter dem Gründer dieser Dynastie, Ardeshir Babakan, erbaut worden sein soll. Ebenfalls aus dieser Zeit stammen noch folgende Brücken bzw. deren Reste: Ruinen der Barin-Brücke am Tangeh-Barin, Reste der sogenannten Murd-Brücke auf dem linken Ufer des Laleh-Flusses, die Sharestan-Brücke *Abb. 11* am Zayandeh-Rud und die einzige bis heute fast vollständig erhaltene Kovar-Brücke über den Gharah-Agatch, bei welcher nur ein mittlerer Bogen fehlt.

Aus der Sassanidenzeit gibt es viele Berichte über Brücken, und immer wird darin Rühmliches und Staunenswertes erzählt. Schon Sapor I., der Vorgänger von Schahpur, muß ein äußerst tüchtiger Regent gewesen sein; aus seiner Regierungszeit stammt eine aus einem einzigen Bogen bestehende Brücke zwischen Djadar und Mahsabadan. In dem Buch „Ingenieure der Antike“ (Lit. 147) wird aufgezeigt, daß unter Sapor, Schahpur und deren Nachfolgern besonders viele Brücken und andere Wasserbauten ausgeführt wurden. Der Autor berichtet, daß in der Provinz Luristan noch acht Brücken stehen, von denen zumindest die Fundamente aus der Sassanidenzeit stammen.

Als ein Wunder der Welt galt die Brücke von „Idady“ (so nennt Schramm diesen Ort, während Layard ihn als eine sassanidische Bezirkshauptstadt namens „Aidiyi“ zwischen Isfahan und Ahwáz bezeichnet). Diese Brücke soll von der Mutter Sapor I., „Harah Zad“, erbaut und nach ihr benannt worden sein. Bei Layard heißt sie „Jirzád“. Das Besondere an diesem Bauwerk war, neben seiner Höhe, das Material: Schramm (Lit. 139) berichtet, daß der Raum zwischen den steilen Uferböschungen und der Brücke mit Eisenschlacken angefüllt und mit Blei vergossen gewesen sei und daß die Widerlager aus dem gleichen Material bestanden hätten. Diese Brücke sei dann – wohl durch kriegerische Ereignisse – zerstört worden, und die Nachbarvölker hätten eifrig zum Verfall beigetragen, indem sie das Blei stahlen. Schließlich fand sich ein Vezier namens „Abu Abdallah“, der die Brücke unter sehr schwierigen Bedingungen wieder instandsetzen ließ. Die Arbeiter mußten zumeist in Körben und Netzen mit Hilfe einer Haspel auf die höchsten Teile der Brücke gebracht werden – ein sicher sehr gefährliches Unternehmen –, weshalb die Bauleute angeblich mit Gewalt zu dieser Arbeit gezwungen werden mußten. Nach Merckel, der diese Geschichte berichtet, dauerte der Wiederaufbau einige Jahre und verschlang 350.000 Goldstücke, womit nur die Materialkosten gemeint waren, der Taglohn – der sicher erbärmlich niedrig war – ist nicht inbegriffen. Es soll sich bei dem Bauwerk um einen sehr hochgewölbten Bogen aus Steinmauerwerk gehandelt haben. Die Geschichte dieser Brücke wurde im 13. Jh. von dem persischen Enzyklopädisten Zakariyya al Quazwini genau aufgezeichnet (Lit. 83, 147).

Ziemlich unbekannt ist, daß die Perser bereits vor etwa 1000 Jahren bewunderungswürdige Gewichtsstaumauern von beachtlicher Höhe errichteten (Lit. 66), technisch durchdacht und ebenfalls oft als Mehrzweckbauten. Eines dieser Bauwerke, die „Bend-e-Emir" zwischen Isfahan und Schiras, besitzt über der überströmten Krone eine spitzbogige Straßenbrücke, die in einem turmartigen Bauwerk endet, von welchem der Weg in das am Stausee liegende Städtchen abzweigt. Dieses einmalige Bauwerk wurde unter Denkmalschutz gestellt.

Die Vorliebe für vielfältig kombinierte Brückenanlagen scheint den Persern „im Blut zu liegen", sie blieben dieser Bauweise weiter treu. Das schönste erhaltene Brückenwehr stammt aus dem 17. Jh., der Zeit des persischen Rokoko: das 250 m lange Khadju-Brückenwehr über den Zaandeh-Rud in Isfahan, unter Schah Abbas II. errichtet. Es besitzt im oberen Stockwerk zwischen den Bogennischen des palastartigen Aufbaues eine breite Straße, über welche noch heute der Verkehr flutet. Wenn sich Autos, Lastwagen und hin und wieder auch noch Kamelkarawanen darauf begegnen, finden die Fußgänger Zuflucht in den Nischen. Im unteren Teil befinden sich die Wehröffnungen, die abermals unterteilt und zu verschließen sind. In der Wehrachse gibt es einen durchgehenden, schön gewölbten Durchbruch, der einen Überblick über die gesamte Wehranlage gestattet und die Bedienung erleichtert. Die technischen Einzelheiten unterstreichen abermals die Fähigkeiten der Perser auf diesem Gebiet. Das mit Fayencen verkleidete Bauwerk in seiner architektonischen *Abb. 12* Ausgewogenheit wird noch heute viel bewundert. Zur Zeit seiner Erbauung und sicher auch noch später war es eine vielgerühmte Stätte herrlicher Sommerfeste in märchenhafter orientalischer Pracht.

Weitere erhaltene Brücken aus dieser Safawiden-Zeit (1502–1796) sind u. a. die schöne zweite Brücke Isfahans „Sieo-vah-Seh-Pol", von Allahwerdi Khan, einem der Generäle Schah Abbas des Großen, *Abb. 13* erbaut, sowie die dritte und älteste, die malerische Marnonbrücke; weiters die kleine, aber sehr stabile Khan-Brücke über den Kor auf der Strecke von Shiraz nach Isfahan, die Sarugh-Brücke über einen Nebenfluß des Zarrineh-Rud und die Mianeh-Brücke östlich von Maragheh in Azarbaijan. Die Mur-Brücke über den Mahabad wurde in der Teymuridenzeit errichtet (Lit. 115).

Interessant ist, daß bereits in der alten persischen Religion das Wasser als heiliges Wesen – als Göttin – verehrt wurde und daß das Anlegen von Gärten mit Wasserbecken, von Kanälen und Brücken, Wasserleitungen und Brunnen zur Versorgung der Städte selbstverständlich war. Justi (Lit. 77) berichtet, daß in der zoroastrischen Religion die Überbrückung von Flüssen und Bächen und das Anlegen von Straßen als verdienstvolles Werk bezeichnet wurde – also abermals eine Parallele zu ähnlichen Vorstellungen anderer Völker. In der „Awesta-Niederschrift", einer heiligen Schrift der persischen Religion aus der Sassanidenzeit, gibt es eine Geschichte des Weisen Ardai Wiraf über die Brücke, die ins Jenseits führt. Auch in dieser Religion gab es Himmel und Hölle, und nicht allen Seelen gelang die Überschreitung der Brücke zum Himmel; auch waren die Seelen unterwegs vielen Unbilden ausgesetzt, wenn sich ihre guten und bösen Werke nur die Waage hielten und nicht das Gute überwog. Menschen, die in ihrem Leben Brunnen, Kanäle und Wasserleitungen gebaut, Brücken und Wege angelegt und Ruheplätze und Karawansereien errichtet hatten, durften nach dieser alten persischen Vorstellung sofort in paradiesischen Gefilden wandeln.

Wenn Mesopotamien tatsächlich die Wiege des Brückenbaues war, ist anzunehmen, daß die Perser manches Wissen darüber schon sehr früh von den Nachbarn übernommen und dann erfolgreich weiterentwickelt haben. Viele ihrer Brücken waren nicht aus Stein, sondern aus Backsteinen erbaut,

oft aus schmalen, sehr regelmäßigen Ziegeln zu wunderschönen Spitzbogen geschichtet, wobei durch die unterschiedliche Anordnung der Ziegel ganze Ornamente entstanden. Bei manchen Brücken bestand der Unterbau der Pfeiler samt Pfeilervorbau aus Steinquadern und nur der Oberbau aus Ziegeln.
Sicher ist, daß die Perser mit ihren großen historischen Schiffsbrücken Pionierleistungen vollbrachten. Von Anbeginn ihrer mit Nachrichten belegten Geschichte sind außerdem hervorragende Ingenieurleistungen, insbesondere im Wasser- und Brückenbau, bekannt.

China – das Land der Brücken

Fig. 7 Die An-Chi über den Chiao bei Chao-hsien, Provinz Süd-Hopei (China), 610 n. Chr. erbaut

Verfolgt man den Brückenbau bis in seine Ursprünge, so stößt man in der Literatur immer wieder auf wundersame Berichte über Brücken aller Arten im fernen China. Hing diesen Beschreibungen – wegen der Weite, Höhe und Monumentalität der Objekte sowie der sonstigen oft kuriosen Details – stets etwas Märchenhaftes an und erschienen sie nicht immer ganz glaubwürdig, so fanden sie doch oft Bestätigung durch Berichte von Chinareisenden.
Schon in den ersten nachchristlichen Jahrhunderten brachten Mönche und Kaufleute, Delegationen, die im Auftrag verschiedener Herrscher oder Regierungen unterwegs waren, sowie Reisende, die aus Wißbegier und Forschungstrieb bis nach China kamen, erste Nachrichten, in denen Brücken eine Rolle spielten. Marco Polos farbige Schilderungen enthalten erstmals Einzelheiten über große chinesische Brücken. Im 17. Jh. erschienen gleich mehrere Bücher über China, in welchen die Brücken einen breiten Raum einnehmen. Besonders bekannt wurden die Werke von Martino Martini (Lit. 101) und Athanasius Kircher (Lit. 80/81), aus denen spätere Autoren Texte und Zeichnungen übernahmen.
Martini rühmte allgemein die guten, mit Steinen gepflasterten Straßen Chinas sowie die vielen schiffbaren Flüsse und Seen, deren Ufer zum Teil ebenfalls mit Quadersteinen belegt waren: . . . *aus der tieffe erhöhet und mit Brücken belegt / welcher gestalt Sina nicht nur mit der Römer hoheit / sondern auch mit aller Völker Macht sich recht und billich vergleichen kan* . . . Auch das Buch

„Gedenkwürdige Verrichtung der Niederländisch-Ost-Indischen Gesellschaft“ (Lit. 155), das aus dieser Zeit stammt, bringt köstliche Einzelheiten.

Im 18. Jh. hat dann besonders C. Schramm viele dieser Berichte gesammelt und ihnen in seinem Werk (Lit. 139) ein großes Kapitel gewidmet. Er kam zu dem Schluß, daß die Chinesen *wahre Meister im Brückenbau* gewesen seien. Im 19. Jh. war es – neben den Engländern – vor allem F. Richthofen (1833–1905), der in seinen Tagebüchern auch chinesische Brücken beschrieb. In der deutschen Brückenliteratur des 20. Jh.s werden alle diese Quellen erwähnt und auch einige der bekanntesten chinesischen Brücken kurz beschrieben; im allgemeinen wird aber rasch darüber hinweggegangen. Erst J. Needham beschreibt in seinem Buch „Science und Civilisation in China“ (Lit. 116) die ganze Vielfalt des Brückenbaues in China. Dieser Wissenschaftler, der während des Zweiten Weltkrieges kreuz und quer durch China reiste und eine Fülle an Material und Bildern zusammentrug, hatte chinesische Mitarbeiter und zitiert auch viel aus alten chinesischen Schriften.

Die erste Nachricht, die auf den Bau von Brücken in China schließen läßt, ist – neben Schriftzeichen aus der Zeit vor 1000 v. Chr., die ebenfalls darauf hindeuten – eine Ode, die sich auf den Gründer der Chou-Dynastie im 11. vorchristlichen Jh. bezieht. Vielleicht handelt es sich bei der in dieser Ode zitierten Brücke um jene, die Klinger (Lit. 83) erwähnt, wobei er sich auf Richthofen bezieht: Unter dem Kaiser Wu Wang soll um 1040 v. Chr. eine 900 m lange und 19 m hohe steinerne Brücke über den Min-Fluß in der Provinz Szechuan gebaut worden sein. Dies wäre eine enorme technische Leistung gewesen, selbst wenn es sich möglicherweise um eine Steinbalkenbrücke gehandelt hat, wie wir sie auch in späterer Zeit noch vielfach in bestimmten Gegenden Chinas in einer sonst nicht bekannten Größe antreffen.

Ebenfalls aus dieser Chou-Dynastie gibt es ein Lied von Kao-Chhêng, aus dem 8. Jh. v. Chr., in welchem eine sehr große Schiffsbrücke besungen wird, die aus vielen, in einer Reihe liegenden und mit Brettern bedeckten Booten besteht und den Fluß Wei überbrückt. Dieser aus Schiffen errichtete Übergang entstand also eindeutig vor den großen ähnlichen Brücken der persischen Könige. Es ist sogar möglich, daß es solche Schiffsbrücken bereits unter der Chou-Dynastie im 11. vorchristlichen Jh. gegeben hat (Lit. 116). Aus dieser Dynastie haben sich (lt. Colliers Encyclop. Bd. 3) noch drei Quellenwerke erhalten: „The book of Changes“, „The Book of Documents“ und „The Book of Songs“; letzteres enthält Hymnen, Gesänge und Balladen, die ein plastisches Bild jener Zeit vermitteln. Wie in Mesopotamien und Persien wurde der Bau von Schiffsbrücken auch in China sehr früh und sehr lange hindurch gepflegt. So muß es jahrhundertelang, ja ein Jahrtausend hindurch die Schiffsbrücke über den Gelben Fluß gegeben haben, die immer wieder genannt wird. Sie war unter dem Herrscher Chao Hsiang von Chhin 257 v. Chr. errichtet worden. Ihre Lebensdauer ist legendär. Offenbar wurde sie laufend repariert und gut instandgehalten. Noch in einer chinesischen Enzyklopädie aus dem Jahre 700 n. Chr. wird sie erwähnt und abermals 840 n. Chr., von dem japanischen Mönch Ennin, dessen Aufzeichnungen über China sehr aufschlußreich sind. Er meint, diese Brücke sei über tausend Fuß lang gewesen.

Martini (Lit. 101) berichtete im 17. Jh. noch von einer sehr großen, aus 130 Booten bestehenden Schiffsbrücke in Cancheu in der Provinz Xensi, wobei er von schweren Eisenketten spricht, mit denen die mit Balken und dann mit dicken Brettern bedeckten Boote verbunden waren. Die Flußschiffer mußten dort Zoll entrichten, und zwar befand sich die „Zollabfertigung“ auf einem der Boote, das beweglich war und die Durchfahrt freigeben konnte.

Oft sind es nur Teile von Schriftstücken, die interessante Einzelheiten über den Brückenbau in China verraten: einem Fragment – „Thang goverment ordinances, Department of Waterways“, nennt es Needham – ist zu entnehmen, daß die Chinesen ihre Brücken hüteten, wie dies in Europa vor allem im Mittelalter Brauch war. Es gab angestellte Brückenmeister, Fährmänner und Wartungshandwerker, die vom militärischen und zivilen Dienst befreit waren und dafür sorgen mußten, daß weder gefährliche Fluten noch Eis oder sonstige Gefahren dem Bauwerk Schaden zufügten. Um eine möglichst rasche Reparatur zu garantieren, wurde bei allen großen Brücken Material dafür bereitgehalten. Für Schiffsbrücken, die bei den zahlreichen kriegerischen Ereignissen eine sehr wichtige Rolle spielten, wurde ganz besondere Vorsorge getroffen. Ersatzschiffe wurden in eigenen Häfen gebaut und bis zur Hälfte der Anzahl in Vorrat gehalten, außerdem wurden Lager von Holz und Schiffstauen und anderem nötigen Material angelegt. In kritischen Zeiten war der schnelle Bau einer Schiffsbrücke oft entscheidend. Darüber eine anschauliche chinesische Notiz: Eine sehr wichtige und berühmte Schiffsbrücke über den Amu Darya wurde vom „Chefbaumeister" des Chagatei, des zweiten Sohnes von Dschingis Khan, in kaum mehr als einem Monat und 10 Tagen errichtet. Da dies in jenen Zeiten hauptsächlich eine Frage der einzusetzenden Menschen war, werden wohl alle zur Verfügung stehenden Soldaten und sicher auch die Bewohner der angrenzenden Provinzen zu dieser Arbeit herangezogen worden sein.

Holz war in weiten Teilen Chinas ein beliebtes Baumaterial, nicht nur für Brücken: das Land entwickelte eine kunstvolle Holzarchitektur. Neben einfachsten Stegen, die man besonders in den Gebirgsregionen findet, gibt es gerade in China sehr früh erstaunlich große und kunstvolle hölzerne Flußübergänge, wie sie in dieser Art in Europa unbekannt blieben. Dazu kommen bereits aus dem 4. Jh. v. Chr. Aufzeichnungen, die *von jahreszeitlich bedingten Reparaturen* an *Fußgängerbrücken* und *Brücken für Wagen* berichten.

305 v. Chr. ließ Prinz Chao Hsiang eine große Holzbrücke mit vielen Öffnungen über den Fluß Wei bauen. Er ist jener Mann, dem dann später, als er Herrscher geworden war, der Bau der vorher genannten und vielfach gerühmten Schiffsbrücke über den Gelben Fluß gelang. Diese große Holzbrücke war ungeheuer wichtig: Sie verband die Hauptstadt dieser Provinz mit dem umgebenden Land und den südlichen Pässen. Vielleicht war sie die erste dieser Art; ihre Länge betrug 2000 Fuß, und sie hatte 68 Öffnungen, jede ca. 29 Fuß breit; Ennin sah, überschritt und beschrieb sie 840 n. Chr. Später muß es mehrere solcher Brücken in dieser Provinz gegeben haben, auch über drei Flüsse, die bei Kunghsien in den Wei münden und über diesen selbst. Alle diese Bauwerke lagen nahe dem höchsten Wasserstand und verschwanden während der Flutzeit. An Hand alter Bilder kann man erkennen, daß sie dem gleichen Brückentypus angehörten, den es auch heute noch gibt. Eine solche große Holzbrücke ist bereits 150 n. Chr. auf dem Grabstein eines Mannes namens Wu Liang dargestellt, in der Szene „Kampf auf der Brücke".

Sehr früh bedienten sich die Chinesen zum Rammen der Pfähle eines Gerätes, das ähnlich dem „fistuca" des Vitruv war. Die charakteristische alte chinesische Holzbrücke war eine Balkenbrücke mit vielen Öffnungen, wobei die Brückenbahn meistens auf einem vorkragenden Unterbau ruhte, der auf Holzpfählen oder auf Holzblöcken stand, später zum Teil auch auf Steinpfählen, die oft paarweise angeordnet und aus kurzen, zylinderförmigen Stücken zusammengesetzt waren; sogar Eisenpfähle kamen vor. Ein Beispiel für die spätere Variante ist die Fêng-Brücke bei Sian, deren in drei Doppelsäulen aufgelöste Steinpfeiler jeweils auf einer schweren Steinplatte stehen und auch oben mit einer solchen abgedeckt sind. Darüber liegt ein großer, vorkragender Holzbalken, auf dem die schweren Längsbohlen ruhen. Dieser Brückentypus hielt sich Jahrhunderte hindurch: über den breiten Strömen des Landes waren diese Brücken groß und wuchtig, über kleineren Flüssen waren sie zierlich und feingefügt, eventuell mit einem Pavillon bekrönt. Auf Wandbildern aus dem 12. Jh. sind solche Brücken zu sehen, ebenso finden wir sie auf Darstellungen späterer Zeiten. Viele dieser Bauwerke wurden wegen ihrer Größe oder Schönheit immer wieder erwähnt. Der Taoist Chhin Chhang-Chhun berichtet, daß er (1221 n. Chr.) auf seinem Weg nach Samarkand, zum Besuch des Dschingis Khan, in den Bergen von Thien Shan nicht weniger als 48 große Holzbrücken angetroffen habe, so breit, daß zwei Wagen nebeneinander darüber fahren konnten! Später, in der Ming-Zeit (1368–1644), muß es auch viele „Regenbogenbrücken", wie die Chinesen sie nannten, gegeben haben, während solche in den vorhergehenden Jahrhunderten nur vereinzelt vorkamen. Es existiert
Abb. ein sehr schönes Rollbild aus dem Jahre 1125 n. Chr., das eines dieser brückengeschichtlich so
14 interessanten und großartigen Bauwerke darstellt: unter dem Titel „Frühlingsfest" ist die berühmte Brücke von Khaiféng über den Gelben Fluß wiedergegeben. Bei diesen Brücken ruhte eine hochgewölbte Holzkonstruktion zu beiden Seiten auf Steinwiderlagern. Meist führten flache Stufen darüber hinweg, während darunter die Schiffe z. T. mit vollen Segeln passieren konnten. Soweit man

Fig. 8 Die verschiedenen chinesischen Holz-Kragträgerformen (Zeichnung nach Needham, Lit. 116)

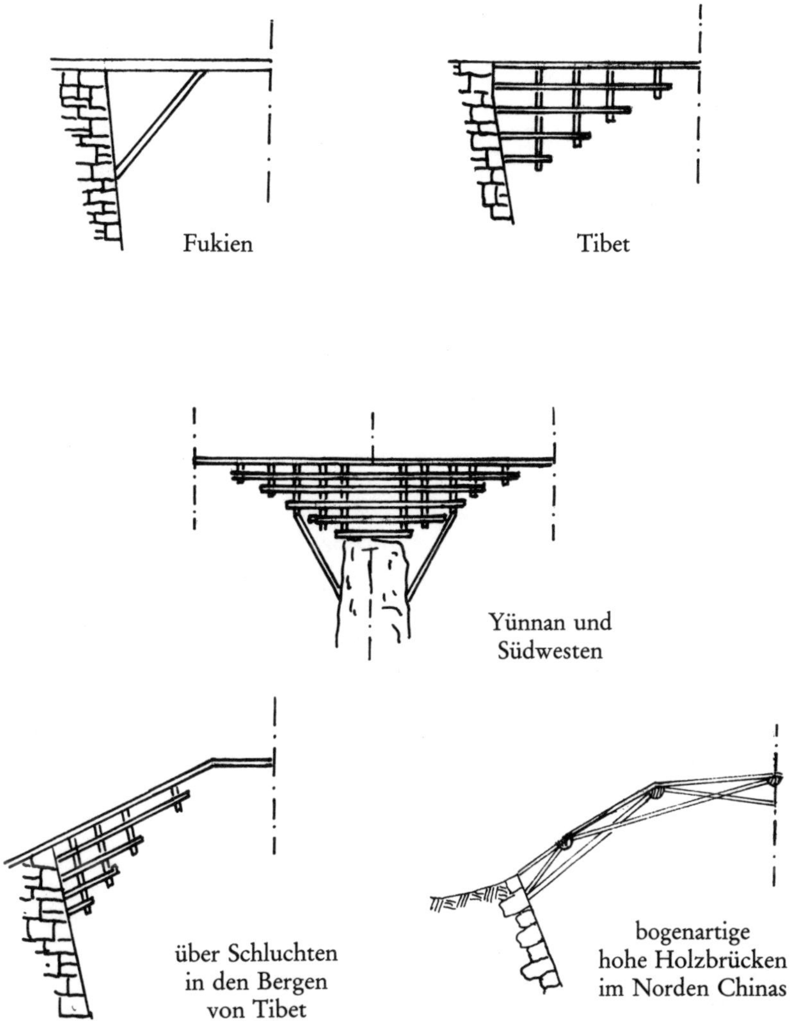

bisher unterrichtet ist, soll die erste große Holzbogenbrücke um 1032/33 erbaut worden sein. Sie wird nach 50 Jahren, die sie scheinbar ohne nennenswerte Reparatur überstand, als schön und intakt gerühmt, und vermutlich regte sie zum Bau weiterer ähnlich großer und hoher Brücken an.

Die ersten Beschreibungen von – wenn auch nicht so hoch – gewölbten Holzbrücken, die auf Steinwiderlagern ruhten, stammen aus dem 4. und 5. Jh. n. Chr. Der älteste Bericht ist von Tuan Kuo verfaßt und erwähnt ein großes, hölzernes Brückenbauwerk über den Fluß in der Tunhuang-Oase, bei dem die Bogen durch eine vorkragende Technik erzielt wurden. Es gab solche Brücken auch mit mehreren Öffnungen und sehr hohen Steinpfeilern – so daß Schiffahrt und Flößerei gewährleistet waren. Die Holzkonstruktion über den Steinpfeilern war bogenartig oder auch in steiler Trapezform gestaltet, und viele dieser Brücken besaßen eine überdachte Holzgalerie mit *Abb. 2e*
Pavillons auf den Pfeilern.

Obgleich diese Art der Brückenbaukunst in China dann offenbar für einige Zeit verlorenging oder in Vergessenheit geriet, könnte die Kunde davon ebenfalls durch Chinareisende nach Europa gelangt sein. Immerhin gibt es eine sehr ähnliche, wenn nicht identische Zeichnung von Leonardo da Vinci aus dem Jahre 1480 von einer Militärbrücke, in einfacher Bogenform, wie sie auch auf einem Aquarell aus der Ming-Zeit zu sehen ist (Lit. 116).

Fig. 8 Das Hauptgebiet der vorkragenden Brücken in vielen einfachen und rustikalen Variationen lag und liegt in den südlichen und westlichen Teilen Chinas, nahe dem Himalaya, und in Tibet, wo auch die Hänge- bzw. Seilbrücken zu Hause sind. Sie führen wie diese z. T. über enge, tiefe Schluchten mit wilden Wassern. Die Wiege dieser Bauart dürfte das Himalayagebiet gewesen sein, und wir finden sie auch heute noch in Nepal, Bhutan, Kashmir und den nördlichen Gebieten von Indien. Heimisch waren diese vorkragenden Brücken auch in Südrußland, im Kaukasus und in der Türkei. Vielleicht sind sie in die letztgenannten Gebiete durch die vielen westwärts gerichteten Völkerwellen gekommen, vielleicht haben sie sich dort jedoch auch eigenständig entwickelt. Jedes einzelne Gebiet bildete jedenfalls eine spezielle Art aus.

Nirgends allerdings waren diese Brücken so abenteuerlich und atemberaubend wie in Zentralasien, wie aus vielen Berichten früher Reisender hervorgeht. Hören wir uns an, was Taper (Lit. 155), als Mitglied der Niederländischen Gesandtschaft im 17. Jh. in China unterwegs, über die Himalayaregion erzählt: . . . *an beyden Seiten stehen die Mauern dieses Gebirges so hoch/ daß sie an die Wolken reichen/ und die Wege kaum von der Sonnen können beleuchtet werden. An etlichen Oertern sind von der einen seiten des Berges/ biß zur andern/ große Balcken quär übergelegt . . ., an etlichen Orten liegen diese Brücken so hoch/ daß einem die Haare zu Berge stehen: für Angst und Forcht/ wann man nur in die Tiefe schauet . . .* Leider geht aus Tapers Bericht nicht hervor, ob es sich wirklich nur um Balken oder auch in einigen Fällen um vorkragende Stege handelte. Merckel (Lit. 107) schildert u. a. eine in vorkragender Art gebaute Holzbrücke im Thian-Shan-Gebirge am Fluß Tschirtschik: *Die Bewohner suchen die engsten Stellen der Schluchten mit den hohen Felswänden, und sie hauen zu beiden Seiten Vertiefungen in das Gestein, legen Holzbalken um Holzbalken in vorkragender Art darauf, bedecken diese mit Ton und stampfen diesen fest.* Über den freibleibenden Mittelabstand wurden Balken oder hie und da auch nur ein Flechtwerk gelegt, das zu beiden Seiten mit großen Steinen beschwert und auf diese Weise befestigt wurde. Bei anderen Brücken dieser Art wurde jeweils eine Lage Holzbalken mit Steinen bedeckt, die nächste Lage Balken sprang ein Stück vor und wurde abermals mit Steinen beschwert, bis zum Schluß auch hier ein Mittelbalken – oft auch ein Brett oder mehrere dünne, sich durchbiegende Bretter – die Lücke schloß.

Solche Brücken, nicht immer ganz vertrauenerweckend, gibt es im Himalayagebiet noch recht *Abb. 19* zahlreich. Der in Abb. 19 gezeigte Holzsteg in Nepal wurde im Sommer 1975 von einer österreichischen Himalaya-Expedition überquert.

Manchmal griff man auch wirklich nur zu einem Baumstamm: Klinger (Lit. 83) zitiert Richthofen bezüglich der abenteuerlichen Verkehrswege und Brücken im Südwesten Chinas: *Der Bau wohlkonstruierter Brücken ist mit der Kultur des inneren Szechuan auf einzelnen Verkehrswegen in das Gebirgsland hineingedrungen. Aber die Felsspalten sind zu tief und wild, um die Anlage von Pfeilerbrücken zu gestatten. Am einfachsten ist es, einen Stamm quer über einen Felsspalt oder über einen Wildbach zu legen. Es steht wohl einzig in seiner Art da, daß Pferde auf solchen Stegen gehen, da nur die geschickten Ponies des Landes sich auf solchen Seiltänzerwegen zu halten vermögen. Ein Mann geht vorne, ein anderer hinten und sie halten mit zwei parallelen Stangen das Tier im Gleichgewicht.*

Wo ein einzelner Baumstamm nicht ausreichte, hat man schon in sehr früher Zeit durch die Kragtechnik den Abstand verringert, so daß man ihn zum Schluß leicht überdecken konnte. Außerdem schuf man dadurch die Möglichkeit, die Brücke breiter zu gestalten. Letzten Endes führte die Entwicklung zu den ansteigenden Formen und zur Holzbogenbrücke, jedoch hauptsächlich in und nahe den Städten.

Man kann China in bezug auf den Brückenbau – nach der Bauart, nicht nach dem Material – in drei große Regionen einteilen. In den nördlichen Provinzen, in Chekiank, Chiangsi und Hunan, waren Bogenbrücken – aus Holz wie aus Stein – vorherrschend, Balkenbrücken nur bei kleineren Bauwerken. Im südlichen China, mit dem Zentrum Fukien, dominierten die monumentalen Balkenbrücken aus Holz wie aus Stein. Den Brückentypus aus Holz haben die Japaner zur

Fig. 9 Die „An-Lan"-Seilhängebrücke in Kuanhsien (China), ursprünglich aus der Zeit um 900 n. Chr., immer wieder aus Hanfseilen erneuert, mit einem die Seile führenden Leiterstück

Überwindung ihrer großen Flüsse sehr früh übernommen; einige solche Bauwerke haben sich bis heute erhalten und werden in Japan „Chinesische Brücken" genannt.

Zu den Balkenbrücken aus Stein zählen besonders die Giganten aus diesem Material, die es nur in Fukien gab. Bogenbrücken waren in diesem Gebiet in der Minderzahl. Im Westen und südlich bis Tibet gab es die vorkragenden Holzbrücken und Stege sowie die unterschiedlichsten Arten der zum Großteil bereits im vorherigen Kapitel beschriebenen Seil- bzw. Hängebrücken. Diese sollen uns nochmals beschäftigen, denn von ihnen und dieser chinesischen Region sind wahrscheinlich entscheidende Impulse ausgegangen, die letzten Endes bis in unsere Zeit wirken.

Es wurde schon gesagt, daß sehr frühe chinesische Berichte über solche „schwankenden Übergänge" vorliegen – aus den Jahren 25 v. Chr. und 90 n. Chr. Vermutlich blieben diese Brücken in ihrer primitiven Art Jahrhunderte hindurch fast unverändert. In China wurden die Hängebrücken jedoch im Laufe der Zeit stabiler und perfekter gebaut, wie man annimmt bereits lange vor der Sung-Dynastie (ab 960 n. Chr.), aus welcher Periode folgende Beschreibung vorliegt: *Sehr viele schwere und starke Bambusseile wurden gespannt* (also nicht mehr die zwei, drei oder höchstens fünf Seile) *und darüber wurde Brett an Brett gelegt und jedes einzelne sehr gut festgebunden. Links und rechts gab es Halteseile . . . damit Mensch und Tier gut darüber gehen konnten.* Die Seile wurden mit der Zeit an immer besseren Steinfundamenten verankert und diese außerdem mit Holzpylonen, später auch solchen aus Stein oder ganzen Torbauten versehen.

Die berühmteste und wohl älteste heute noch existierende Hängebrücke ist die „An-Lan" in Kuanhsien, die 1177 von Fan Chheng-Ta beschrieben wurde, zu jener Zeit jedoch schon lange bestanden hat. Diese Hängebrücke besitzt acht Öffnungen, von denen die größte 200 Fuß breit ist, die Gesamtlänge beträgt über 1050 Fuß! Seitlich sind fünf äußerst dicke Seile gespannt, die durch Holzleitern geführt werden; die hölzerne Brückenbahn liegt, fest verbunden, auf 10 schweren Seilen. Die Holzpylone stehen auf Steinfundamenten, und es wird hervorgehoben, daß an der ganzen Brücke kein einziges Stück Metall verwendet wurde. Es gab übrigens mehrere Brücken dieser Art. Der erwähnte Reisende bewundert die „An-Lan" sehr und fügt hinzu, daß sie bei starkem Wind auf und nieder schwang, wie das Netz der Fischer, das zum Trocknen gespannt ist.

Fig. 9
Abb. 2d

Needhan meint, aus Aufzeichnungen Rückschlüsse auf die Erbauungszeit der „An-Lan" machen zu können: das genaue Datum weiß man nicht, doch soll sie aus der Zeit vor der Sung-Dynastie, die 960 n. Chr. begann, stammen. Es wird angegeben, daß die Reparaturen an der Brücke diese jedes Jahr zwei Monate lang außer Betrieb setzten. Vermutlich sind seit altersher die Kabel – aus Bambus – erneuert und die Planken ausgewechselt worden, und dies bis heute!

Zuerst hingen die Seile dieser „Bambus-Kabelbrücken" stark durch. Man mußte der steilen Kurve folgen, und das Aufwärtssteigen, besonders mit Lasten, war sicher mühevoll. Später begann man, verschieden lange Seilstücke an den Kabeln zu befestigen und hängte an diesen den nunmehr ebenen Brückenbelag auf. Solche Brücken sind heute noch in Teilen von Yunnan, Szechuan, Sikiang, Sikkim, Tibet und Nepal gebräuchlich, und in Burma und Indien soll es ebenfalls noch einige geben

(Lit. 116). Von China weiß man, daß solche Kabelbrücken strategische Bedeutung hatten. Ein Kriegsbericht aus dem Jahr 494 n. Chr. von Wei Shu besagt, daß eine derartige Hängebrücke so konstruiert war, daß man sie ins Wasser absenken und als Sperre verwenden konnte, so daß den feindlichen Schiffen nicht nur die Durchfahrt verwehrt war, sondern man sie auf solche Weise sogar abfangen konnte.

Sicher führte das ständige Reparieren bzw. Erneuern der kunstvollen Bambusseile zur Suche nach besserem, haltbarerem Material und dadurch irgendwann zur Erfindung der Eisenketten. Es wird angenommen, daß dies zuerst in Südwestchina geschah, und zwar nicht später als im 6. Jh., möglicherweise aber bereits im ersten! Denn ob die älteste eiserne Hängebrücke tatsächlich – nach chinesischen Aufzeichnungen – um 65 n. Chr. gebaut und 1410 repariert wurde, will Needham (Lit. 116) nicht restlos bestätigen, meint aber, daß es wohl gelingen könnte, diese Daten zu fixieren. Die Ketten oder Glieder waren immer handgeschmiedet und in schweren Steinfundamenten verankert. Dies war sicher sehr schwierig zu bewerkstelligen, denn diese Kettenbrücken waren von einem Ufer zum andern ohne Stützen gespannt, wenn nicht – in seltenen Fällen – eine natürliche Felsinsel im Fluß einem Pfeiler Halt bot. Aufzeichnungen chinesischer Reisender vom Anfang des 6. Jh.s über ihren Weg nach Indien berichten von eisernen Hängebrücken, die über tiefe und schreckliche Abgründe führten und die bei starkem Wind so schwankten, daß niemand darüber gehen konnte oder wollte. Diese eisernen Hängebrücken befanden sich nach diesen Erzählungen auf chinesischem Gebiet, woraus zu schließen ist (Lit. 116), daß die Chinesen die Erfinder dieser Brückenart waren und diese Kunst nach Indien brachten.

Wenn uns derzeit auch der Blick in die chinesische Himalayaregion verwehrt ist, so kann man an
Fig. Hand der Zeichnung eines Hängesteges in Nepal, welcher vor ein paar Jahren noch existierte, doch
10 drastisch die Richtigkeit solcher Beschreibungen erkennen. Die wilde Natur, der phantastisch ausgeflickte Hängesteg sowie der Mut und die traumwandlerische Sicherheit der sie überquerenden Männer sind eine Veranschaulichung dieser Schilderungen.

Besonders interessant und erwähnenswert sind die eisernen Kettenbrücken über den Fluß Chin-sha Chiang auf dem wichtigsten Weg nach Tibet, die immer wieder, bis zu Beginn des 20. Jahrhunderts, in Reiseberichten vorkommen – vielleicht besteht die eine oder andere noch heute. Dort gab es auch eine Stadt mit dem Namen Tieh-chhiao Chhêng, das bedeutet „Eisenbrückenstadt“! Eine dieser Brücken, vermutlich Ende des 6. Jh.s erbaut und 794 bei Kämpfen zerstört, wurde wieder repariert und im 13. Jh. auch von Khubilai Khan benützt. Heute ist sie zwar verschwunden, aber zwei große Löcher links und rechts im Felsen zeigen noch an, wo sie verankert war. Eine Fülle von Nachrichten über diese Brückenart findet man in chinesischen Geschichtsaufzeichnungen und in der Schönen Literatur; so verfaßte Yang Shen im Jahre 1540 ein Gedicht über die eiserne Hängebrücke von Chi-Hung.

An verschiedenen Orten übernahm man genau die Art der vorher dort üblichen Hängebrücken und ersetzte nur die althergebrachten Seile durch Eisenketten bzw. Stäbe oder Glieder. So wurden in manchen Gegenden jahrhundertelang durchhängende Kettenbrücken errichtet, während man zur selben Zeit – gar nicht weit entfernt – die schon mit Bambuskabeln praktizierte Art, die Brückenbahn an verschieden langen Seilstücken in einer Ebene aufzuhängen, nun erfolgreich mit Eisengliedern versuchte.

Im Jahr 1665 wurde in China ein Buch von Chu Hsieh-Yuan über die 1629 erbaute eiserne Hängebrücke bei Kuan-ling gedruckt und mit einer Panorama-Zeichnung versehen. Die Brücke weist bereits prächtige, aus Steinen erbaute Tortürme auf, die sowohl der Befestigung der Ketten als auch dem Schutz der Brücke dienten. Die Ähnlichkeit dieser chinesischen Brücke mit den ersten Entwürfen dieser Art auf dem europäischen Kontinent und den viel späteren ersten eisernen Hängebrücken in Großbritannien ist verblüffend.

M. Martini (Lit. 101) wie A. Kircher (Lit. 81) können derartige Brücken selbst gesehen, vielleicht aber auch nur von ihren Jesuitenbrüdern davon gehört, desgleichen selbst davon Zeichnungen angefertigt oder von diesen solche erhalten haben. Sie beschreiben, ebenso wie portugiesische

Fig. 10 „Geflickter" Hängesteg in Nepal (Zeichnung nach einer Fotografie von G. Lohmber, Köln)

Reisende schon Anfang des 16. Jh.s, verschiedene chinesische Kettenbrücken mit bewundernden Worten, und es ist mit Sicherheit anzunehmen, daß auch schon vor ihnen Nachrichten über diese Brückenart nach Europa gelangt waren. Es wäre also durchaus denkbar, daß Faustus Verantius (Lit. 164) durch solche Nachrichten – und eventuell Skizzen – angeregt wurde, den in jeder Brückenliteratur erwähnten „ersten Entwurf" einer eisernen Hängebrücke in Europa anzufertigen. Vielleicht tat er es mehr aus Spielerei, veranlaßten ihn Neugier und technisches Talent, sich mit solch einer Eisenkonstruktion auseinanderzusetzen; ob er nun keine Geldgeber fand oder man dieser neuen Brückenart noch nicht recht traute – sein Entwurf wurde nie ausgeführt. Nun haben, wie es scheint, A. G. Meyer 1907 und nach ihm wieder P. Zucker 1921 die Brücke des Verantius in ihre Bücher (Lit. 108 und 170) übernommen, sie aber als Brücke von King-tung bezeichnet. Die Zeichnung Meyers ist jedenfalls der des Verantius unglaublich ähnlich, wenn nicht mit dieser identisch. Die eiserne Kettenbrücke über das Tal bei der Stadt King-tung-fu wird auch von Feldhaus (Lit. 45) erwähnt; er gibt als Erbauungsjahr 67 n. Chr. an. Auch er äußert die Meinung, daß es sich bei der bei A. G. Meyer abgebildeten Brücke nicht um die von King-tung handle, sondern weist auf die Ähnlichkeit mit der Zeichnung des Verantius hin. *Fig. 11a, 11b*

Ein weiterer chinesischer Bericht aus der Mitte des 17. Jh.s spricht von drei sehr großen, über tiefe Abgründe errichteten Kettenbrücken bei Szechuan. Sie waren mit Bohlen bedeckt und ihre Ketten hingen durch, denn für große Weiten wurde immer noch diese Konstruktion benutzt. Die Berichte der Chinareisenden, die, wie sie selbst angeben, z. T. auf chinesischen Aufzeichnungen fußten,

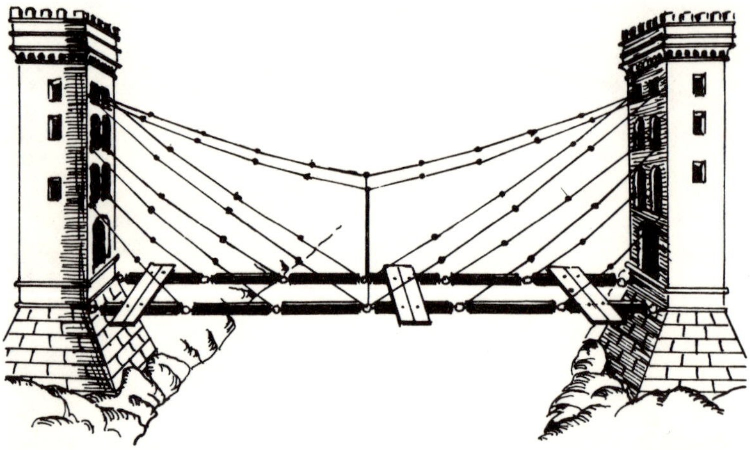

Fig. 11a „Pons Ferreus“ (Zeichnung nach Faustus Verantius, Lit. 164)

dürften in Europa größtes Interesse gefunden haben, besonders die Bücher von Martini, Kircher und Taper. Sie könnten auch Johann Bernhard Fischer von Erlach zu seiner Zeichnung einer durchhängenden Kettenbrücke inspiriert haben. Bei Martini finden wir folgende Sätze über die Hängebrücke von King-tung: *An der Abendseiten der Stadt liegt eine Brücke über einem sehr tieffem Thal/ dergleichen wie oben beschrieben/ auß lauter eysern Ketten zusammengeheftet: Der Ketten sind zwantzig/ jede zwölf Meßruthen lang: wann etwan viel Leut hinüber gehn/ wanket und zittert die Brück/ nicht ohne grausen der durchgehenden/ wegen der stürtzigen Felsen unten.* Bei Taper heißt es ähnlich, vielleicht gehen beide Berichte auf die gleiche chinesische Quelle zurück: *Eine Kettenbrücke im Landstrich Kingtungfu . . . by der großen Stadt Muchoa/ sie hat keine andere Stadt unter sich. An der Westseiten dieser Stadt liegt über einem tieffen Thal/ eine Brücke von zwantzig Ketten gemachet/ eine jede 12 Ruthen lang/ Wann ihrer viele zugleich über die Brücke gehen/ so wackelt sie solcher gestalt/ daß man darüber erschrecken muß.* Auch Kircher berichtet Ähnliches, außerdem spricht er von einer Hängebrücke in der Provinz Xensi, wobei er die Wendung, die Brücke *spanne sich von Berg zu Berg* gebraucht. Fischer von Erlach hat sich vielleicht an diese Worte gehalten, als er die Zeichnung einer chinesischen Kettenbrücke mit dem Titel „Von Spitze zu Spitze“ anfertigte.

Einige weitere chinesische Brücken, die Martini wie Kircher beschrieben oder abgebildet haben, hat Fischer von Erlach etwas abgewandelt in seiner berühmten „Historischen Architektur“ (1721; *Abb. 15* Lit. 47) festgehalten. Von dort wieder hat Schramm diese Illustrationen, mit nur unwesentlichen Änderungen, in sein Werk „Historischer Schauplatz der Brücken . . .“ (1735; Lit. 139) übernommen. Bezüglich der Landschaft wirken die Blätter eher europäisch-romantisch als chinesisch.

Manche dieser vielen chinesischen Eisenkettenbrücken existieren noch heute. Ein hohes Alter soll die eiserne Hängebrücke Lu-ting über den Ta-tu Ho im Gebirge westlich von Szechuan haben. Aus Aufzeichnungen weiß man, daß sie 1705 in die heutige Form gebracht wurde, die der ursprünglichen sehr ähnelt. Diese Brücke wurde berühmt, als Mao sie im Jahr 1935 mit seinen Truppen auf dem „Langen Marsch“ überschritt. Bei D'Ollone (Lit. 121) findet sich folgende Beschreibung dieser Brücke samt einer Photographie aus dem Jahre 1911: *Sie ist sehr alt und viele Reisende haben sie bewundert, nun wird sie langsam zur Ruine. Nur die Ketten aus Eisen, hundert Meter weit über den Fluß gespannt, sowie die sich an jeder Seite befindenden Halteseile scheinen noch unverändert stark, während die untere Schicht des Brückenbelages sehr stark beschädigt ist, und die obere nur noch aus schmalen Streifen teils zerbrochener, teils morscher Planken besteht.* Diese Brücke, so schreibt der Autor weiter, liegt an der einzigen Passage zwischen China und Tibet. *Ich muß wiederholen,* heißt es weiter, *daß ein chinesisches Pferd dort geht, wo kein europäisches nur einen Fuß hinsetzen würde! . . . Wir aber erreichten mit einiger Mühe die andere Seite, ohne daß ein einziges Pferd aus*

Fig. 11b „Kettenbrücke von King-tung“ (nach A. G. Meyer, Lit. 108)

18 m Höhe in den Fluß gestürzt wäre. Und er fügt hinzu, daß es an dieser Brücke Wächter gebe, die gegen ein gutes Trinkgeld ein paar Planken auf die Brücke legten, bzw. diese sofort wieder wegnähmen, sollten sie von den folgenden Passanten kein Geld bekommen. Es folgt die Beschreibung weiterer Hängebrücken dieser Region, wobei D'Ollone auf seiner Route nach Tibet sogar noch auf Hanfseilbrücken gestoßen ist.

Auch Richthofen (Lit. 128) erwähnt in seinen Tagebüchern aus China verschiedene Ketten- und andere Eisenbrücken. Die erste, die er sah, war sehr primitiv: Sie bestand aus 6 Ketten von ca. 15 m Länge, in geringem Abstand gespannt und mit Brettern belegt – ohne seitliche Sicherung! Doch traf er dann auch Kettenbrücken mit ebener Fahrbahn an und hübsche, *nur für Menschen* bestimmte kleine Stege, die ungemein leicht und zierlich ausgesehen hätten. Vier Eisenstäbe von je 10 m Länge lagen von Fels zu Fels, mit Bambusstäben bedeckt, auf denen ein schmaler Brettersteg ruhte. Lange Eisenstäbe in ca. 1 m Höhe dienten, seitlich geführt, der Sicherheit. Nicht aus Eisen, aber sehr originell ist eine Floßbrücke, die Richthofen am Jangtsekiang antraf: Ein etwa 10 Zoll dickes Bambusseil ist über das Gewässer gespannt und liegt in flußabwärts gerichtetem Bogen auf dem schnell fließenden Wasser auf. An seiner Unterseite sind die dünnen Enden einer dichten Reihe von Bambusbündeln angebunden. Die dicken Enden sind dann mit zwei Reihen von Faschinen bedeckt, welche den mit Matten belegten Übergang einschließen. *Die Packtiere konnten ohne Mühe über diese Brücke gehen, nur eines sprang ins Wasser und wurde abgetrieben – doch wurde es samt den darauf befindlichen Satteltaschen noch gerettet!* Solche Floßbrücken – im Typus sehr alt und spezifisch für diese Gegend – gibt es heute noch an der West-Grenze von Szechuan (Lit. 116.)

Richthofen bereiste damals auch jene chinesischen Provinzen, in denen von altersher die Eisengewinnung und Verarbeitung zu Hause war. Er bewunderte die vielen chinesischen Eisenwerke und erwähnt, daß ihr bestes Produkt das Schmiedeeisen sei, welches das europäische an Dehnbarkeit weit übertreffe. Vielleicht hat die Güte des Materials mit dazu beigetragen, daß es so früh in China für Brücken Verwendung fand.

Während es feststeht, daß die älteste mit eisernen Ketten versehene Brücke in China gebaut wurde, ist es noch eine Frage, ob Chinesen oder Tibetaner zuerst Brücken mit an Eisengliedern hängender ebener Fahrbahn geschaffen haben. Eine tibetanische Brückenbeschreibung über die an Eisenglie-

dern hängende Brücke von Bum-lin, um 762, gibt zwar erstmals über diese Bauart Auskunft, nicht aber darüber, ob diese Brücke chinesischer oder tibetanischer Herkunft war.
Erwiesen ist, daß es auch Zugbrücken mit Eisenketten sowie Eisengliedern gab, wenn auch dieser Brückentypus in China nicht sehr häufig auftrat. Es existiert eine Erzählung darüber bereits vom Ende des 3. Jh.s, und um 759 wird von einer solchen Brücke in sehr bildreicher Sprache berichtet: Der König ließ zur Stadtverteidigung eine derartige, anscheinend sehr raffinierte Brückenkonstruktion errichten. Wenn man die Brücke im geeigneten Moment öffnete, fielen Soldaten und Pferde der Angreifer ins Wasser und konnten mühelos besiegt werden. Leider ist der Mechanismus nicht näher beschrieben, es dürfte sich aber nicht um die im Mittelalter in Europa gebräuchliche Art gehandelt haben, sondern um eine kompliziertere, die es ermöglichte, den Feind in den Graben zu kippen. Es ist denkbar, daß sich die Brückenteile entweder seitwärts drehen ließen oder wie Türflügel in Angeln plötzlich nach unten aufschwingen konnten, so daß die darauf befindlichen Personen in die Tiefe stürzten.
In chinesischen Berichten wird auch erwähnt, daß Eisen sehr früh für Pfeiler von Brücken verwendet wurde, wenn auch nur vereinzelt, bzw. fand dieses Material überhaupt beim Bau tragender Konstruktionen Anwendung; als Beispiel wird ein um 950 n. Chr. errichteter Palast in Kanton angeführt, der eine große Halle mit einer auf 12 eisernen Säulen ruhenden Decke besaß. Ebenso soll die Brücke Tsang Hung auf 12 eisernen Pfeilern erbaut worden sein. Und nun kommt das Interessanteste an dieser Mitteilung: in den trockenen Perioden, in denen die Pfeiler kaum vom Wasser umspült waren, ließ man sie gut streichen, um sie vor Rost zu schützen!
Ab dem Jahr 1158 ist für China die Verwendung von Eisenketten bei Schiffsbrücken belegt, welche die vorher benutzten Bambusseile ersetzten. Der Portugiese Pereira hebt in seinen Berichten zwei solche Brücken bei Ganshien in Chiangsi hervor, deren Schiffe mit schweren Ketten verbunden waren.
Von Ketten- und anderen Eisenbrücken wird auch in Indien berichtet; die Verwendung von Eisen ist für Indien durch die Aufstellung einer Eisensäule mit dem Standbild eines „garudu" (Reittier des Gottes Vischnu) um 415 n. Chr. gesichert. Wahrscheinlich wurde Eisen zuerst in Innerasien verwendet, Lenk (Lit. 93) berichtet von einer chinesischen Sage, die diese primitive Eisenverhüttung ausführlich behandelt; nach anderer Auffassung (Lit. 147) wurde das Eisen von den Chalybren, einem kleinasiatischen Stamm, um 1600 v. Chr. erstmals gewonnen.
Wir können jedenfalls nur staunend auf diesen so weit zurückreichenden Gebrauch von Eisen in China blicken. Nachrichten über die beschriebenen Arten von Hängebrücken haben letzten Endes wohl im 18. Jh. zur ersten Brücke dieser Art in Großbritannien geführt und Anstoß zu einer völlig neuen Entwicklung im Brückenbau gegeben, durch die größte Weiten überspannt werden konnten.
Beachtenswertes, ja zum Teil Einmaliges leisteten die Chinesen auch beim Bau steinerner Brücken; wir können dies im Südosten des Landes, vor allem in Fukien sehen, wo auch heute noch einige Megalith-Brücken existieren. Wann die ersten dieser Brücken gebaut wurden, steht bisher nicht fest; die einfachsten besaßen oft nur einen einzigen behauenen, tonnenschweren Steinbalken, der auf ebenso glatt bearbeiteten großen Auflagersteinen ruhte. Bei anderen Brücken wurde der Übergang durch zwei beidseitig leicht ansteigend gelagerte und einen mittleren horizontalen Steinbalken gebildet. Als „Pfeiler" dienten oft zwei aufrecht im Wasser stehende riesige Steinblöcke. Spätere Bauwerke dieser Art hatten bereits mehrere Öffnungen, wobei die jeweiligen überdimensionierten Balken auf Pfeilern, die aus behauenen Steinen geschichtet waren, ruhten. Erstaunlicherweise waren diese Brücken z. T. so hoch, daß kleinere Schiffe durchfahren konnten. In der Sung-Periode (960–1126) wurden dann zahlreiche unwahrscheinlich lange Steinbalkenbrücken erbaut, von denen noch heute einige erhalten sind. Needham nennt zwölf existierende Brücken dieser Art, führt Standorte, Maße und Gewichte der Steinbalken und auch einige Namen der jeweiligen Baumeister samt Quellenangaben an. Diese Bauwerke sind oft mehr als 4.000 Fuß lang, die einzelnen Öffnungen bis zu 70 Fuß weit. Manche Steine wiegen 150, ja bis zu 200 Tonnen!
In der Sung-Periode, die sich auch auf anderen Gebieten durch große Leistungen auszeichnete, muß

es eine bemerkenswerte wirtschaftliche Blüte gegeben haben, welche diese vielen Brücken – wie die dazugehörigen Wege und Straßen – erforderte und erstellte. Jedoch geriet auch diese Art des Brückenbaues nach ein paar Jahrhunderten in Vergessenheit, und niemand konnte später sagen, wie man damals diese gigantischen Steinbalken bewegt und in ihre Lage gebracht hatte.
Für die vielen Steinpfeiler, die fast immer die Form von Booten hatten, benötigte man eine enorme Menge großer Steinquader, für deren Beschaffung die Bevölkerung der Umgebung sorgen mußte. Die Gründung dieser Steinpfeiler war sicher die schwierigste Arbeit, und sie ist offensichtlich hie und da nur ungenügend gelungen, so daß einige dieser Brückengiganten in späteren Jahrhunderten nur noch als Ruinen gefunden wurden. Die Hauptperiode dieser Bauweise fiel in das 11. bis 13. Jh., und die berühmteste dieser Brücken war die von Lo Yang. (Es müßte allerdings richtiger heißen, die „Wan An" über den Lo Yang bei dem gleichnamigen Ort nahe Chüanchou in Fukien. Die berühmte Provinz-Hauptstadt „Loyang", von welcher auch öfter die Rede ist, liegt viel weiter im Norden Chinas am Gelben Fluß, wo die Bogenbrücken zu Hause waren.) Diese Wan An über den Lo Yang entstand 1053–1059, und Tschai Hsiang wird als Baumeister angeführt. Auch bei chinesischen Brücken gibt es oft Inschriften mit Angaben über Bauherren und Baumeister, Erbauungszeit und eventuell Renovierungen. Um manche Brücke oder ihre Erbauer rankt sich eine Legende, und eine solche, sehr reizvolle, existiert über das Zustandekommen des Baues der Wan An: Tschai Hsiang löst durch den Bau der Brücke ein Versprechen ein, das er einem geliebten Mädchen gegeben hatte. Es gibt eine Federzeichnung von Wu Chiang-Chun Thu Shuo aus dem Jahre 1690, auf welcher eine Schlacht um diese Brücke dargestellt ist. Und dieses Bauwerk existiert heute noch, wenn auch nicht mehr in der gerühmten Schönheit von einst: eine Photographie in dem Buch „Magnificent China" (Lit. 97) ist allerdings so schlecht, daß man vom Zustand der Brücke wenig erkennen kann; die Photographie der ganz ähnlichen Steinbalkenbrücke von Anping ist schärfer, und man erkennt deutlich die riesigen Steinbalken sowie die Bootsform der Pfeiler. Zahlreiche Fußgänger bevölkern diesen gigantischen Übergang, der übrigens keine Brüstung oder Geländer besitzt.
Bestaunt und beschrieben wurden diese riesigen Steinbrücken, die so typisch für die Provinz Fukien waren, von allen Chinareisenden: Marco Polo spricht von Brücken, die so lang waren, wie damals (Ende des 13. Jh.s) nirgends in der übrigen Welt. Sicherlich neigte Marco Polo gelegentlich zu Übertreibungen, denn in Hangchow gab es wohl keine 12.000 Brücken (selbst wenn er die vielen Stadttore mitgezählt hätte!). Mit Sicherheit aber gab es zu dieser Zeit nach chinesischen Quellen dort exakt 347 Brücken, und dies ist immerhin eine eindrucksvolle Zahl (Lit. 116). Bezüglich der Länge der Steinbalkenbrücken hat Marco Polo jedenfalls nicht übertrieben. Johann v. Monte Corvino berichtet ebenso darüber wie A. Kircher, der besonders die Brücke von Lo-Yang als bemerkenswerteste hervorhebt, während sich bei Martini folgende köstlichen Zeilen finden: *Wir haben sie zweymal nicht ohne bestürtzung beschawt/ und alle sachen scharpf angemerkt . . . Der ganze Baw ist von einerley geschnittenem und schwartzlichten Stein . . . über dreihundert Pfeiler aus übergroßen Steynen/ allesamt nach gestalt der allergrößten Schiffe . . ./ Ganz oben/ wo die Steyn zusammengefügt sind/ liegen von Pfeiler zu Pfeiler fünf gleich große Steyne/ den Raum/ so die breyte macht/ auszufüllen: deren jeder achtzehn gemeyne Mansschritt lang ist/ wie wir im spazieren selbst befunden: und zwene schritt breit/ auch eben viel dick: also daß solcher gantz gleicher und großer Steyne/ die wir mögen steynerne balcken nennen/ bis in tausend vierhundert seyn müssen./ Ein hoch wundersames werck.*
Auch der aus Portugal stammende Galeote Pereira beschrieb um 1577 diese Brücken in oder bei den Städten Fukiens, hob ihre nie zuvor gesehene Größe hervor, bewunderte, wie wohlbehauen und proportioniert Steine und Pfeiler waren, mit z. T. wunderbar gravierten Brüstungen, *wie hier zulande die römischen Brücken.*
Erstaunlicherweise waren in China auch buddhistische Mönche am Brückenbau beteiligt, als Bauherren wie als Baumeister, denn auch ihnen galt angeblich der Wege- und Brückenbau als äußerst lobenswerte und gottgefällige Tat. So war auch Tschai Hsiang, der das Wunderwerk der Wan An über den Lo-Yang schuf, ein Mönch gewesen, und er hatte viele berühmte Zeitgenossen

Fig. 12 Zick-Zack-Brücke in den Choching-Gärten in Suchow (China), Mitte 16. Jh.

oder Nachfolger. Der bedeutendste unter ihnen soll Tao Hsun (um 1278 n. Chr.) gewesen sein, dem mehr als 200 Brücken in dieser Provinz zugeschrieben werden, nebst Deichen an der Küste und anderen Bauwerken. Es scheinen noch eine Menge weiterer Namen in diesem Zusammenhang mit dem Brückenbau in der chinesischen Literatur auf, darunter der eines Abtes namens Kho-Tsun, der als großer Gönner und Finanzier solcher Projekte bezeichnet wird. Wann die Aktivitäten der buddhistischen Mönche begannen und wie weit sie reichten, ist bisher nicht geklärt. Auch warum es gerade in Fukien zur Errichtung derart monumentaler Steinbalkenbrücken kam, ist unbekannt. Sicher war dort passendes Steinmaterial vorhanden, das sich auf den Flüssen leicht zu den jeweiligen Baustellen bringen ließ. Da immer von den schön und glatt behauenen Blöcken die Rede ist, muß es ein relativ gut zu bearbeitendes Gestein gewesen sein.

Als Kuriosität seien hier noch die „Zick-Zack"-Brücken, wie sie im Deutschen genannt werden, erwähnt, weil sie sehr oft ebenfalls Steinbalkenkonstruktionen aufweisen. Diese ausschließlich zu Klöstern, Tempeln oder Heiligtümern führenden Brücken erreichten manchmal eine beachtliche Größe und waren sehr schön bearbeitet. Bei dieser „Zick-Zack-Bauart" handelt es sich offenbar um einen Geisterschutz für die genannten Objekte: Vermutlich konnten – nach chinesischer Vorstellung – Geister nicht um Ecken gehen. Ebenso war in Europa im Mittelalter die Ansicht verbreitet, Geister könnten jemandem nur bis zum Scheitel einer Brücke folgen, dort verlören sie ihre Macht. Eine relativ große, zickzack verlaufende Steinbalkenbrücke aus der Mitte des 16. Jh.s befindet sich in der *Fig. 12* Gartenanlage von Suchow, eine andere, die Nine Bend Bridge – wie sie in der englischen Literatur benannt wird –, führt zu einer Tempelanlage in Shanghai, und eine weitere reizende Brücke mit vielen Ecken zu den Pavillons im „Siebenstern-See" in Kwangtung.

Bewandert im Umgang mit Steinen war offensichtlich auch die Bevölkerung in den nördlichen Provinzen Chinas, wo die Bogenbrücken zu Hause waren, die dort aus Holz oder aus Stein gebildet wurden. Die Krone des chinesischen Brückenbaues war ganz gewiß die steinerne Bogenbrücke. Vielleicht errichteten die Römer bereits ein wenig früher Steinbogenbrücken, im allgemeinen wird

11 Die bis auf den fehlenden Mittelbogen noch recht gut erhaltene Kovar-Brücke über den Gharah-Agatch, Persien, stammt noch aus der Sassanidenzeit

12 Das Khadju-Brückenwehr über den Zaandeh-Rud in Isfahan (Persien), eines der klassischen Bauwerke der Safawidenzeit

13 Die Marnonbrücke, die dritte und älteste Isfahans, zeigt typisch persische Bauweise

14, 15 *Oben:* Die Brücke von Khaiféng über den Gelben Fluß (China). Detail des Rollbildes „Frühlingsfest" vom Maler Chang Chai-tuan, Tusche auf Seide, um 1125, Peking, Palast-Museum. *Unten:* Die „Kettenbrücke von Sina", die von „Spitze zu Spitze" reicht, nach Schramm (Lit. 139), eine nur wenig veränderte Wiedergabe der Darstellung Fischers v. Erlach in seiner „Historia Architectura" (Lit. 47)

16 Die Jadegürtel-Brücke im Garten des Sommerpalastes in Peking

17, 18 *Links unten:* Die Steinbogenbrücke über den Yungting (Yangting) in Yuen-ping westlich von Peking, 1189 erbaut (auch Marco Polo-Brücke genannt). *Rechts unten:* Einer der 280 Steinlöwen der „Marco Polo-Brücke“

aber angenommen, daß die Römer wie die Chinesen etwa zur gleichen Zeit diese Brückenart zu bauen begannen, ohne daß zwischen den beiden Ländern Kontakte bestanden (Lit. 116). Raunig erwähnt in seinem Buch (Lit. 126), daß man von verschiedenen Gesandtschaften aus Baktrien, Persien und Indien auf der asiatischen Inlandroute an den Hof Kaiser Wu-tis (140–87 v. Chr.) weiß, jedoch nur von einer einzigen Gesandtschaft eines römischen Herrschers an den kaiserlichen Hof, und dies erst 284 n. Chr. Auch kamen hin und wieder Kaufleute oder Gaukler auf diesem Weg bis China. Umgekehrt weiß man von chinesischen Erkundungsreisen nach dem Westen, die um 138–115 v. Chr. zumindest bis Persien vorstießen. Zur Zeit dieser Kontakte wurden von den Römern wie von den Chinesen und auch den Persern bereits Steinbogenbrücken gebaut, die Entwicklung wird also in diesen Ländern durchaus eigenständig erfolgt sein, wofür die verschiedenen Bauweisen sprechen.

Die Perser bevorzugten von Anfang an den Spitzbogen, und die chinesischen Steinbogenbrücken wieder unterschieden sich stark von den römischen, zunächst sehr massiven und überdimensionierten Bauwerken; sie waren meist dünnschaliger, dadurch jedoch auch viel leichter Deformationen ausgesetzt, wie man an alten, heute noch existierenden Steinbogenbrücken sehen kann. Es gab verschiedene Methoden, diese Bogenbrücken zu bauen, worüber es schriftliche Quellen gibt. Mörtel wurde selten verwendet, mit Wasser vermischt war er unbekannt. Die Steine wurden kreuzweise versetzt oder mit eisernen Klammern zusammengehalten. Da der Untergrund oft sehr schlecht war, schützten die Chinesen die Widerlager und Pfeiler durch große, schräge Abweiser. Diese fingen soviel Druck ab, daß sich viele Brücken zwar deformierten, aber nicht einstürzten. Auf dem Foto einer alten Steinbogenbrücke nördlich des Sword-gate-Passes (Chien-mên Kuan), die drei Spitzbogen besitzt, zeigt sich besonders der mittlere sehr stark deformiert. (Der Spitzbogen wurde übrigens in China sehr selten verwendet). Auf einer chinesischen Briefmarke ist ebenfalls eine alten Steinbogenbrücke zu sehen. *Abb. 2c*

Die berühmten, noch existierenden Bogenbrücken in China stammen hauptsächlich aus der Zeit nach dem 5. Jh. n. Chr., wobei es sich meist um sehr große Brücken handelt. Besonders reich an prächtigen Steinbogenbrücken muß die Provinzhauptstadt Loyang am Gelben Fluß sowie ihre weitere Umgebung gewesen sein; schriftliche Aufzeichnungen darüber gibt es bereits aus dem 2. und 3. Jh. n. Chr. Aus dem Jahre 512 n. Chr. hat sich eine Verordnung des Gouverneurs von Honei – eines Prinzen – erhalten, die besagt, daß alle Wagen, welche die Hauptstadt Loyang verlassen, Steine zu den beiden Enden der Brücke bringen müßten. Es handelte sich dabei um den Neubau einer Steinbogenbrücke. Auch von jahrelangen Schwierigkeiten bei der Erstellung eines ähnlichen Bauwerkes über den Gelben Fluß nordwestlich von Loyang berichten die Quellen. Eine der größten und schönsten Steinbogenbrücken, die Pao-Tai, wurde 806 erbaut. Sie besitzt 91 Bogen und erregte *Abb. 2f* zu allen Zeiten Bewunderung. Das Bauwerk überquert einen Arm des Thai-Hu-Sees nördlich von Suchow. Ein kleiner Mittelteil besitzt höhere Bogen, über welche die Fahrbahn zunächst stark ansteigend und dann abfallend hinwegführt. Ebenso kommt in fast allen Berichten bis ins 19. Jh. die große Brücke vor, welche die Hauptstadt Fochen mit der Vorstadt Nantai verband und aus 100 oder mehr Bogen bestand.

Alle uns bekannten Reiseberichte erwähnen und rühmen solche steinernen Bogenbrücken, auch der japanische Mönch Ennin – um 838 bis 847 in China unterwegs –, der hervorhebt, daß all die vielen Brücken Chinas intakt, sehr gepflegt und in ständigem Gebrauch sind. Überraschend fanden es die frühen portugiesischen Besucher Chinas, daß es nicht nur viele Brücken in den Städten und deren Nähe gab, sondern überall in „unbewohnten“ Gebieten, und diese Brücken seien nicht weniger schön und sorgfältig gebaut gewesen als ihre Schwestern in den Städten.

◀ 19 Bergsteiger einer österreichischen Himalaya-Expedition (1975) in Nepal beim Überqueren einer der auch noch heute typischen Holzbrücken mit weitvorkragenden Widerlagern und einem „schwankenden“ Mittelteil

Die Hsiangtze-Brücke über den Han-Fluß gilt als die berühmteste von Kwantung. Ein altes Sprichwort besagt: *Wenn Du nach Kwantung kommst und Du siehst nicht diese Brücke, so hast Du Deine Zeit vertan.* Dieses Bauwerk ist an der Einmündung eines zweiten Flusses in den Han errichtet, wo die Strömung besonders stark ist. So wurde immer wieder bewundert, daß es 1169 gelang, diese Steinbrücke mit 19 Bogen und einer Länge von 600 Fuß dort zu erbauen. Die Bauzeit soll allerdings 25 Jahre betragen haben, 1194 wurde die Brücke vollendet. In der Mitte befand sich eine größere, durch eine ausfahrbare Schiffsbrücke aus 18 Booten verschlossene Öffnung, sozusagen ein Tor, das offen gehalten werden konnte, wenn große Holztriften den Fluß hinabfuhren (Lit. 97). Im 20. Jahrhundert wurde diese Öffnung durch eine wenig schöne Eisenkonstruktion (Fachwerkträger) überbrückt.

Besonders prunkvoll wurden die Bogenbrücken bei Palast- und Tempelanlagen gestaltet, wie die große Marmorbrücke im Park des kaiserlichen Sommerpalastes in Peking, in dessen Anlagen sich noch weitere Brücken befinden. Eine davon, ebenfalls aus reichverziertem Marmor, besitzt eine Balkenkonstruktion und ist von einem reizenden Pavillon bekrönt. Auch viele Steinbogenbrücken waren mit solchen Pavillons geschmückt, wie z. B. die „Brücken der fünf Pavillons" im Großen Kanal-See: Das Spiegelbild dieser Brückengruppe, deren Wölbungen von farbenprächtigen Pavillons mit goldenen Dächern bekrönt sind, in dem sie umgebendem See, ist unvergeßlich. Manche dieser – sehr oft aus Marmor erbauten – Parkbrücken waren sicher mit Absicht sehr kompakt und wuchtig in ihrem Aussehen, sie sollten als Bauwerk samt ihrer prachtvollen Spiegelung im Wasser wirken. Ab dem 15. Jh. gab es auch Brücken, deren Spiegelbild sich im Wasser zu einem vollkommenen Kreis vereinte. Der Name der ersten Brücke dieser Art – in Chiangsu – wird mit Tung-Mei angegeben, und sie und mehrere andere werden heute noch benützt. Weitere Bogenbrücken sind besonders hoch gewölbt; sie ähneln dem Buckel eines Kamels und werden auch Kamelbrücken genannt. Eine solche, besonders schöne, befindet sich ebenfalls in den Anlagen des Sommerpalastes und trägt den Namen Jadegürtel-Brücke, wohl um ihre Kostbarkeit auszudrücken, denn Jade ist einer der beliebtesten Schmucksteine Chinas. *Abb. 16*

Martini, Kircher und Taper erwähnen vier große Brücken über den Fluß Guei. Martini spricht von dreien direkt in der Provinzhauptstadt und einer weiteren außerhalb, alle mit vielen hohen Bogen und schönen Brüstungen *mit Löwenbildern und dergleichen Zierat.* Interessant ist, was Taper von einer Kanalverbindung vom Gelben Fluß bis zum Guei erzählt, mit 60 Schleusen dazwischen . . . *so alle von gehauenen Steinen und stark gemachet sind . . . und damit die Schiffe nicht zu lange seumen/ sondern sich desto eher durch alle Schleusen hindurch arbeiten mögen/ sind bei jeder Schleuse 8 Mann bestellet/ welche die Rolle oder Winde herumb drejen.* Und weiter: *Wenn die Europeische Baumeister und Wasserleiter hierher kämen/ und die Länge dieser „Kayserlichen Fahrt"/ genannt die führnehmste/ die Höhe und Dicke der Tämme/ auf beyden Seiten/ wie auch die starke steinerne Schleusen in Augenschein nähmen/ würden sie sich wahrlich über der Sinensen Fleiß/ Arbeit/ Witz und Künste nicht genug verwundern können.*

Von manchen dieser Steinbogenbrücken gibt es, wie bei unseren mittelalterlichen Brücken, ganze Baugeschichten, in Büchern, Listen und Verzeichnissen festgehalten. Die umfangreiche Literatur über die wichtige Brücke Wan-Nien in Nanchhêng wurde schließlich im 19. Jh. zusammengefaßt (Lit. 116). Es geht daraus hervor, daß von 1271 bis 1633 an dieser Stelle nur eine Schiffsbrücke bestand; 1647 wurde an der gleichen Stelle die 1803 Fuß lange Steinbrücke mit 24 Bogen vollendet. 1724 und 1887 wurde diese Brücke durch Hochwasser beschädigt, aber jeweils sorgfältig repariert. Bei der letzteren Reparatur wurde auch das Buch geschrieben, welches einen lebhaften und vielfältigen Einblick in einige Bereiche des damaligen Lebens gewährt. Man hört über die jeweilige Finanzierung, über die freiwillige Mitarbeit von Gläubigen, die offenbar von buddhistischen Mönchen dazu aufgefordert worden waren, ebenso über die Arbeitsphasen: das Brechen der Steine, das Fällen von Bäumen für Gerüste u. a. m. Erstaunlich ist, daß selbst die letzten Reparaturen um 1890 offenbar noch in der völlig traditionellen, vortechnischen Arbeitsweise durchgeführt wurden; diese Arbeitsmethoden sind in einem Büchlein beschrieben und zeichnerisch dargestellt (Lit. 116).

Die geniale Idee, für Steinbrücken nicht den Halbkreisbogen, sondern nur einen Segmentbogen zu verwenden, stammt allem Anschein nach ebenfalls aus China und wurde überraschend früh in die Tat umgesetzt. Man kennt den Namen des findigen Ingenieurs: Li Chhun. Neben kleineren Brücken baute er 610 n. Chr. die Brücke An-Chi über den Chiao nahe Chao-hsien in Süd-Hopei. Diese besonders schöne Brücke steht heute noch, und man könnte meinen, ein modernes Bauwerk vor Augen zu haben. *Fig. 7* *Abb. 2g*

Die An-Chi ist 123 Fuß lang und 23,7 Fuß hoch. Sie trägt viele Inschriften, u. a. solche von Beamten der Tang-Zeit (618–906), die der Brücke Worte widmen wie: . . . *sie ist ungewöhnlich, niemand weiß, nach welchem Prinzip er sie baute. Laßt uns die prachtvolle Steinarbeit bewundern . . . ihre Wölbung ist so sanft und ihre Sichtsteine passen so unübertroffen zusammen . . . wie leicht ist der fliegende Bogen und wie weit die Öffnung ohne Pfeiler.* Schon aus diesen wenigen Stellen, die man beliebig fortsetzen könnte (Lit. 116), ersieht man, wie sehr die Brücke die Zeitgenossen in Erstaunen und Bewunderung versetzte. Der letzte Satz aus einer der Inschriften klingt wie eine Bestätigung: *Solch ein Werk wird über die nächsten Jahrhunderte dauern.* Kaum ein Brückenbau hat sich so „jung“ erhalten wie die An-Chi-Brücke nach dreizehnhundert Jahren! Kein Wunder, daß auch die chinesischen Ingenieure von heute diese Brücke für eine der größten Leistungen im Brückenbau ihrer Vorfahren ansehen. Angeblich wurde die An-Chi-Brücke bisher nur einer einzigen Restaurierung unterzogen, die sie befähigen soll, weiteren Jahrhunderten zu trotzen.

Zu jeder Zeit in den zurückliegenden Epochen gab es Botschafter oder andere wichtige Chinareisende, die diese Brücke betrachten wollten. Peter der Große soll, als er im Mai 1675 einen Botschafter nach China sandte, um Experten im Brückenbau gebeten haben, welche die Russen mit ihren Methoden vertraut machen sollten.

In Europa tauchte der Segmentbogen, der ökonomisch wie ästhetisch einen Fortschritt bedeutete, erst Ende des 13. Jh.s im Brückenbau auf: mit dem Pont-St-Esprit über die Rhône und der kleinen Abbot's Bridge in Burry St. Edmunds in Großbritannien. Im 14. Jh. folgten dann so berühmte Brücken wie der Ponte Vecchio in Florenz, der Ponte Coperto – eine Steinbogenbrücke mit Holzdach – in Pavia, der Ponte Scaligero in Verona u. a. m. Im 16. Jh. wurden vor allem die Rialto-Brücke in Venedig und die S. Trinita in Florenz wegen ihrer eleganten Segmentbogen berühmt und die Fleischbrücke in Nürnberg wegen des besonders flachen Bogens – alle aber entstanden 700 bis 1000 Jahre später als die An-Chi-Brücke, und daran kann man die Leistung Li Chhuns am ehesten ermessen. Dieser geniale Baumeister entwickelte eine große Aktivität im Brückenbau und ebenso seine Schüler, die in den Provinzen Hopei und Shansi wirkten. Li Chhuns große Brücke war kein Einzelphänomen, wenn auch die größte und berühmteste ihrer Art. Nahezu zwanzig andere existieren noch in den verschiedensten Teilen Chinas, vor allem in den Nordprovinzen. Einige dieser Brücken stammen aus dem 12. Jh., woraus man ersieht, daß diese Bauart nicht mit den unmittelbaren Schülern Li Chhuns zu Ende ging.

Später begann man, Segmentbogenbrücken mit mehreren Öffnungen zu bauen. Die längste und schönste jener Zeit ist die Brücke über den Yungting (Yangting) in Yuen-ping westlich von Peking. Sie entstand um 1189, ist über 700 Fuß lang, und die 11 Bogen haben eine Spannweite von je 62 Fuß. Marco Polo bewunderte und beschrieb sie, ebenso spätere Reisende, und sie wird im heutigen China sogar zusätzlich „Marco Polo-Brücke“ benannt. Am meisten wurden stets die zu beiden Seiten auf je 140 Steinsäulchen sitzenden Löwenskulpturen bewundert, die noch heute unverändert existieren und die Besucher faszinieren: jede einzelne Figur ist unterschiedlich, und das vielfältige Minenspiel der dargestellten Löwen einfach köstlich. Marco Polo rühmt auch die Breite der Brücke: Zehn berittene Männer hätten Seite an Seite zugleich diesen Übergang passieren können. Auch er beschreibt die vielen unterschiedlichen Steinlöwen. Diese Tierplastiken werden sicher neben einer Zierfunktion stets eine apotropäische, also die Geister abwehrende Aufgabe besessen haben. Der Erbauer dieser Brücke ist nicht bekannt, jedoch ist der Name eines Meisters verzeichnet, der das Bauwerk zwischen 1510 und 1525 renovierte. Sie trägt heute noch geduldig den Hauptverkehr, der inzwischen meist aus schweren Lastautos und Autobussen besteht. *Abb. 17, 18*

Während aus China in verschiedenen Perioden Impulse für den Brückenbau Europas kamen, blieb dieses Land der europäischen Entwicklung auf diesem Gebiet in den letzten zweihundert Jahren überwiegend verschlossen. Ausnahmen bildeten hauptsächlich einige große Städte. Natürlich wurden und werden im China unserer Zeit auch viele neue, z. T. sehr große Brücken gebaut, wie die monumentale Jangtse-Brücke, die 1968 fertiggestellt wurde. Die Stahlkonstruktion, die sich am Ufer teilt, trägt auf der unteren 6.700 m langen Fahrbahn den Schienen-, auf der oberen 4.500 m langen Fahrbahn den Straßenverkehr. Nach neuesten chinesischen Statistiken soll es in diesem Land heute mehr als vier Millionen Brücken geben, deren sich die Chinesen rühmen und die sie als Zeichen einer hohen Kultur und Zivilisation betrachten. Ebenso wurden zahlreiche, für das Land so wichtige Bewässerungskanäle gebaut, die z. T. auf vielen hohen Bogen als moderne Aquädukte die Täler überqueren.

Ein kurzer Blick nach Japan

Fig. 13 Japanische Pavillonbrücke in Holzkonstruktion

In Japan dürfte man ziemlich früh fast alle Arten des chinesischen Brückenbaues übernommen
Abb. haben, besonders wurde jedoch die Holzbauweise angewandt. Auch die Japaner sind ein überaus
25 „brückenfreudiges" Volk, und sie pflegten diese Bauwerke sehr. Eine ganze Anzahl ihrer alten,
durch irgendwelche Umstände zerstörten Brücken wurde bis ins Detail rekonstruiert.
Abb. Eine der berühmtesten japanischen Brücken ist die Kintaibashi über den Nishikigama in Iwakuni.
20 Die ursprünglich 1677 vom Fürsten Yoshikawa erbaute Brücke wurde eifrig gepflegt und der Belag wenn nötig erneuert. Im Jahr 1950 wurde die Kintaibashi während eines Taifuns durch Hochwasser weggerissen, jedoch in mühevoller Arbeit bis zum 15. Januar 1953 ganz in der alten Art wieder errichtet, wobei die vielbewunderte Holzkonstruktion der fünf Bogen wieder ohne Verwendung von Metall erstellt wurde. Die Gesamtlänge der Brücke beträgt 194 m, die Scheitelhöhe der Bogen ca. 22 m, die Pfeilhöhe (Höhe des Bogenscheitels von der Verbindungslinie der Auflagerungspunkte gemessen) sowie die Brückenbreite jeweils mehr als 5 m; die im Mittel ca. 12 m hohen Steinpfeiler bestehen aus Zyklopenmauerwerk in Bruchstein. Die Brückenbahn liegt unmittelbar auf den

Bogenrippen und ist aus Stufen gebildet. Das Überschreiten der Brücke in der anmutigen Landschaft ist daher lohnend, aber ein wenig anstrengend. Erwähnenswert ist, daß die Japaner über astfreies und äußerst wetterbeständiges Holz verfügen, welches den Bau von Brücken aus diesem Material sicher sehr begünstigte.

Eine weitere Holzbogenbrücke, die Soribashi – ohne Stufen und besonders steil –, wurde 1557 vom Fürsten M. Mauri als Geschenk für die Shinto-Tempel errichtet. Diese Brücke, in der Nähe von Hiroshima, verbindet den auf der heiligen Miyajima-Insel 1168 errichteten Shinto-Tempel mit dem Land und war nur für den Boten des Tenno (des Kaisers) bestimmt. Da der Bogen angeblich zu steil ist, um darüber zu gehen, wurde für den Boten eine Leiter angelegt. *Abb. 22*

Viele der zahllosen alten Brücken Japans wurden öfter ganz oder teilweise zerstört. Diese Bauwerke haben, wie solche bei uns, ihre Geschichte. Leider wurden einige in neuester Zeit zwar in der alten Form, jedoch aus Beton wieder aufgebaut, wie z. B. die Togetsu kyo bei Kyoto. Die ursprüngliche Brücke dort dürfte bogenförmig gewesen sein; Kaiser Kameyama gab ihr um 1260 den Namen Togetsu kyo, was etwa „der Übergang des Mondes über den Fluß" bedeutet. Dieses Bauwerk und weitere immer wieder an dieser Stelle errichtete Brücken sind entweder bei kriegerischen Ereignissen abgebrannt oder vom Hochwasser weggerissen worden. Die heutige Konstruktion aus Beton wurde 1934 errichtet; von Weitem wirkt sie in der besonders reizvollen Landschaft wie die alte Holzbrücke.

Die Setano-Karahashi-Brücke, 15 km östlich von Kyoto, überbrückt den Seta. Die Stelle war von altersher strategisch wichtig, weil alle Straßen nach Osten führten. In Kriegszeiten ist die Brücke mehrfach abgebrannt. Das Baujahr des ältesten Bauwerkes an dieser Stelle ist nicht belegt, die erste Erwähnung in der Dichtung stammt aus dem Jahre 672. Die heutige Brücke, leider auch aus Beton, wurde 1964 errichtet. Der Kugelschmuck der Geländer, chinesischen Formen des 7. Jh.s nachgebildet, wird japanisch „Gihoshi" genannt, das bedeutet „Schatzkugel in Flammen", und ist ein buddhistisches, aus Indien stammendes Symbol: es soll alle Bitten erfüllen. Man findet diese Kugel nicht nur auf sehr vielen Brückengeländern, sondern u. a. auch auf Dächern von Tempeln. Die Brücke wurde mit einem Drachen verglichen, der diese Kugeln bewacht. Der Stil dieser Setano-Karahashi-Brücke, die ebenfalls von Weitem noch wie aus Holz gefertigt scheint, ähnelt ungemein den chinesischen Flußübergängen des gleichen Typus, was auch der Name zum Ausdruck bringt: Karahashi heißt „chinesische Brücke". *Abb. 23*

Über die Matsue-Ohashi-Brücke über den Ohashigawa in der Stadt Matsue gibt es ebenfalls eine Geschichte. Sie wurde vom Fürsten Y. Horio 1608 erbaut, als dieser aus einer anderen Stadt nach Matsue zog und sich auf der anderen Seite des Flusses einen Palast errichten wollte. Der Beginn des Brückenbaues ist grausam: es wird berichtet, daß ein Mann als Opfer lebend unter der ersten Stütze begraben wurde. Nach Fertigstellung wurde das ganze Baumaterial für den Palast über die Brücke gebracht, und später auch die im Detail angeführten Umzugsgüter sowie *Leute und Pferde*. Die heute bestehende, 1972 zum siebzehnten Mal an dieser Stelle wieder aufgebaute Brücke ist bedauerlicherweise auch aus Beton, in der Art der alten Holzkonstruktion.

Eine einzige geflochtene Hängebrücke existiert noch in Japan, in der Mitte der Insel Shikoku bei einem kleinen Dorf über die Iya-Schlucht des gleichnamigen Flusses. Diese Kazurabashi genannte Brücke soll das erste Mal um 1190 von einem Mann namens K. Taira errichtet worden sein. Das Wort Kazura bedeutet Ranke, Kazurabashi heißt also Rankenbrücke. Die geflochtenen Seile wurden an großen Bäumen am Rande der Schlucht befestigt und mußten alle drei Jahre erneuert werden, weil sie sonst verfaulten. Diese Seilbrücke ist 47 m lang, 1,70 m breit und hängt in einer Höhe von 14 m über den Fluß. Ihre Seile werden bis heute immer wieder erneuert. Auf einer neben der Brücke stehenden Tafel ist ihre Geschichte vermerkt. *Abb. 21*

Berühmt wurde die japanische Gartenkultur. Die Liebe der Japaner zur Landschaft, welche in die Architektur der Häuser sowie der Paläste mit einbezogen wurde, ist uralt und hat eine lange Tradition. In diesen Gartenanlagen gibt es zauberhafte Brücken, die sich nahezu in vollkommener Harmonie ihrer Umgebung einfügen. In Kyoto findet man besonders viele und schöne Gartenanlagen aus früherer Zeit. Die des alten Kaiserpalastes ist am berühmtesten, sehenswert sind aber auch solche von Villen japanischer Würdenträger. In einem solchen Garten befindet sich z. B. eine reizende Steinbogenbrücke aus dem Jahr 1345 oder im Garten Jishoyi eine Monolithsteinbrücke aus dem Jahr 1486. Im Garten des alten Kaiserhofes findet man nahezu alle Brückenarten vertreten: zierliche Holzbogen oder Holzstege auf Jochen, zum Teil bekrönt mit kleinen Pavillons, Holzbrücken in sanften Bogen, deren Rand mit Erde bedeckt und bepflanzt ist und die sich dadurch harmonisch in die üppig wuchernde Umgebung fügen, kleine, schöngeschwungene Stein- oder Marmorbrücken, rustikale Steinbalkenbrücken oder auch ganz primitive kleine Übergänge, aus mehreren, nur roh behauenen Steinen über ein felsiges Bachbett gefügt.

Diese japanische Gartenkultur strahlte im 17., 18. und 19. Jh. nach Europa aus, ostasiatische Kunst und Kultur wurden „Mode“, und wir finden in den Schlössern der damaligen Zeit „Chinesische“ Zimmer oder Kabinette und „Japanische“ Gärten. Und noch heute – oder heute wieder – lassen sich Architekten vom japanischen Haus oder vom japanischen Garten inspirieren. Bei großen Gartenausstellungen sehen wir öfter einen Teil in japanischer Art angelegt, mit zierlichen Brücken und Stegen.

Ein Japaner (Lit. 73) greift in seiner in Deutschland erschienenen Dissertation den Gedanken der Beziehung zwischen den japanischen Gartenbrücken und der sie umgebenden Natur auf. Er meint, daß diese, in ihrer Harmonie mit der Umwelt, heutigen japanischen Architekten und Ingenieuren z. T. als Modelle für ihre großen Brückenbauten dienen. Erwähnenswert ist die in dieser Arbeit vertretene Ansicht, daß die Japaner beim Bau ihrer Holzbrücken immer schon von einer anderen „Naturanschauung“ – wie es der Autor bezeichnet – ausgegangen seien als die Europäer. Er zieht als Beispiel die Kintaibashi-Brücke heran und meint, die Japaner zeigten bei dieser Brücke besonders die Schönheit des Holzes als Material sowie die gediegene handwerkliche Arbeit, und sie nähmen es lieber in Kauf, diesen Oberbau hin und wieder zu erneuern, als ihn zu überdecken. Als Gegenbeispiel bringt er das Bild der schwäbischen Archenbrücke von Unterregenbach, also den Typus der gedeckten Holzbrücken Mitteleuropas. Nun dürften gerade diese beiden Brückenarten keine guten Vergleichsobjekte für die erwähnten Unterschiede der Einstellung der Japaner und Europäer zu ihren Brücken sein. Auch wir finden die Kintaibashi-Brücke schön und harmonisch in ihre Umgebung integriert, ebenso wie sich unserem Empfinden nach die alten überdachten Holzbrücken in Stil und Form unseren Bauerngehöften und Scheunen oder einem alten Stadtbild anpassen. Es ist auch nicht vorstellbar, wie etwa ein Bauwerk in Art der Kintaibashi-Brücke in den Voralpen oder Alpen schneefrei und begehbar gehalten werden sollte. Der japanische Autor fordert zum Abschluß seiner Arbeit ganz konkret auch für den modernen Brückenbau mehr Anpassung und Harmonie zwischen Bauwerk und umgebender Natur, was sehr zu begrüßen ist. Landschaft, Klima und andere Faktoren werden jedoch immer divergierende Einflüsse ausüben und zu unterschiedlichen Ergebnissen führen.

Japan hat inzwischen mit ungeheurem Tempo Anschluß an unser technisches Zeitalter gefunden und zu seinen vielen alten oder rekonstruierten Brücken eine große Anzahl moderner, teils kühner
Abb. Bauwerke verschiedenster Bauweise hinzugefügt. Aufsehen erregte u. a. die zu den Olympischen
24 Spielen 1968 fertiggestellte Alweg-Bahn vom Flughafen zur Stadt Tokio, bei welcher einzig die beiden Schienenläufe die Brückenbahn über die Betonpfeiler bilden.

Die Etrusker als Urheber des römischen Brückenbaues

Fig. 14 Etruskische Bogenbrücke bei Bulicame nahe Viterbo, Mittelitalien (Zeichnung nach Durm, Lit. 37)

Im europäischen Kulturbereich verbindet sich mit dem Begriff der „alten Brücken" unweigerlich das Bild der römischen Brückenbauten aus Stein. Die Römer dürften aber bei ihren Brücken ursprünglich auch die Holzbauweise oder eine gemischte Bauweise aus Stein und Holz angewendet haben. Die Kunst des Gewölbebaues aber lernten sie von den Etruskern. Handwerkliches Können und technisches Talent – und wahrscheinlich die Technik des Kragsteingewölbes – dürfte dieses Volk schon nach Italien mitgebracht und dann dort weiterentwickelt haben. Wenn man Herodot, dem unentwegten Berichterstatter der Antike, auch in diesem Fall glauben darf, waren es lydische Stämme, die während einer langen Hungerperiode (im 8. Jh. v. Chr.) in einigen Wellen aus Kleinasien einwanderten. Auch Bargellini (Lit. 4) meint, die Wissenschaft neige wieder dazu, Kleinasien als Heimatland der Etrusker anzunehmen.

Den Lydern, als Nachbarn und oftmaligen Kriegsgegnern der Perser, waren deren damals schon beachtliche Fertigkeiten im Wasser- und Brückenbau sicher bekannt; allerdings brachten sie diese in Kleinasien nicht zur Anwendung. Es wäre jedoch denkbar, daß die lydischen Einwanderer bei der Urbarmachung des Landes sich dieser Techniken entsannen und sie in ihrer Art weiterentwickelten. Die relativ kurze Zeitspanne, die die Etrusker benötigten, um Bewässerungsanlagen für ihre Felder zu erstellen, eine ausgezeichnete Wasserversorgung und Kanalisation für ihre Städte zu schaffen, sowie Straßen und feste Brücken zu bauen, nebst ihren bewunderungswürdigen Leistungen auf wirtschaftlichem und kulturellem Gebiet, setzt uns heute noch in Erstaunen. Daß die Römer, als Nachbarn und oftmalige Kriegsgegner und schließlich Sieger über die Etrusker, viel von diesem Volk übernahmen, ist unbestritten.

An den erhaltenen etruskischen Bauten erkennt man deutlich, daß sie eine Entwicklung vom Kragsteinbau zum echten Gewölbe durchliefen. Man fand besonders bei etruskischen Grabbauten (Tumuli) die verschiedensten Formen. Vom schichtenweisen Vorkragen in unregelmäßiger Art, versehen mit einem Abschlußbalken, geht die Entwicklung weiter zum Vorkragen in Spitz- und Rundbogenform. Es entstehen daraus die ersten, noch unregelmäßigen Keilsteinbogen, bis zuletzt ein Bogen von solcher Exaktheit und Schönheit der Arbeit entstand, wie er später in der Keilsteintechnik nahezu unerreicht blieb (Lit. 37).

Die etruskischen Brücken, von denen wir wissen oder die ganz oder teilweise heute noch existieren, sind eher kleine Bauwerke mit sehr geringen Spannweiten. Die ältere, rein etruskische einbogige Brücke von Blera ist aus mörtellosen Quadern aufgeschichtet, jedoch ist bei diesem Bauwerk, sehr originell und rationell, auf der felsigen, steilen Uferseite das Gestein in Pfeilerform abgehauen und

im Niveau abgeglichen worden, so daß dieser Brückenteil aus gewachsenem Fels besteht. Diese Brücke, flußaufwärts des Ortes, ist heute zu beiden Seiten völlig von Dickicht überwuchert und schwer zu finden. Zum Teil erkennt man noch deutlich die schmale, alte, stellenweise aus dem Fels gehauene etrusko-römische Straße, die zu diesem Bauwerk führte wie auch flußabwärts des Ortes steil hinab zur dreibogigen Brücke von Blera. Diese ist wohl in ihren oberen Bogenteilen ein Werk der Römer, nur die Fundamente und ein Teil des unteren Mauerwerks sind etruskisch. Das
Abb. 26 Bauwerk, von der großen neuen Straßenbrücke aus tief unten zu sehen, ist inzwischen von Gras und Staudenwerk dicht überwachsen. Trotzdem kann man, besonders an den beiden kleineren Bogen, deutlich die etruskischen, aus sehr großen Quadern gebildeten Bogenansätze erkennen.

Auch bei der Brücke von Vulci sind die Pfeiler zum Großteil noch etruskisch, und man nimmt an, daß in etruskischer Zeit über dem großen Mittelfeld eine Holzabdeckung bestand, denn zumindest der mittlere Bogen wird als römisch bezeichnet und dürfte um 90 v. Chr. entstanden sein (Lit. 52).
Abb. 27 Das Bauwerk übt, in Harmonie mit der dicht daneben liegenden etrusko-römischen Festung, die nun als Museum dient, noch heute seinen Reiz auf uns aus. Als Baumaterial wurde meistens
Fig. 14 Tuffstein verwendet, doch benützten die Etrusker auch schon manchmal Travertinquader wie bei der Brücke von Bulicame bei Viterbo.

Obwohl sich während der etruskischen Zeit die Qualität von Form und Arbeit sehr verbesserte, kam die Bogenkonstruktion über eine eher geringe Spannweite nicht hinaus. Der Schritt zu Brücken mit größerer Spannweite blieb den Römern vorbehalten.

Der römische Brückenbau

Fig. 15 Trajansbrücke über die Donau, 103 n. Chr. erbaut (Zeichnung nach Cichorus, Lit. 23)

Die Geschichte der römischen Brücken beginnt mit einer Holzbrücke: mit dem sagenumwobenen Pons Sublicius, dem damals einzigen zur Tiberinsel führenden Übergang in Rom. Durm (Lit. 37) nimmt an, daß vor dem so bekannten römischen Bauwerk bereits eine etwas größere etruskische Holzkonstruktion an dieser Stelle stand. Die Angaben über das Erbauungsjahr schwanken etwas, doch wird angenommen, daß der Pons Sublicius um 621 v. Chr. erbaut wurde, Steinpfeiler besaß und einen Überbau aus Holz hatte. Ob die Etrusker auf der Tiberinsel bereits ein Heiligtum besaßen und eventuell damals schon Ansätze für die religiöse Bedeutung der Brücke da waren, ist unbekannt.

20, 21 *Oben:* Die Kintaibashi über den Nishikigama in Iwakuni, eine der berühmtesten japanischen Holzbogenbrücken, 1950 durch Hochwasser zerstört, wurde getreu dem alten Vorbild wiederaufgebaut. *Unten:* Die Kazurabashi (= Rankenbrücke) auf der Insel Shikoku, die einzige heute noch existierende geflochtene Hängebrücke Japans

22 Die Holzbogenbrücke Soribashi beim Shinto-Tempel in der Nähe von Hiroshima (Japan); sie diente dem Boten des Tenno

23 Die Setano-Karahashi über den Seta, ca. 15 km östlich von Kyoto (Japan). Leider ist sie eine nur noch in Beton ausgeführte Nachbildung der dort seit 672 nachgewiesenen Vorgängerbrücken, die nach chinesischem Vorbild in Holz ausgeführt waren (Karahashi = chinesische Brücke)

24 Die Schienen der Alwegbahn sind zugleich der Brückenlauf über die vielen Betonpfeiler auf der Strecke von Tokio zum Flughafen

25 Eine der hohen, mit einem Strohbelag versehenen ländlichen Holzbogenbrücken in Japan. Nach einem Farbholzschnitt aus der Folge „Brücken aus den Provinzen“ von K. Hokusai (1760–1849)

26, 27 *Oben:* Die alte, dreibogige Brücke von Blera (Italien), deren seitliche Bogen ganz deutlich etruskische Steinarbeit zeigen, ist heute völlig von Vegetation überwuchert. *Unten:* Die etruskisch-römische Brücke von Vulci – auch Ponte del Diavolo genannt –, an der deutlich die verschiedenen Bauperioden zu erkennen sind

Mit Sicherheit gilt dies jedoch für die Römer: Priester waren für die Heiligen Anlagen auf der Tiberinsel zuständig und wahrscheinlich auch von Anfang an für die Erhaltung und Betreuung der Brücke. Diese Priester bildeten dann das Collegium der Pontifices, deren Vorsteher später die Könige waren. In der Zeit der Republik ging diese Würde auf den – sicherlich feierlich gewählten – „Pontifex Maximus" über, und von Augustus (63 v. Chr.–14 n. Chr.) an übernahmen die Kaiser dieses Amt, welches sie bis zum Jahre 382 n. Chr. beibehielten, als Gratian dieser Würde entsagte. Weil damals ja hauptsächlich die Kaiser als Bauherren für größere Objekte auftraten, auch beim Brückenbau, finden sich auf den Steinbrücken dieser Zeit viele Inschrifttafeln mit den Namen derselben und dem Zusatz „Pontifex Maximus". Dieser Titel – er bedeutet wörtlich „Großer Brückenbauer" – ging dann auf den Papst über, wahrscheinlich am Ende des 4. Jh.s, als das Christentum zur Staatsreligion erhoben wurde und man – wie in anderen Zusammenhängen andernorts auch – durch den Namen dem Volke etwas Vertrautes belassen wollte.
Es gibt viele verschiedene Deutungen der römischen Bezeichnung für Brücke: pons. Ursprünglich bedeutete das Wort wohl „Pfahl", und die ältesten Siedlungen der Italiker waren tatsächlich auf Pfählen errichtet.
Kehren wir zu unserem Pons Sublicius zurück. Drei der erfolgreichsten ersten römischen Könige waren Latiner oder Sabiner: Numa Pompilius, Tullus Hostilius und Ancus Martius. Letzterer soll um 621 v. Chr. diese Brücke über den Tiber schlagen haben lassen. Aber auch drei angesehene Etrusker wurden römische Könige: Tarquinius Priscus, Servius Tullius und Tarquinius Superbus. Nach anderen Quellen war es Tarquinius Priscus (616–579 v. Chr.), der diese Brücke erbauen ließ.
Rom war in seinen Anfängen auf das linke Tiberufer beschränkt, und das Gebiet um Rom gehörte größtenteils zu Etrurien. Berühmt wurde der Pons Sublicius erstmals, als Horatius Cocles die Brücke heldenhaft gegen den Etruskerkönig Porsenna verteidigte und sie solange hielt, bis alle seine Leute hinübergelangt waren und das Bauwerk dann von ihnen abgebrochen wurde. Nach dem Rückzug Porsennas wurde der Pons Sublicius neu aufgebaut, und zwar, wie ausdrücklich angeführt wird, ohne Verwendung von Nägeln, was eine große Meisterschaft im Holzbau bezeugt. Die Verbindungen waren so eingerichtet, daß man die Brücke rasch in einzelne Teile zerlegen und diese Teile auch sofort wieder zusammenfügen konnte – wobei es sich naturgemäß nur um den Oberbau gehandelt haben kann. Dies war eine Maßnahme für Kriegszeiten, denn bei der Verteidigung durch Horatius konnte die erste Brücke angeblich nur sehr schwer abgebrochen werden. Vielleicht liegt hier der Ursprung der verschieden formulierten Redewendung von der Brücke, die man hinter sich abbricht. Im mittelalterlichen Deutschland wurden übrigens nicht nur in Kriegszeiten, sondern auch bei Seuchen „die Brücken abgebrochen", das bedeutete meist, daß der lose Brückenbelag oder ein bestimmter Teil der Brücke entfernt wurde.
Der Pons Sublicius fiel 23 v. Chr. einem Hochwasser zum Opfer, und es dauerte dann 163 Jahre, bis an der gleichen Stelle eine Steinbrücke entstand. Diese wurde erst 1877 durch eine Gußeisenkonstruktion ersetzt.
Es gab viele römische Holzbrücken; sie werden wohl, wie andernorts auch, durch Kriegsereignisse und Naturgewalten immer wieder zerstört worden sein. Viele wurden im Laufe der Zeit von haltbareren Steinbogenbrücken abgelöst. Den Römern wird jedoch besonders für die spätere Zeit bescheinigt, daß sie ausgezeichnet mit Holz umzugehen wußten. Es gab Verzeichnisse der Hölzer und ihrer Eigenschaften – insbesondere Vitruv und Plinius berichten darüber – und Anleitungen über das Tränken des Holzes mit Ölen und Harz, zur besseren Haltbarkeit. Vitruv beschreibt außerdem genau die Gründung der römischen Brückenpfeiler, wobei entweder ein Pfahlrost gerammt oder später auch Senkkasten aus Eichenholz verwendet wurden.
Gleichgültig, ob die Römer die Vorstellung, der Wege- und Brückenbau sei ein den Göttern wohlgefälliges Werk, von den Etruskern, den Griechen oder von beiden übernommen haben oder diese Idee selbständig entwickelten, sie betätigten sich jedenfalls auf diesem Gebiet wie kein anderes Volk jener Zeit. Und als sie ihr großartiges Straßennetz errichteten, bezeichneten sie selbst die Brücken als den vorzüglichsten Teil (Lit. 5).

Bezüglich der Steinbrücken wagten sich auch die Römer zuerst nur an kleinere Bogenbrücken, wie sie sie bei den Etruskern sahen. Es gibt in Italien heute noch eine Anzahl solcher Brücken, mit einem oder zwei Keilsteinbogen aus Tuffsteinquadern, z. T. halb verwuchert oder verschüttet, manchmal auch noch freistehend und von Fußgängern benützt (Lit. 52).

Die Römer verwendeten anfangs nur Halbkreisbogen, so daß bei flachen Ufern das Problem bestand, eine steile Auffahrt oder gar Stufen anlegen zu müssen. Dadurch waren solche Brücken für Fahrzeuge meist unbrauchbar, man konnte allenfalls zu Pferd darüber reiten, auch beladene Esel oder Maultiere überwanden diese Stufen oder den steilen Anstieg. Der Pons Salarius veranschaulicht diesen Steilanstieg besonders gut. Diese Brücke, die in der Umgebung Roms über den Anio führte, wird oft (z. B. im Deutschen Museum München) als älteste römische Steinbogenbrücke bezeichnet, angeblich aus dem 6. Jh. v. Chr. stammend. Man weiß jedoch, daß eine Brücke an dieser Stelle 564 n. Chr. zerstört wurde und nimmt an, daß auch diese nicht mehr – oder nur in Teilen – mit dem ältesten Bauwerk identisch war. Inwieweit dann Narses, der sie bereits 569 n. Chr. wieder aufbauen
Abb. ließ, Reste der alten Brücke verwendete, weiß man nicht genau. Vielleicht ist damals bereits der
29 gewaltige Torturm entstanden und die Brücke erhielt das Aussehen, wie es Piranesi tausend Jahre später festhielt.

Die zwei Brücken, die von einander gegenüberliegenden Uferstellen zum Heiligtum auf der Tiberinsel führten, sollen in der Zeit zwischen 402–292 v. Chr. entstanden sein und waren beide aus Holz (der Pons Sublicius lag an anderer Stelle). Diese beiden Brücken wurden im letzten Jahrhundert v. Chr. durch prächtige Steinbauten ersetzt: der Pons Fabricius entstand 62 v. Chr. und gilt heute als älteste noch existierende Brücke Roms, während der Pons Cestius etwa um 40 v. Chr. erbaut wurde. Beide Brücken wurden wegen ihres kostbaren Steinwerks gerühmt, das auch auf einem Kupferstich von Piranesi zu erkennen ist. Noch heute bildet die Tiberinsel mit den beiden
Abb. Brücken ein besonders harmonisches Stadtensemble. Der Pons Fabricius – mit einer lichten Weite
34 von 24,5 m – wurde um 200 n. Chr. mit Ziegelwerk restauriert, das man deutlich unter der Brüstung erkennen kann. Die Brüstung selbst stammt aus dem Jahr 1679/80, als Papst Innocenz XI. das Bauwerk restaurieren und mit einer steinernen Brustwehr versehen ließ. Heute trägt die Brücke den Namen Ponte di quattro Capi.

Die römischen Brücken sind meist gestelzt, d. h., das Mauerwerk ist zuerst senkrecht hochgezogen, damit die Kämpferlinie des Halbkreisbogens über dem Wasserspiegel liegt. Mit der Zeit wurden viele große Brücken z. T. mit mehreren Öffnungen gebaut, und die Spannweiten bewegten sich zwischen 20 und 30 m. Als Charakteristikum finden wir häufig arkadenartige Durchlässe im Bogenansatz direkt über den Pfeilern, die bei Hochwasser zusätzliche Abflußmöglichkeit ergaben. Einen solchen Durchlaß in Arkadenform gibt es bereits zwischen den zwei stattlichen Bogen des Pons Fabricius. Beide Inselbrücken steigen leicht zur Mitte an. Wurde die Brüstung anfangs nur als niedrige, geschlossene Mauer ausgebildet, so erhielt sie später fast immer einen – oft durch besondere Bearbeitung hervorgehobenen – Sockel, einen glatten Mauerteil und eine Abdeckung, die ebenfalls sehr schön ausgeführt war. Auch die Archivolte – die profilierte Bogenstirn – ließ fast überall eine ausgezeichnete handwerkliche Arbeit erkennen.

Nicht alle römischen Brücken und anderen Gewölbebauten bestanden übrigens aus einem „echten", d. h. ohne Mörtel gefügten Quadergewölbe. Dies wurde hauptsächlich dort angewandt, wo es eine
Fig. bodenständige Tradition im Steinbau gab. Das Mauerwerk konnte sehr vielfältig sein: von kunstvoll
16 behauenen Quadern – die teilweise durch schwalbenschwanzartige Klammern zusammengehalten wurden – bis zum einfachsten Bruchsteinmauerwerk, selbst solchem aus Rollkieseln, ebenso aus Ziegeln; hin und wieder wurde auch eine gemischte Bauweise angewandt. Eine weitere Variante bestand aus Reihen von schrägstehenden Steinen, getrennt durch Lagen von waagrecht liegendem, plattenartigem Material. Tuffstein war ein bevorzugter Baustoff, er wurde oft von weit hergeholt, im allgemeinen verwendete man jedoch eher das jeweils in der Gegend vorhandene Gestein.

Sehr gut beherrschten die Römer die Herstellung von Gußmauerwerk bzw. Gußgewölben unter Verwendung von Kalkmörtel, wobei oft nur die Sichtflächen mit Natursteinen oder Ziegeln

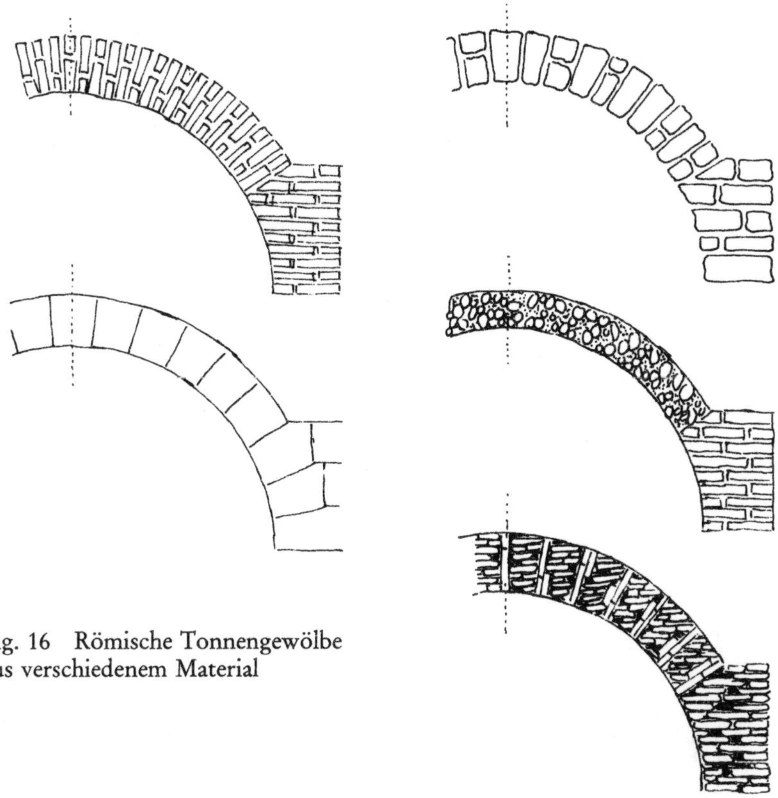

Fig. 16 Römische Tonnengewölbe aus verschiedenem Material

verblendet wurden. Bei Grabungen am Magdalensberg in Kärnten konnte der Nachweis erbracht werden, daß den Römern die Herstellung einer Art Eisenbeton nicht fremd war: man legte dort eine mit Eiseneinlagen bewehrte Decke frei (Lit. 2); diese Technik fand jedoch damals für Brücken keine Anwendung.

Durch Giambattista Piranesi (1720–1778), den berühmten italienischen Kupferstecher und effektvollen Darsteller der römischen Antike, der übrigens auch selbst Pläne für Brücken entwarf, sind uns viele Ansichten römischer Brückenbauten erhalten geblieben.

Über die Reihenfolge der Erbauung der steinernen Brücken Roms brach um die Jahrhundertwende ein Gelehrtenstreit aus, an dem besonders Mayerhöfer (Lit. 104) und Ulrichs (Lit. 162) beteiligt waren, die darüber eine schriftliche Fehde austrugen. Eine Entscheidung ist schwer zu treffen, denn immer wieder wurden die Brücken ganz oder teilweise Opfer der reißenden Fluten des Tiber. Nun existieren zwar alte Verzeichnisse der Brücken, jedoch z. T. mit unterschiedlichen Namen der Bauwerke, was daher rührt, daß beim Wiederaufbau in einigen Fällen der Name des neuen Erbauers oder Restaurators oder ein Doppelname verwendet wurde. Auch den noch vorhandenen Inschrifttafeln und Steinmetzzeichen kann man nicht immer vertrauen. Sie wurden oftmals wiederverwendet oder auch in ein anderes Bauwerk eingebaut. So war es möglich, daß verschiedene Namen in den aus unterschiedlicher Zeit stammenden Verzeichnissen sich auf eine einzige Brücke bezogen, während andere Brücken mit verschiedenen Standorten in den Verzeichnissen unter einem einzigen Namen zu finden waren.

Zu den umstrittenen Brücken gehörte der Pons Aemilius oder Lepidus, der angeblich erste voll in Stein ausgeführte Brückenbau der Stadt Rom, um 181 v. Chr. Delbrück (Lit. 31) meint, daß diese Brücke beim Volk wahrscheinlich Pons Lapideus hieß, nach dem Censor Aemilius Lapidus, der um diese Zeit lebte. Allerdings nimmt man an, daß er den Bau nicht selbst vergeben habe. Auf jeden

Fall trug dieser zweite Name der Brücke zur Verwirrung um dieses Bauwerk mit bei. Auf Zeichnungen aus dem 16. Jh. ist die prachtvolle, durch Arkaden aller Schwere beraubte Konstruktion des Pons Aemilius wunderbar zu sehen. Im Jahre 1557 stürzte die Brücke bei einem Hochwasser ein, wurde jedoch im Auftrag von Papst Gregor XIII. wieder aufgebaut. Anscheinend waren diese Arbeiten aber nicht besonders gut durchgeführt worden, denn 1598 brach der östliche Teil des Bauwerkes zusammen; schließlich wurden 1887 die westlichen Bogen abgetragen, so daß bis heute einzig der südliche Teil des dritten Strompfeilers von Westen erhalten blieb, der eine Ahnung *Abb.* von der einstigen Pracht des Bauwerkes gibt. Der Brückenrest trägt nun den Namen Ponte Rotto *33* (zerstörte Brücke). Schramm (Lit. 139) berichtet, die Brücke sei auch Ratsherrenbrücke – Pons Senatorum – genannt worden, weil die Senatoren darüber gehen mußten, wenn sie sich in den Sibyllinischen Büchern Rat holen wollten. Und der gleiche Autor erzählt, der Pons Vaticanus habe im Volksmund auch Pons Nobilum geheißen, weil nur Edle ihn benützen durften.

Abb. An der Via Flaminia, zweieinhalb Kilometer nördlich der Porta del Popolo, finden wir noch heute *31* den Pons Milvius – italienisch Ponte Mollo –, der erstmalig 104 v. Chr. erbaut worden sein soll. Von einer Wiederherstellung weiß man im 2. Jh. n. Chr., sicherlich wurde die Brücke auch später renoviert. Das Bauwerk mit sieben Bogen ist symmetrisch angelegt, der mittlere Bogen besitzt eine Spannweite von 23,7 m; dieser und drei weitere sollen sich noch fast unverändert erhalten haben. Der Pons Milvius zeichnet sich durch eine erstaunliche Festigkeit aus (Lit. 145): Im Zweiten Weltkrieg rollte der gesamte Etappenverkehr, zuerst der italienische, dann der deutsche und letztlich der der alliierten Truppen mit schwersten Panzerwagen darüber.

Zur Zeit des Augustus gab es noch keine feste Brücke zum Marsfeld. Erst Nero ließ, zum Zwecke seiner „Vaticanischen Feste", eine steinerne Brücke bauen, und darüber führte dann die Via Aurelia.

Abb. Als die schönste Brücke Roms galt immer die Engelsbrücke, der Pons Angelus, durch Hadrian *28* 138 n. Chr. erbaut, der ursprünglich Pons Aelius oder auch Pons Hadriani hieß. Man weiß, daß Papst Nikolaus V. das Bauwerk 1450 renovieren ließ, Clemens IX. gab dann die kolossalen Engelsfiguren aus weißem Marmor, nach Zeichnungen von Giovanni Lorenzo Bernin in Auftrag, die der Brücke zu dem bis heute erhaltenen Namen verhalfen. Andere Quellen wollen wissen, daß auch schon vorher Bronzefiguren auf der Brücke gestanden sind, die aber samt den Brüstungen durch ein Hochwasser zerstört wurden. Die drei mittleren Bogen sollen sich noch etwa im Originalzustand befinden. Nicht nur dieses Bauwerk, sondern auch die Engelsburg, der „Moles Hadriani", war damals von Hadrian in Auftrag gegeben worden und sie bilden noch heute ein bewundertes Ensemble im Stadtbild Roms.

Um all diese Stadtbrücken ranken sich viele Geschichten. Auch gerichtet wurde auf diesen Brücken, und Verbrecher oder auch Unschuldige wurden lebend, mit einem Stein um den Hals, in Fässern oder was es der grausamen Möglichkeiten mehr gab, in den Fluß geworfen. Unter den Kaisern Valerian und Claudius sollen auch Christen von einer der Brücken Roms in den Tiber gestoßen worden sein.

Schon die alten römischen Stadtbrücken dienten, wie später auch unsere mittelalterlichen Brücken, der Verbindung der Stadt zu ihrer ländlichen Umgebung, waren „Schleusen" der Handelswege. Behörden und Militär hatten großes Interesse an den Brücken, weshalb sich auch meist in unmittelbarer Nähe oder auf den Brücken selbst Bauten dieser Institutionen befanden: Wachtürme und Tore, das Gericht, der Markt und feste Läden, Spitäler, Herbergen und anderes mehr. Trat jedoch das kriegerische Geschehen für einige Zeit in den Hintergrund und blühten Gewerbe und Handel, entfaltete sich der Reichtum der Bauherren. So wurden auch Brücken architektonische Kostbarkeiten, mit Marmor verkleidet, mit prunkvollen Brustwehren und Nischen ausgestattet, teilweise mit Figuren und Zierat versehen.

Als besonders schön, ja als schönste der Brücken im Römischen Imperium, galt vielen die ganz mit weißem Marmor verkleidete Brücke in Rimini, die unter Augustus begonnen, unter Tiberius 20 n. Chr. vollendet wurde. Das Bauwerk besitzt fünf regelmäßige Bogen, die mittleren mit 8,77 m lichter Weite, die äußeren mit 7,14 m. Die Brücke hat keine Arkaden, jedoch als besonderen

Fig. 17 Caesars Rheinbrücke, Konstruktionsteil (Zeichnung nach Zimmerhaeckel, Lit. 169)

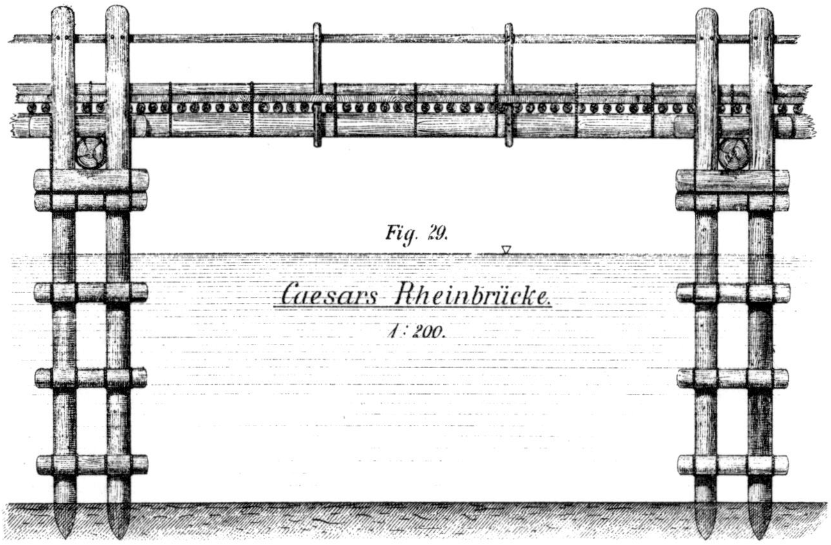

Schmuck zwischen den Bogenansätzen tabernakelartige Nischen, in denen sich möglicherweise anfangs Vollplastiken oder Halbreliefs befunden haben. Zur Zeit Piranesis, der auch diese Brücke für die Nachwelt festhielt, waren die Nischen leer, doch war die Marmorverkleidung fast vollständig vorhanden. Heute rollt zwar noch der Verkehr über die Brücke, doch wirkt sie, nahezu aller Verkleidung beraubt, über fast trockenem Flußbett ungepflegt und läßt kaum noch den früheren Glanz ahnen. Auf andere Art berühmt wurde die heute Ponte sul Rubicone genannte Brücke, nämlich durch Caesars Ausspruch: „Alea iacta est“ (Der Würfel ist gefallen). Diese Brücke besaß drei Bogen, wurde einige Male erneuert, jedoch leider 1944 durch Explosionen fast restlos zerstört. Dieses auch Ponte Consolare genannte Bauwerk wurde aber 1965 im alten Stil wiederaufgebaut.

Die größte und prächtigste Brücke ihrer Zeit muß der Ponte di Augusto bei Narni/Terni über die Nera gewesen sein, eine architektonische wie ingenieurmäßige Meisterleistung. Sie besaß 4 Bogen von 16 bis 31 oder 32 m Spannweite und eine für die damalige Zeit außergewöhnliche Höhe von 30 m, um die Steigung des Hanges zu überwinden, an dem die Via Flaminia dort verläuft. Prokop hat die Stadt, die durch ihre Lage fast uneinnehmbar war, sowie die Brücke beschrieben und geäußert, daß letztere ein bemerkenswertes Schaustück sei, mit dem höchsten Gewölbe, das er je gesehen habe (Lit. 119). Im 8. Jh. stürzte ein Teil der Brücke ein, sie wurde wiederhergestellt, allerdings 1054 bei einem besonders schweren Hochwasser derart beschädigt, daß nur die Pfeiler und ein Bogen am linken Ufer stehen blieben. *Abb. 37*

Einige der erhaltenen römischen Brücken befinden sich in einem recht argen Zustand, obgleich sie noch den ganzen Verkehr tragen, wie z. B. der Ponte Grosso bei Cagli. Durch eine neue Straßenführung soll das Bauwerk demnächst entlastet werden. *Abb. 36*

Es ist anzunehmen, daß besonders in der Blütezeit des Römischen Reiches ein ganzer Stab von Brückenfachleuten existierte, bzw. daß eine ganze Organisation von Ingenieuren und Arbeitern für die Straßen und Brücken verantwortlich war. Dieser römische Straßen- und Brückenbau wurde auch später immer wieder bewundert; so schreibt Daviler (Lit. 29) in seinem von Sturm übersetzten Buch (1725), daß die Römer *zu großen Nutzen viel Unkosten gesuchet, um ihre Wege bequem zu machen, deren man immer noch mehr entdecket.* Und weiter: *Die Flüsse, Seen und Moräste selbst waren nicht mächtig genug, zu hindern, daß sie nicht Wege darüber hingebauet, wie unter anderem an ihren Wasserleitungen zu sehen, die theils auf, theils über der Erde, theils einfach, theils doppelt gebauet worden und noch zu dieser Stunde bewundert werden. Gleichermaßen erscheinet solches aus den alten Brücken, die zu großer Verwunderung annoch stehen. Ihre Bogen sind am Rücken, sowohl als an dem Untertheil glatt behauen.*

Manche der römischen Brücken waren so kühn gebaut, wie etwa der Ponte del Diavolo bei Perugia, *Abb. 27* daß man den Teufel im Spiel wähnte; auch die in Abb. 27 gezeigte etrusko-römische Brücke bei Vulci und einige weitere erhielten deshalb den Namen „Ponte del Diavolo".

Spektakulär waren die Rheinbrücken Caesars, wenn es sich dabei auch um Holzbrücken handelte, und zu allen Zeiten wurde über diese Brücken, über die Caesar selbst genau Auskunft gibt, geschrieben; auch Napoleon III. behandelt dieses Thema (Lit. 114). Die erste dieser Brücken, 59 v. Chr. aus Anlaß der Verfolgung der Usipeter und Teucterer errichtet (man nimmt an, in der Gegend von Bonn), wurde in einfacher Bauweise mit Jochen aus Eichenholz und 56 Öffnungen einschließlich der Beschaffung des Materials in zehn Tagen fertiggestellt. Zeitgenossen rühmten die Festigkeit der Joche wie überhaupt die ganze Brücke. Zimmerhaeckel (Lit. 169) hat sich äußerst *Fig. 17* eingehend mit der Konstruktion dieser Brücke befaßt; er bringt Detailzeichnungen und beschreibt genau den Verlauf der Arbeiten. Der Plan bzw. die Konstruktion der Brücke soll von Caesars „Pionierkommandeur" – praefectus fabrum – Mammurra, einem römischen Ritter aus Formisae, stammen. Dieser Brückenschlag über den Rhein stellte eine technische Leistung ersten Ranges dar. Wenn man bedenkt, daß wahrscheinlich Beile die einzigen dabei verwendeten Werkzeuge aus Eisen waren, wird man diese Tat noch höher einschätzen. Für den Bau standen sämtliche Legionen und Pioniertruppen zur Verfügung, und sicher waren sehr versierte Leute dabei. Die zweite Brücke Caesars über den Rhein, zwei Jahre später beim Zug gegen die Nervier und Treverer im selben Verfahren gebaut, soll in wenigen Tagen vollendet gewesen sein.

Trajan (98–117 n. Chr.) war einer der größten Bauherren der Römer, und so zählen auch ganz große und berühmte Brücken zu den unter ihm entstandenen Werken. Aschbach (Lit. 3) schreibt, die Neigungen Trajans, der vom römischen Senat den Beinamen „optimus" (der Beste) erhalten hatte, bestanden aus Kriegführen und Bauen. Er war zweifellos selbst ein fähiger Baumeister, denn er fertigte viele Pläne und Risse für seine Bauwerke eigenhändig an. Neben den festen Brücken aus Stein und Holz waren es auch viele Schiffsbrücken, die unter ihm errichtet wurden: über den Rhein, die Donau und einige ihrer Nebenflüsse sowie über den Euphrat und Tigris. Trajan dürfte tatsächlich der größte Brückenbauer des Altertums gewesen sein, hinsichtlich der Anzahl wie der Größe der Brücken. Da ist zunächst die großartige Donaubrücke unterhalb des Eisernen Tores bei Drobetae, in der Nähe des heutigen Turnu Severin. Die auf steinernen Pfeilern mit hölzernem Oberbau errichtete Brücke war an beiden Seiten von hohen steinernen Brückentoren begrenzt. Während der Arbeiten hatte man wohl das Wasser in einen parallel zur Donau verlaufenden Kanal abgeleitet, um die Pfeilergründungen durchführen zu können. Über die dadurch entstandene Insel führte eine Holzbrücke zum nördlichen Ufer. Die Donaubrücke wurde von Apollodorus von Damaskus mit Hilfe einer ganzen römischen Armee in nur einjähriger Bauzeit geschaffen und war *Fig. 15* etwa Anfang des Jahres 103 n. Chr. vollendet (Lit. 107). Sie war 1.027 m (nach anderen Quellen 1.127 m) lang und hatte 20 Steinpfeiler. Cichorius (Lit. 23) bringt eine Rekonstruktion der ganzen Brückenanlage, auf der alle Details gut zu erkennen sind. Diese Donaubrücke wurde nicht nur von den Zeitgenossen gepriesen und bewundert, auch in den Büchern des 17. und 18. Jh.s wird sie mit Lobsprüchen bedacht: Schramm etwa spricht in bewegten Worten von der „Wunder-Brücke" Kaiser Trajans. Und wenn auch Trajans Nachfolger Hadrian aus Furcht vor Einfällen aus dem Norden einen Teil der Brücke einreißen ließ, so sollen doch zu Schramms Zeiten (1. Hälfte des 18. Jh.s) noch Pfeilerreste zu sehen gewesen sein. Nach einem idealisierenden Bericht von Jakob Leuv befanden sich 1660 noch alle Pfeiler im Wasser, so daß auch Schramms Angabe (75 Jahre später) glaubwürdig erscheint. Heute sehen wir nur noch je einen, vom Zahn der Zeit angenagten Pfeiler auf der rumänischen und auf der jugoslawischen Seite als letzte Reste des grandiosen Bauwerkes. Über das Aussehen der Brücke ist man durch Münzen mit der Aufschrift „Danubis", *Abb. 32* die zu Ehren des gelungenen Baues geprägt wurden, informiert, und außerdem gibt es auch auf den Reliefs der Trajanssäule in Rom – ebenfalls einem Werk des Apollodorus – eine Szene, in welcher

der Kaiser ein Opfer auf dieser Brücke darbringt. Zwei kleinere Holzbrücken, davon eine im Bau, sind ebenfalls auf diesen Reliefs zu sehen.
Eine der berühmtesten Steinbrücken, die unter Trajan gebaut wurden, ist der heute noch existierende Ponte di Traiano von Alcántara über den Tejo in Spanien. Der Baumeister war Cajus Julius Lacer. Die stolze Inschrift: *Pontem perpetui mansurum in saecula* – ich habe eine Brücke gebaut, die alle Zeiten überdauern soll – bezieht sich auf Trajan, der u. a. auf der Tafel den Titel Pontifex Maximus trägt. Von Karl V. weiß man, daß er die Brücke mit vielen Kosten reparieren ließ. Hoch über dem Tejo und imposant durch ihren Triumphbogen, versieht sie noch heute ihren Dienst. In ganz ähnlicher Art, ebenfalls mit einem Triumphbogen, wurde unter Trajan auch eine Brücke in Nordspanien an der Heerstraße von Mérida zum Legionslager Braga errichtet. *Abb. 35*
Die Römer entfalteten also nach und nach eine enorme Bautätigkeit, und bald war der Beruf, bzw. der Titel eines „architectus" populär. Wir würden ihn heute eher mit „Ingenieur" übersetzen. Viele dieser Ingenieure schufen Straßen, Brücken und Aquädukte. Zu dem Wort Aquädukt muß man erklären, daß wir fälschlicherweise dazu neigen, darunter nur den Arkadenteil einer Wasserleitung zu verstehen: doch nur ein Neuntel der römischen Aquädukte lief auf Arkaden, der Rest in Röhren und Tunneln. Manchmal befanden sich 2–3 Wasserkanäle übereinander auf Arkaden, die sich dann auch wieder trennten. In den letzten drei vorchristlichen und dem ersten nachchristlichen Jahrhundert wurde Roms Wasserversorgung derart ausgebaut, daß Rom zur wasserreichsten Stadt der Welt wurde. Frontinus beschrieb die zu seiner Zeit existierenden 10 römischen Wasserleitungen, deren erste, die „Appia", 305 v. Chr. von Appius Claudius errichtet wurde. Anio, Marcius, Tepulus u. a. folgten. Als letzte nennt er die Aqua Claudia, von Caligula und Claudius zwischen 40–49 n. Chr. erbaut. Zusammen hatten diese Wasserleitungen eine Länge von 404 km, von denen jedoch nur 47 km auf Arkaden liefen. Die Anio novus, 35 n. Chr. unter Tiberius errichtet, besaß die höchsten Bogen mit 31,61 m (Lit. 45). Sie alle sorgten für frisches Wasser in Roms Zisternen und Brunnen, Häusern und öffentlichen Bädern. Vitruvs 10 Bücher „De architectura libri decem", zur Zeit des Augustus geschrieben, und Frontinus' Buch „De aquae ductibus urbis Romae" geben uns Auskunft über diese enorme Bautätigkeit, wobei Frontinus (40–103 n. Chr.), der als „curator aquarum" die Oberaufsicht über die römischen Wasserleitungen hatte, sich naturgemäß hauptsächlich auf diesen Bereich bezieht (Lit. 151). Aber nicht nur in Rom und in Italien finden wir diese Aquädukte römischer Herkunft, in vielen Teilen des Römischen Reiches haben sich Reste solcher Anlagen erhalten: In Istanbul steht der noch recht gut erhaltene Aquädukt des Valens, bei Skopje in Montenegro (Jugoslawien) der Aquädukt des Justinian und in Segovia in Spanien ein gewaltiger und ausgezeichnet erhaltener Aquädukt, in dem noch heute etwas Wasser in die Stadt fließt. Das kühnste und ebenfalls bis heute bestehende Bauwerk dieser Art ist wohl der Pont du Gard bei Nîmes: um etwa 18 v. Chr. erbaut, wird er dem Agrippa (63–12 v. Chr.) zugeschrieben, der auch in Rom eine Reihe großer Bauwerke, u. a. Wasserleitungen und Thermen, errichten ließ. Agrippa war zu dieser Zeit Statthalter von Gallien und residierte in Nîmes, dem römischen Nemus. Der Aquädukt, dessen Baumeister unbekannt ist, besitzt drei Arkadenreihen, von denen die erste den Fuhrleuten, Reitern und Vieh, die zweite den Fußgängern diente und die oberste Bogenreihe die Wasserleitung führte (Lit. 139). Die seitlich auskragende Fahrbrücke auf der untersten Bogenreihe, die heute den Fußgängern dient, wurde erst 1743 angebaut. Man muß sich die Größe und Kühnheit der mit den wenigen Hilfsmitteln jener Zeit errichteten Bauten – etwa des Pont du Gard oder der Brücke von Narni – vor Augen halten, um die technische Genialität und die exakte Steinarbeit der Römer richtig zu würdigen. *Abb. 3a* *Abb. 38*
Von den unzähligen Brücken, die die Römer außerhalb Italiens errichteten, ist in Frankreich noch eine größere Anzahl erhalten. In einer Liste der unter Denkmalschutz stehenden französischen Brücken (die mehr als 320 solche Bauwerke umfaßt!) werden zehn römische Brücken angeführt, darunter der „Pont Romain" in St-Colombe-les-Vienne, Dép. Rhône, drei weitere in Cereste, Ganagobie und Lauzet s/Ubaye im Dép. Basses-Alpes.
In Spanien haben sich außer der großartigen Brücke von Alcántara noch andere derartige Bauwerke

erhalten, wie der Puente Romano über den Tormes in Salamanca, von dessen 27 Bogen die 15 auf der Stadtseite noch römischen Ursprungs sind. Bezüglich der Herkunft umstritten, als Bauwerk
Abb. einzigartig ist der „Ponte del Diavolo" von Matorell. Heinzerling (Lit. 69) schreibt die Brücke –
30 wohl des spitzen Bogens wegen – den Goten zu, Merckel (Lit. 107) meint, daß sie fälschlich oft als das Werk der Karthager oder des Hannibal galt, die Fundamente und der Triumphbogen aber nachweislich römisch seien, vielleicht letzterer aus der Zeit des Titus oder Trajan (Gazzola, Lit. 52 nennt Trajan oder Hadrian). Schon der Name besagt, daß auch diese Brücke als Werk des Teufels galt. Sie wurde im 18. Jh. auf Betreiben Goyas restauriert, während des Bürgerkrieges (1936–1939) zerstört, jedoch 1962 in der alten Form wiederaufgebaut.

Römische Brücken oder deren Reste findet man außerdem in Tunis, Libyen, Algerien, in Syrien, dem Libanon und Palästina, in der Türkei, dem Irak und u. a. auch im Kaukasus. Zumindest in den Fundamenten dürften dort noch heute einige nachzuweisen sein. So soll die hübsche steinerne Bogenbrücke über den Fluß Piram bei Usis, die aus dem 13. Jh. stammt, auf römische Ursprünge zurückgehen. Die steinerne Bogenbrücke über den Fluß Debed bei Sanain, ebenfalls im Kaukasus, die noch heute unverändert besteht, soll 1192 errichtet worden sein, ebenfalls auf römischen Fundamenten. Sie ist unregelmäßig, die linke Seite des Bogens ruht direkt auf dem zu einem Widerlager ausgehauenem Fels, die rechte auf einem tieferliegenden, gemauerten Pfeiler; der Brückenabgang auf dieser steileren Seite ist stufenförmig ausgebildet. Es könnte sein, daß es Seldschuken waren, welche die römischen Brückenreste für einen Neubau benutzten, denn um diese Zeit hatte das Seldschukische Reich seine größte Ausdehnung.

Mehr weiß man über römische Brücken auf dem Boden des heutigen Jugoslawien (Lit. 78), wo sich auch noch bedeutende Reste erhalten haben.

So gibt es in Serbien bei Sočanica – angeblich unter dem Namen „Trajans-Stadt" bekannt – Ruinen einer römischen Siedlung und einer Brücke; außerdem eine fast noch im Originalzustand erhaltene römische Brücke bei Mžička Požega; sie soll zwar von den Türken einige Male repariert, aber nicht in ihrer Form verändert worden sein. Die römische Brücke bei Niš, mit Tafeln versehen, die von den Reparaturen berichteten – die letzte stammte von 1877 –, wurde später bei einem großen Hochwasser weggerissen. Auch über die Morava gab es eine römische Brücke, auf deren Resten die Türken ein neues Bauwerk errichteten und zur Verteidigung dieses Überganges dort eine Siedlung gründeten: Morava-Palanka oder Morava-Cuprija, d. h. Morava-Brücke. Möglich, daß das serbische Wort „cuprija" von dem türkischen Wort „Köprü" = Brücke kommt. In Mazedonien existiert nur eine Brücke römischen Ursprungs, von der sehr viele Daten bekannt sind: die Dušanow-most über die Vardar in Skopje wurde unter Justinian I. in seiner Heimatstadt erbaut. Die Brücke ist oft repariert worden, u. a. im 14. Jh. von dem serbischen Herrscher Dušan, der Skopje zu seiner Hauptstadt erkor; die Brücke trug von da an seinen Namen. Im 15. Jh. eroberte Murad II. (1421–1451) Stadt und Land und ließ die Brücke ebenfalls reparieren. Weitere Dokumente besagen, daß die Türken um 1579/80 vier Bogen reparierten oder erneuerten. Anfang und Mitte des 19. Jh.s waren wieder Arbeiten notwendig, und schließlich fanden 1896/97 und 1905 große Umbauten statt: Die Brücke erhielt Geländer und Gehsteige und statt des Belages aus der Türkenzeit eine neue Steinpflasterung. Drei Bogen fielen der neuen Auffahrt zum Opfer, so daß von den ursprünglichen 11 Bogen nun nur noch 8 existieren. Ein kleiner Mihrab (mohammedanische Gebetsnische) befindet sich auf der Brücke, und eine Tafel gibt Auskunft über die Reparaturen während der türkischen Zeit. Justinian ließ aber nicht nur diese Brücke, sondern zwischen 527 und 565 auch eine Wasserleitung, die zum Teil auf Arkaden läuft, als Geschenk an seine Geburtsstadt errichten, wovon Prokop berichtet. Das Wasser kam aus den 9 km weit entfernten Bergen; der noch gut erhaltene Arkadenteil, 350 m lang, ist doppelstöckig, mit 55 Bogen und darüber 28, nur drei Bogen wurden im letzten Krieg zerstört. Sogar einen Teil der Tonröhren, die das Wasser führten, fand man, und bis 1915 speiste diese Wasserleitung noch einen Brunnen an der Westseite des Aquäduktes. Das Geschenk Justinians diente also 1.400 Jahre den Bewohnern seiner Heimatstadt.

In Montenegro haben sich noch zwei Brücken römischen Ursprungs erhalten: das einbogige

28 Engelsbrücke und Engelsburg gehören seit ihrer Erbauung durch Hadrian, 138 n. Chr., zu den Wahrzeichen Roms

29, 30 *Oben:* Der Pons Salarius über den Anio bei Rom, die wahrscheinlich älteste römische Steinbogenbrücke (aus dem 6. Jh. v. Chr.); in der auf dem Stich von Piranesi (unsere Abbildung) dargestellten Form dürfte er erst von Narses 569 n. Chr. errichtet worden sein. *Links:* Der Ponte del Diavolo über den Rio Llobregat in Matorell (Spanien), ein auf die Römer zurückgehendes Bauwerk, nach einem alten Stich wiedergegeben. Die Brücke wurde im Spanischen Bürgerkrieg zerstört, doch 1962 rekonstruiert

31, 32 *Oben:* Der Pons Milvius über den Tiber an der Via Flaminia am Stadtrand von Rom, aus dem 2. Jh. n. Chr. *Unten:* Detail der prächtigen Reliefs der Trajanssäule in Rom mit der Darstellung des Kaisers, wie er an der von Apollodorus von Damaskus erbauten Donaubrücke ein Opfer darbringt

33, 34 *Oben:* Der karge Rest des Ponte Rotto (= zerstörte Brücke) genannten, 181 v. Chr. erbauten Pons Aemilius in Rom verrät nur noch einen schwachen Abglanz dieses berühmten Bauwerks. *Rechts:* Der Pons Fabricius, erbaut 62 v. Chr., die älteste noch existierende Brücke in Rom; sie führt zur Tiberinsel

36, 37 *Oben:* Die römische Brücke Ponte Grosso über den Burano an der Via Flaminia in der Nähe von Cagli, aus dem 1. Jh. n. Chr. *Unten:* Der einzige noch stehende Bogen des Ponte di Augusto über die Nera in Narni bei Terni (Mittelitalien). Rest der großen, im 1. Jh. v. Chr. entstandenen Brücke mit einer Höhe von 30 m, deren gewaltige Teile halb überwuchert tief unten im Flußtal liegen

35 *Links:* Viele Brücken Trajans trugen Triumphbögen; besonders berühmt und noch erhalten ist der Ponte di Traiano über den Tejo in Alcántara (Spanien)

38 Der Pont du Gard bei Nîmes in Südfrankreich, um 18 v. Chr. erbaut, gehört zu den imposantesten Zeugen römischen Wasserleitungsbaues

Bauwerk über die Bukovica bei Sarnik – das allerdings nach dem Zweiten Weltkrieg restauriert und für den modernen Verkehr umgestaltet wurde – sowie die Brücke über die Moštanica bei Niksič, die nach dem Zweiten Weltkrieg eine Ruine war, 1957 wieder aufgebaut wurde und seither nur mehr dem Fußgängerverkehr dient. Die Brücke besitzt 5 Bogen und hübsche Arkaden über den vier Pfeileransätzen.

Im heutigen Österreich, durch das so viele römische Straßen führten, gab es nur wenige und relativ sehr kleine Steinbrücken; z. T. dürften die Römer Furten benutzt, z. T. kurzlebige Holzbrücken errichtet haben. Zu den erhaltenen Römerbauten gehören die kleine – renovierte – über den Blahbach führende Steinbrücke bei Oberzeiring/Steiermark (Lit. 52 und 111) und die Pfeilerreste in St. Dionysen bei Oberndorf in der Nähe von Bruck an der Mur. Auch bei Scheifling („ad pontem") dürfte eine Brücke über die Mur geführt haben, vielleicht auch bei Judenburg. Zumindest eine Furt muß dort bestanden haben. Bei einer ganzen Anzahl kleiner Steinbrücken in Österreich befinden sich Tafeln mit der Inschrift „Römerbrücke", obgleich es sich offensichtlich um Übergänge aus späterer Zeit handelt. Es fehlen noch genaue Untersuchungen an den Fundamenten. So könnte möglicherweise das mit einer solchen Tafel versehene Steinbrückerl bei Umbach nahe Mauer bei Melk an der Donau auf alten Fundamenten stehen, da diese größer sind als der vermutlich mittelalterliche oder aus noch späterer Zeit stammende, heute noch von Feldfuhrwerken benutzte steinerne Überbau. Erwiesenermaßen führte eine alte Römerstraße über Mauer bei Melk. Das gleiche gilt für Vigaun nahe Hallein im Land Salzburg; eine Römerstraße führte durch diese Gegend, und an der alten Straße nach St. Koloman gibt es ebenfalls ein als „Römerbrücke" bezeichnetes Steinbrückerl, das aber sicherlich aus späterer Zeit stammt. Den Römern zugeschrieben wird auch eine kleine Brücke bei Gmünd im Maltatal, durch welches ja eine römische Straße führte, deren Trasse am Hang noch teilweise erhalten ist.

Auf oberösterreichischem Gebiet südlich der Donau gab es eine besonders große Anzahl römischer Straßen, die teilweise heute noch gut erkennbar sind (Lit. 2). Doch wurden offensichtlich auch hier die römischen Brückenreste – im Gegensatz zu den anderen römischen Funden – vernachlässigt und kaum je besonders beachtet, untersucht oder gar gepflegt und geschützt. Man nimmt an, daß bei Wels eine Römerbrücke über die Traun führte; bei Niederwasser soll man zwischen der Eisenbahn- und der Straßenbrücke große behauene Steine sehen, die von einem solchen Bauwerk stammen könnten. Unterhalb der Eisenbahnbrücke wurde nach dem Zweiten Weltkrieg ein Fuß des Bronzepferdes gefunden, welches 1756 aus dem Traunschotter geborgen worden war, und an der gleichen Stelle wurde 1950 auch ein Fuß des Reiters gefunden. Es wird vermutet, daß diese lebensgroße Bronze-Reiterstatue den Kaiser Caracalla darstellte und möglicherweise auf der Brücke stand. Eine weitere römische Steinbogenbrücke soll sich beim Steyr-Durchbruch befunden haben. Es ist bekannt, daß die Römer ihre Straßen äußerst zielstrebig und außerdem möglichst geschützt anlegten und sich auch für ihre Brücken die günstigsten Stellen aussuchten, an denen sich häufig auch heute Übergänge befinden. Über das kleine, beim Steyr-Durchbruch einmündende Seitental führen heute drei Brücken: eine mittelalterliche Straßenbrücke, eine Stahlbetonbogenbrücke für die Eisenbahn und die in jüngster Zeit fertiggestellte breite, moderne Straßenbrücke – ebenfalls in Stahlbetonbogenbauweise. Zwischen den beiden letztgenannten kann man etwas tiefer am Hang noch Reste von Trockenmauerwerk erkennen. Dem bei der neuen Brücke aufgestellten Inschriftstein zufolge bestanden vor nicht allzulanger Zeit noch beide Bogenansätze der alten „Römerbrücke".

Sehr interessant und noch wenig bekannt sind die Pfeilerfunde einer römischen Ennsbrücke im Zuge der Limesstraße Linz-Lorch. Cüppers (Lit. 26), der auch die Pfeilerfunde der Trierer Brücken eingehend beschrieb, berichtete als erster darüber; er hatte 1963 bei sehr niedrigem Wasserstand Photos und die genauen Maße von Pfeiler 1 und 2 aufnehmen können, während dies bei den Pfeilern 3 und 4 des rasch steigenden Wassers wegen nicht mehr möglich war. Übrigens bezeugen kurze Nachrichten aus den Jahren 1812 und 1900, daß alte Brückenjoche im heutigen Ennsbett und auch am rechten Ufer nahe der Eisenbahnbrücke der Westbahn angetroffen worden waren. Cüppers hebt hervor, daß die Ennsbrücke im Gegensatz zum römischen Brückenbau in südlichen Ländern jene Besonderheiten aufweise, die den größeren Brückenbauten im Norden des Römerreiches gemeinsam sind; er schreibt: *In der Verbindung der Pionierbauweise des Holzrostes mit der soliden und dauerhaften Konstruktion der Steinpfeiler stellen die selten gut erhaltenen Reste der Ennsbrücke ein wichtiges Zeugnis für die Kenntnis der antiken Brückenbaukunst dar.* Man nimmt an, daß die Fahrbahn von einem hölzernen Sprengwerk getragen wurde, denn eine Steinwölbung kommt bei einem Pfeilerabstand von etwa 20 m und einer Pfeilerbreite von nur 6,60 m nicht in Betracht. Brückenköpfe konnten bisher nicht nachgewiesen werden, doch schließt man aus der Länge und Richtung der Pfeiler, daß die alte Römerstraße fast parallel zur heutigen Eisenbahnbrücke – etwa 6 m südlich – verlaufen ist und eine direkte Verbindung zwischen dem Lager Albing und dem älteren, später überbauten Lager Lauriacum hergestellt hat. Diese Ennsbrücke dürfte der größte und wichtigste römische Brückenbau auf österreichischem Boden gewesen sein.

In der Schweiz verhält es sich ähnlich wie in Österreich: Die Brücken dürften zum Großteil aus Holz gewesen sein, Steinbrücken waren eher selten und klein und die meisten haben sich über die Römerzeit, bzw. über die folgenden dunklen Jahrhunderte hinaus nicht erhalten. Auch dort findet man bei manchen alten Steinbrücken eine Tafel mit der Aufschrift „Römerbrücke", oder sie werden im Volksmund als solche bezeichnet, obgleich sie meist aus dem 15. oder 16. Jh. stammen.

In Deutschland sind es vor allem die großen Brücken von Trier, Koblenz, Mainz und Köln, deren Geschichte heute noch interessant ist. Sicher gab es auch eine Anzahl kleinerer römischer Steinbrücken, von denen aber die wenigsten mit Sicherheit bestimmbar sind. Als Beispiel sei das „Römerbrückle" bei Heilbronn-Neckargartbach (Lit. 102) genannt. Die derzeit eingelagerte kleine Brücke wurde nach vorgefundenen Steinmetzzeichen vermutlich um 1520 von Hans Schweiner erbaut. Auch in diesem Fall gab der alte Römerweg, der vom Kastell Heilbronn-Böckingen nach Bad Wimpfen führte, dem „Brückle" den Namen. Im heutigen Baden-Württemberg zwischen Zurzach und Rheinheim gab es zwei römische Brücken grundverschiedener Konstruktion über den jungen Rhein: Die stromabwärts gelegene Brücke war aus Holz, wahrscheinlich ähnlich den Rheinbrücken Caesars, während eine zweite, stromaufwärts gelegene Brücke steinerne Jochbogen über fünf schiffsförmigen, sehr dicht geschlagenen Pfahlrosten besaß.

Die römische Brücke von Koblenz muß schon im Mittelalter ganz verschwunden sein, denn es werden in den Berichten über die spätere Balduinbrücke keine römischen Reste mehr erwähnt. Bezüglich des Ursprungs der römischen Brücke von Mainz gab es verschiedene Theorien. Heute nimmt man an, daß die Brücke aus der Zeit Domitians (81–96 n. Chr.) stammte. Die Steinpfeiler waren wahrscheinlich mit einem hölzernen Überbau versehen. Die Pfeilerfundierung bestand auch hier aus mit Steinen gefüllten Pfahlrosten, deren Reste man im Strom noch vorfand. Die erhaltenen Eichenpfähle kreuzen das heutige Flußbett in spitzem Winkel, weil der Flußlauf später durch künstliche Eingriffe verändert wurde. Man konnte auch die Anzahl der Flußpfeiler einwandfrei feststellen, was bei den Landpfeilern schwieriger und nicht ganz geklärt ist (Lit. 7). Bei der Beschreibung der Brücke wurde immer die „Lyoner Bleimedaille" herangezogen, auf welcher die Brücke abgebildet ist. Es handelt sich dabei um eine 1862 bei Lyon gefundene Medaille, die der Bleiabschlag der Rückseite eines Goldmedaillons aus dem letzten Viertel des 3. Jh.s n. Chr. ist. Behrens (Lit. 7) hält es für möglich, daß die unter Domitian erbaute Brücke zerstört gewesen war und zur Zeit der Prägung der Medaille, also um 288 n. Chr., wieder instandgesetzt worden ist. Dies wurde wohl zum Anlaß genommen, die Brücke auf dem Goldmedaillon abzubilden. Dieses zweite Bauwerk muß teilweise oder ganz zerstört gewesen sein, als Kaiser Julian 357 diesen Flußübergang abermals erneuerte. Auch diesem dritten Brückenschlag scheint kein langer Bestand beschieden gewesen zu sein, vermutlich blieben jedoch die Steinpfeiler ganz oder zumindest teilweise erhalten. Karl der Große dürfte, als er 803 an der gleichen Stelle eine hölzerne Brücke schlagen ließ, diese alten Steinpfeiler benützt haben. Vielleicht waren sie sehr beschädigt und mußten erst mühsam instandgesetzt werden; der ganze Brückenbau war jedenfalls ein sehr schwieriges Werk, und bis zur Vollendung vergingen fast 10 Jahre. Umso schwerer und fast unfaßbar muß allen Beteiligten das neuerliche Brückenschicksal erschienen sein: kurz darauf brannte sie binnen drei Stunden ab – und dann wurde sie nicht mehr aufgebaut! Nach diesem deprimierenden Ereignis dürfte es lange Zeit nur Fährverkehr gegeben haben. Nach Angaben des Stadtarchives von Mainz soll eine strategische Schiffsbrücke Spinolas, 1620 erbaut, bald wieder abgebrochen worden sein. Sie lag an der gleichen Stelle wie die schwedische Schiffsbrücke, die 1631–1635 dort existierte und vom Holztor zur Maraue führte. Diese schwedische Schiffsbrücke ist es auch, die man auf dem Stich von Merian aus dem Jahr 1633 sieht und die fälschlicherweise in Beschreibungen immer für die später vom Kurfürst Joh. Philipp von Schönborn erbaute Brücke gehalten wird. Es muß dazwischen wieder einige Zeit keine feste Verbindung der beiden Ufer gegeben haben, bis der Kurfürst 1661 eine neue Brücke auf 48 Pontons bauen ließ, die wieder ungefähr an der Stelle der alten Römerbrücke lag. Und dieser Brücke endlich war ein langes Leben beschieden: Ursprünglich nur mit einer Fahrbahn ausgestattet, soll sie erst 1713 mit einem Geländer versehen worden sein. Nach einer Verordnung von 1849 durften auf dieser zollpflichtigen Brücke vierrädrige Wagen nicht mehr als 60 Zentner Last, zweirädrige nicht mehr als 40 Zentner aufweisen. Die Brücke wurde laufend repariert und verbessert, und so war sie, als die Mainzer sich im Jahr 1885 für einen neuen Flußübergang entschieden, noch in sehr gutem Zustand und hatte ein für eine Brücke einmaliges Geschick: sie wurde 1885 für 57.000 Mark an Köln-Mühlheim verkauft und diente dort bis 1928 dem Verkehr. Als sie durch den Bau einer Hängebrücke abermals überflüssig wurde, fand sie noch kurze Zeit in Koblenz Verwendung. Die Römer bauten in Mainz auch eine Wasserleitung, die ca. 5 km lang war und deren Bogen bei der Überquerung des Zeybachtales die beachtliche Höhe von ungefähr 35 m erreicht haben müssen (Lit. 27). Es ist schade, daß außer einer sehr stark zerstörten Pfeilerreihe davon nichts mehr erhalten ist.

Bei der Trierer Römerbrücke gab es ebenfalls lange Zeit Meinungsverschiedenheiten, schon bezüglich ihres Erbauungsdatums. Gazzola (Lit. 52) nimmt noch das 4. Jh. n. Chr. für den „Ponte sulla Mosella“ an, in der weiteren Literatur weichen die Angaben sehr voneinander ab. Nach dem neuesten Forschungsstand (Lit. 17) weiß man jedoch, daß es sogar zwei Römerbrücken dort gab. Die erst 1921 entdeckte Pfahlrostbrücke, die ungefähr in das Jahr 44 n. Chr. datiert wird und sieben Pfahlroste besaß, muß noch bestanden und für die Bauarbeiten benützt worden sein, als die Pfeilerbrücke in geringer Entfernung stromaufwärts ungefähr um 140 n. Chr. errichtet wurde. Wie Cüppers berichtet, erfolgte die nunmehrige Datierung auf Grund vieler Funde von Scherben unterschiedlichen Hausgerätes in den Tonschichten zwischen der jeweiligen Spundwand und den Pfeilern. Auf in bester Zimmermannsarbeit erstellten Pfahlrosten waren die Pfeiler aus Kalksteinquadern gebaut, im östlichen Ufergebiet dürften sich noch einige Landpfeiler befunden haben und möglicherweise ein großes Brückentor, aber eher ein Triumph- oder Ehrenbogen. Die Brückenfahrbahn wird eine Holzbalkenkonstruktion gewesen sein, die beiderseits der Pfeiler versteift und verstrebt war. Der Holzaufbau der Trierer Brücke ist wahrscheinlich in der Zeitspanne zwischen 1190 und 1490 unter Benützung der römischen Pfeiler durch eine Steinwölbung ersetzt worden. 1689 wurde die Brücke durch französische Truppen zerstört. Als die Franzosen 1702 abermals nach Trier kamen, bauten sie eine Schiffsbrücke über den Fluß. Infolge der dauernden Unruhen und Unsicherheiten begann man erst 1714 mit den Plänen zum Wiederaufbau der Steinbrücke; 1716 wurde dann unter Kurfürst Ludwig von Pfalz-Neuburg unter der Leitung des Hofzimmermannes – oder Hof- und Kapitelarchitekten – namens Hans Georg Judas, die Arbeit in Angriff genommen und 1718 beendet. Als während des Ausbaues der Mosel zu einer Wasserstraße die Steinpfeiler der Brücke sowie auch die Pfahlroste der ersten Brücke leicht zugänglich wurden, setzten intensive Forschungsarbeiten bezüglich beider Gründungen ein, und bedeutende Funde ermöglichten schließlich die Datierung dieser römischen Flußübergänge. Die Steinpfeilerbrücke muß mindestens vier Bauphasen erlebt und vielleicht schon während der Errichtung und nach der ersten Fertigstellung Veränderungen erfahren haben (Lit. 27).

Von der römischen Brücke in Köln berichtet uns nur noch eine römische Inschrifttafel, die sich heute in einem der Brüstungsfelder des Kölner Renaissance-Rathausdoxales befindet: „Dem Flavius

Valerius Constantinus dem Großen, dem erhabenen glücklichen Fürsten, dem unbesiegten Sohne des Kaisers Constantinus, weil er zum unvergänglichen Ruhme des römischen Reiches und zum höchsten Nutzen und Schmuck der Reichsgrenze die schwierig auszuführende steinerne Brücke für alle Zukunft erbaute . . .", lautet die Übersetzung (Lit. 84).
In Großbritannien sind nur geringe Spuren des römischen Brückenbaues zu finden. Wahrscheinlich errichteten die Römer eine ganze Anzahl hölzerner Brücken, wie dies für die Gegend um London bezeugt ist. Auch einige Flußübergänge mit Steinpfeilern und Balkenauflage und ganz wenige Steinbogenbrücken dürften entstanden sein. Da und dort finden sich noch geringe Reste steinerner Gründungen, die jedoch eher von lokalem Interesse sind und einmal mehr die Haltbarkeit römischen Mauerwerks bestätigen. Der Untergang des Weströmischen Reiches, der Einfall der Hunnen und die Völkerwanderung beendeten in der westlichen Region die großartige Bautätigkeit, ja selbst die Erhaltung der Straßen und Brücken unterblieb nach und nach.
In der Einflußzone von Byzanz wurden auch weiterhin Straßen und Brücken gebaut und repariert, so weiß man von Brücken, die unter Justinian (527–565) in Thrakien wie auf dem Gebiet der heutigen Türkei erbaut wurden. Prokop, der Berichterstatter jener Zeit, erwähnt eine ganze Reihe von Neubauten sowie Reparaturen an bestehenden Brücken. Eine solche byzantinische Brücke, heute unbenützt und im Trockenen als „Museumsstück" unter Denkmalschutz, steht nicht allzuweit von Istanbul am sogenannten Londra Asfalt.
Als Abschluß dieses Kapitels über den römischen Brückenbau soll nochmals Schramm (Lit. 139) zu Worte kommen, der in seiner barocken Art eine köstliche *poetische Beschreibung* dieser Kunst der Römer gibt:

Durchsuchet man den Rest der Schriften alter Zeiten
Die sonderlich auf Rom und deren Baukunst deuten,
So finden wir zum Ruhm der Wunder-Stadt gesetzt,
Daß sie den Brückenbau unendlich hochgeschätzt.
Denn man befahl den Fluß der Tyber zu bebrücken,
Und aus der Geistlichkeit den Höchsten abzuschicken,
Der auf das Bauen sah, und dabei opfern ließ,
Auch Summus Pontifex bei seinem Volke hieß.
Die erste Brücke ward mit Pfählen aufgebauet,
Und nach der Zeit so gar den Kaiser anvertrauet,
Ein Opus publicum zuletzt daraus gemacht,
Weil ihre Nutzbarkeit nicht wenig eingebracht.

Die Brücken des Mittelalters und ihre Geschichte

Fig. 18 Pont-St-Esprit über die Rhône (Frankreich), 13.–14. Jh.

Nach dem Untergang des Römischen Reiches wurde es in Europa, mit wenigen Ausnahmen, recht still um den Straßen- und Brückenbau. Die römischen Anlagen, soweit sie nicht überhaupt durch Kriegsgeschehen zerstört waren, verfielen und die Unsicherheit auf den Straßen und längs der Flüsse war groß. Als sich in den Städten und Märkten Handwerk und Gewerbe langsam wieder zu regen begannen, versuchte man vorerst, die alten Wege und Straßen und die noch vorhandenen Brücken in Ordnung zu bringen. Wenn auch nur wenige Nachrichten aus dieser Zeit auf uns gekommen sind, weiß man von Karl dem Großen, daß er einen Teil des römischen Straßennetzes instand setzen und Brücken ausbessern ließ. Von dem vermutlich einzigen großen Brückenbau Karls des Großen in Mainz und seiner anschließenden Vernichtung durch Brand war schon die Rede. Vielleicht wirkte dieses Ereignis für längere Zeit entmutigend, außerdem stellte ein so großes Bauvorhaben damals Bauherren wie Bevölkerung vor fast nicht zu meisternde finanzielle Probleme – jedenfalls hören wir anschließend lange nichts von einem großen Brückenbau. Als Ersatz dienten die Furten, von denen viele Ortsnamen zeugen: Frankfurt, Erfurt, Schweinfurt, Ochsenfurt, Steinfurt u. a. in Deutschland, Klagenfurt, Ebenfurt, Breitenfurt sowie vielfach „Furt(h)" in Verbindung mit einem Ortsnamen in Österreich. Stand keine Furt zur Verfügung, benützte man – teure – Fähren, und es soll öfter vorgekommen sein, daß den Benutzern dabei ihre Habe ganz oder teilweise abgenommen wurde. Da außerdem bei schlechtem Wetter und reißendem Wasser ein Übersetzen unmöglich war, begann man, an den Fährplätzen Herbergen zu errichten. Durch Einnahmen des Fährbetriebes, durch Sammlungen, Spenden der Städte oder einzelner reicher Bürger sowie durch Gelder weltlicher und kirchlicher Landesfürsten dürften auch die ersten größeren Holzbrücken bezahlt worden sein, wie auch in späterer Zeit alle großen Holz-, Steinpfeiler- und Steinbogenbrücken.

Es ist interessant und aufschlußreich, wie viele Handelswege im Mittelalter durch Österreich führten. Sie erforderten Brücken, wobei man bedenken muß, daß es sicher nicht leicht war, über die noch völlig ungezügelten Gewässer der Drau, Mur, Enns, Salzach oder des Inn, um nur die wichtigsten zu nennen, auch nur hölzerne Übergänge zu schlagen. Ab dem 11., zunehmend mit dem 12. und 13. Jh. finden sich Aufzeichnungen über Märkte und Städte, die Zoll- und Mautrecht besaßen; die vielen Orte mit dem Wort „Maut" im Namen weisen noch heute darauf hin. Dazu gesellte sich bald der Brückenzoll: Für die Villacher Draubrücke ist er bereits um 1200 bezeugt, für die Draubrücke bei der Hollenburg im Rosental im frühen 13. Jh., und auch auf den Brücken bei St. Paul und Völkermarkt (alle in Kärnten) wurde neben anderen Zöllen ab 1217 Brückenzoll eingehoben. Von Judenburg in der Steiermark weiß man ab dem 14. Jh. von einem solchen Zoll, ebenso von Bruck a. d. Mur, dessen Brücke bereits 860 genannt wird (Lit. 67). Das Zollwesen, das römischer Herkunft war, bestand bereits in fränkischer Zeit. Der Zoll für Straßen- und

Brückenbauten gehörte zu den allgemeinen Untertanenlasten, mußte aber in erster Linie von den Anliegern aufgebracht werden. Genaue Aufzeichnungen über die Brückenbauten begannen frühestens mit der Errichtung von Steinpfeiler- oder Steinbogenbrücken.
Eine Reihung der frühesten mittelalterlichen Steinbrücken wurde von Ržiha (Lit. 133) vor hundert Jahren versucht, wobei als erste jene von Karl d. Großen in Mainz genannt ist (803–813), die ja Steinpfeiler besessen hat. Es folgt eine kleine Steinbrücke bei Naumburg (982), als dritte nennt der Autor eine kleine, einbogige Brücke in Croydon (England), die zwischen 968 und 1068 erbaut worden sein soll, und als vierte wird die Drususbrücke über die Nahe bei Bingen angeführt. Dieses Bauwerk, das von Erzbischof Willigis von Mainz (gest. 1011) in Auftrag gegeben wurde, wie eine Inschrift aus dem 14. Jh. besagt, besitzt sieben mächtige gemauerte Bogen. Der Name des römischen Feldherrn Drusus (38–9 v. Chr.), den diese Brücke trägt, deutet auf einen früheren römischen Bau hin, über den aber keine Nachrichten existieren. Bauart wie Material gehören der salischen Bauweise an; der Westbau des Trierer Domes, der etwa um 1030 wiedererstellt wurde, besitzt ähnliche Sichelbogen, wie sie bei dieser Brücke zur Ausführung kamen. Im Zweiten Weltkrieg sind drei Bogen zerstört, in den Jahren danach jedoch wieder instand gesetzt worden, wobei die Fahrbahn von 6 m auf 9,3 m verbreitert und die ganze Brücke restauriert wurde (Lit. 138 u. 143).
Bei der Drususbrücke tritt als Bauherr zum ersten Mal in Deutschland ein kirchlicher Würdenträger auf; wie sehr sich die Kirche – nicht nur in dieser Zeitperiode, sondern bis in das 17. Jh. – dieser Aufgabe des Brückenbaues widmete, wird bei den einzelnen Bauwerken der verschiedensten Länder noch zur Sprache kommen. Mit dem Vordringen der christlichen Lehre hatten fromme Leute sowie die verschiedensten religiösen Gemeinschaften begonnen, sich um Übergänge und Herbergen zu kümmern und schließlich sogar selbst Brücken zu bauen. Nicht nur der in Frankreich gegründete Orden der Brückenbrüder – „Frères du Pont“ genannt –, der dann in einigen Ländern zu ähnlichen Ordensgemeinschaften führte, befaßte sich mit dem Brückenbau, sondern Geistliche jeden Ranges bis zu den Päpsten förderten ihn, wobei sie nicht nur als Bauherren auftraten, sondern auch als Architekten und Baumeister; allerdings gehörten sie dann einem Orden an.
Interessant ist, daß eine ganz frühe Schrift über die Brückenbautätigkeit eines kirchlichen Würdenträgers existiert: von Bischof Theodoret von Kyrrhos (Kleinasien) aus der Zeit um 450 n. Chr. Er erwähnt darin ausdrücklich, daß er für sich selbst nichts beanspruche oder besitzen wolle, sondern alle Einkünfte zur Urbarmachung des Landes, für Straßen, Bäder, eine Wasserleitung – sowie zwei große Brücken verwende (Lit. 5).
Der bei der Drususbrücke genannte Erzbischof von Mainz ließ außer der Nahebrücke auch noch eine Brücke über den Main bei Aschaffenburg errichten. Bischof Gundekar von Eichstätt (1057–1075) war bald nach Willigis in Deutschland der nächste geistliche Würdenträger, der als *ein gutes Werk der Nächstenliebe* eine Brücke über die Altmühl schlagen ließ, wobei es sich um den Standort der heutigen Spitalsbrücke in Eichstätt handelt. Daß es eine steinerne Brücke war, steht ausdrücklich erst in den Bischofskatalogen vom Ende des 15. Jh.s, doch setzen die urkundlichen Nennungen des 13. Jh.s in Zusammenhang mit der Gründung des Heilig-Geist-Spitals eine steinerne Brücke voraus. In nächster Nähe, in Pfünz bei Eichstätt, führt noch heute eine stattliche, wenig bekannte mittelalterliche Brücke über die Altmühl, allerdings aus späterer Zeit. Man nimmt an, daß sie unter Bischof Wilhelm von Reichenau (1464–1496) errichtet wurde. Die mächtigen Pfeiler sind mit Wellenbrechern und flußaufwärts mit Vorköpfen versehen, die nicht bis zur Brüstung hochgezogen sind. Die anschließende Flutbrücke ist inzwischen verlandet. Dieses mittelalterliche Bauwerk, dessen letzte Renovierung 1976 nach Manöverschäden erfolgte, steht unter Denkmalschutz. Der Ursprung dieses Flußüberganges geht weit zurück; die römische, vielleicht sogar eine vorrömische Brücke über die Altmühl etwa 500 m stromaufwärts von Pfünz gab dem Ort den Namen: ad pontem > Phuncina, erstmals 889 genannt. Die schöne Brücke von Würzburg, die ebenfalls zu den ältesten mittelalterlichen Steinbrücken zählt, geht auf Bischof Embricho zurück. Ihre zehn Bogen tragen auf den Steinbrüstungen je sechs Figuren, die allerdings aus späterer Zeit stammen. Übrigens gab es für diese Brücke 1322 einen Ablaßbrief.

Bischof Otto I. aus Stendal (1266–1275) ließ bei Minden eine Brücke über die Weser bauen, Bischof Benno die Brücke in Meißen, die nur Steinpfeiler besaß, und Erzbischof Mathias von Mainz soll zwischen 1321 und 1328 die berühmte Krämerbrücke in Erfurt in Auftrag gegeben haben. Es gibt neue Untersuchungen über diese Krämerbrücke (Lit. 34) und ihre Lage an einem schon sehr früh benützten Flußübergang: man weiß, daß sich schon in vorgeschichtlicher Zeit zwei Völkerwege im Gebiet der heutigen Altstadt von Erfurt kreuzten. Sicher wird dort lange Zeit eine Furt bestanden haben, wie der Name der Stadt es ausdrückt. Die Erzbischöfe von Mainz als Stadt- und Marktherren ließen wohl dort die erste Holzbrücke bauen, deren früheste Erwähnung in das Jahr 1117 fällt, in welchem diese Brücke, durch einen Blitzstrahl entzündet, völlig abbrannte. Noch sechsmal durch Feuer zerstört – häufig mit angrenzenden Teilen der Stadt – wurde die Brücke während des 12. und 13. Jh.s an derselben Stelle immer wieder aufgebaut. Man kann sich also gut vorstellen, daß Interesse daran bestand, anstelle der Holzbrücke einen Massivbau aus Stein zu errichten. Die Krämer, nach denen die Brücke benannt wurde, waren schon auf den Holzbrücken seßhaft gewesen und haben dort einträgliche Geschäfte betrieben. Jahrzehntelang sollen sich die Verhandlungen hingezogen haben, bis die bisherigen Nutznießer der Kramläden – das Marien- und Severistift sowie vier umliegende Klöster – sich bereit erklärten, auf ihre Rechte an den Krämern zu verzichten, dafür aber die Zinsen alljährlich von der Stadtkasse entgegenzunehmen. Die Steinbrücke sollte breiter werden, um auch dem Fuhrverkehr zu dienen. Jedoch durften auch auf der steinernen Brücke dann schwere, mit sperrigen Gütern beladene Wagen nicht verkehren; für diese war am westlichen Ufer ein Landbogen errichtet worden, durch welchen der „Schwerverkehr“ zum Flußufer und zur alten Furt umgeleitet wurde. Die Brücke aus Sandstein war 1325 fertiggestellt worden und mit kleinen Häuschen, vorwiegend mit Läden, besetzt. Hier konnten die Krämer ihre Ware feilbieten, denn kurioserweise war der Kramhandel zu dieser Zeit in der Stadt verboten. 1472 fielen bei einem abermaligen Brand, der die Stadt heimsuchte, auch die Läden diesem Unglück zum Opfer, worauf man den Krämern auf der Brücke echte Wohnhäuser errichtete. Dafür mußten die Brückenpfeiler mit Steinvorlagen, die über das Wasser hinausreichten, verbreitert werden. Es entstanden phantastische Konstruktionen: Während die über den Pfeilern liegenden Häuser Keller, die in diese hinabreichten, besaßen, erhielten die danebenliegenden Gebäude Hängeböden unmittelbar über dem Wasser. An den Flußfronten der Häuser gab es außerdem vorspringende Gänge und Lauben. 62 ein- bis zweistöckige Häuser entstanden auf der Brücke, und statt der damals noch unbekannten Numerierung trugen sie Namen, die zum Teil noch heute in Gebrauch sind. Einige Häuser wurden im April 1945 durch Artilleriebeschuß in Mitleidenschaft gezogen oder ganz zerstört. 1953/54 wurden die Häuser wieder aufgebaut und die ärgsten Schäden beseitigt. Wie berichtet wird, hat sich die Stadtverwaltung die Aufgabe gesetzt, die Krämerbrücke in ihrer alten Schönheit wieder herzustellen.

Viele Päpste beteiligten sich durch Ablaßdekrete am Brückenbau und waren in Rom selbst eifrige Förderer bei Reparaturen oder beim Wiederaufbau römischer Brücken, besonders häufig aber erst im 15., 16. und 17. Jh. Neben den geistlichen Geldgebern für den Brückenbau gab es, wie schon erwähnt, Geistliche, die sich selbst als Baumeister betätigten. In Spanien war es schon im 12. Jh. Johann von Ortega, Sohn eines Edelmannes aus Burgos, der sich dem Bauen widmete und neben einer Kirche und einem Kloster nebst Spital auch drei Brücken errichtete, weshalb er den Beinamen „Pontifex“ erhielt (Lit. 5). Ein Zeitgenosse, Dominikus von Calzada, ahmte ihn nach und baute ebenfalls Brücken. Dem im Jahr 1259 verstorbenen Dominikaner Gundisalons aus Portugal wird die Steinbrücke über den Timaga zugeschrieben, die 600 Jahre dem reißenden Strom standgehalten haben soll. Später, in der Mitte des 15. Jh.s, galt Juan de Pozo, Kanonikus an der Kathedrale von Cuenca, als der größte Baumeister seiner Zeit. Becker (Lit. 5) berichtet, ein gotisches Kloster samt Kirche und die Brücke über den Fluß Huecar seien sein Werk; die Brücke „schwebe“ auf fünf Bogen, deren mittlerer 150 Fuß hoch sei, bei einer Gesamtlänge von 350 Fuß.

Interessanterweise waren es sehr viele Angehörige des Dominikanerordens, die sich dem Brückenbau verschrieben: In Italien u. a. Fra Sisto und Fra Ristoro (beide zwischen 1220 und 1225 geboren), die in Florenz tätig und berühmt waren. Die erste Alla-Carraja-Brücke über den Arno – aus Holz – wird ihnen zugeschrieben. Als diese Brücke später den Fluten zum Opfer fiel, soll 1337 abermals ein Dominikaner, Fra Giovanni da Campi, die neue Alla Carraja aus Steinquadern mit fünf Bogen erbaut haben. Auch der 1546 in Gent geborene, jedoch aus den Niederlanden stammende P. François Romain, auch Romano genannt, war Dominikaner. Er wurde zu dem schwierigen Bau der Brücke von Maastricht zugezogen (um 1583). Später berief ihn Ludwig XIV. nach Frankreich, wo er sich einen großen Ruf bei Brückenbauten erwarb, besonders beim Pont-Rouge in Paris/St-Germain. Er starb 89jährig im Dominikanerkloster St-Germain (1635).

Ebenfalls einem Italiener, dem 1435 in Venedig geborenen Fra Giovanni Giocondo, wurde 1504 oder 1507 der Bau bzw. Wiederaufbau der Brücke von Notre-Dame in Paris übertragen. 72jährig soll er dann die Pfeiler der neuen Etschbrücke gebaut haben, und auch der erste Plan für die Rialtobrücke in Venedig und deren Umgebung wurde ein Jahr später von ihm erstellt. Wie weit diese Mönche den Ordensgemeinschaften der „Brückenbrüder", bzw. der französischen Gründung der „Frères du pont", zuzuzählen sind oder sich diesen selbst zugehörig fühlten, ist umstritten. Die letzte Erwähnung der „Frères du pont" erfolgt in einem Edikt Ludwigs XIV. aus dem Jahre 1672, mit dem die Auflösung des Ordens verfügt wird. Seine Güter wurden dem Lazarusorden zugeteilt, und dieser wie auch die Johanniter sollen Ordensmitglieder aufgenommen haben.

Über die Gründung der „Frères du pont" in Avignon gibt es verschiedene Versionen. So heißt es, daß ein Hirte namens Bonézet oder Bénézet (der kleine Benedikt) die Brücke 1177 auf göttliche Weisung zu bauen begonnen und auch die Bruderschaft gegründet habe, die Papst Clemens III. dann 1189 bestätigte. Als Symbol trugen die Ordensbrüder einen Spitzhammer auf der Brust. Nach anderer Überlieferung (Lit. 140) soll Benefices während einer Sonnenfinsternis dem versammelten Volk zu Avignon verkündet haben, er sei vom Himmel gesandt, um an dieser Stelle eine Brücke über die Rhône zu bauen. Der von ihm gegründete Orden der Brückenbrüder bestand aus Rittern, Mönchen und Arbeitern. Schramm (Lit. 139) erzählt wieder, Benedictus, der um 1177 den Bau der Brücke zu Avignon begann, sei der Sohn eines Schäfers gewesen. Er habe Gleichgesinnte um sich gesammelt, welche ebenfalls den Brückenbau förderten und die Reisenden, die dort vermutlich mit einer Fähre über den Fluß setzten, bewirteten. Benedictus erlebte die Vollendung „seiner" Brücke – der Bau dauerte 11 Jahre – nicht. Er starb wahrscheinlich 1184. Seine Behausung, die nahe der Brücke lag, verwandelten seine Anhänger in ein Kloster mit einem Spital, und Benedictus wurde in einer Kapelle auf der Brücke beigesetzt. Die Brückenbrüder fanden dann nicht nur in Frankreich, sondern auch in Deutschland, Italien und anderen europäischen Ländern Nachahmer. Sehr bald nach der berühmten Brücke von Avignon erbauten die Brückenbrüder diejenige über die Durance
Fig. 18 unterhalb der Kartause von Bonpas sowie 1285–1305 den schönen, schon mit etwas flacheren Bogen ausgestatteten Pont-St-Esprit über die Rhône, nördlich von Orange, ein großes Bauwerk, für das der Orden angeblich in der ganzen christlichen Welt Geld gesammelt hatte. Über die 1245 begonnene Brücke La Gouillotière bei Lyon gibt eine Inschrift Auskunft: Papst Innozenz IV. habe – hauptsächlich aus eigenen Mitteln – den Bau durch den Ordensmeister Benedictus errichten lassen, und es gab sogar eine päpstliche Bulle, die besagte, daß die zur Verfügung gestellten Gelder zu keinem anderen Zweck als zu dem dieses Brückenbaues verwendet werden dürften.

Die Brücke zu Avignon aber übertraf alle anderen; sie war lange Zeit die größte Brücke Europas, hatte 21 Bogen von nahezu 33 m Höhe und eine Gesamtlänge von 900 m (Lit. 71). An den Ufern war sie durch Türme abgeschlossen. Leider ließ der als Gegenpapst von Bonifatius IX. in Avignon residierende Papst Clemens VII. zu seiner Sicherheit mehrere Bogen zerstören. 1602 stürzten bei
Abb. 43 einem Hochwasser drei Bogen ein und 1670 bei einem starken Eisgang einige weitere, so daß von der vielgerühmten Brücke heute nur noch vier Bogen auf dem Ufer von Avignon stehen. Wie sehr die Brücke beliebt und im Volksbewußtsein verankert war, zeigt das noch heute bekannte Kinderlied:

Sur le Pont d'Avignon l'on y danse tous en rond . . .

Die ersten mittelalterlichen Brücken Frankreichs standen übrigens deutlich unter dem dort stärker nachwirkenden Einfluß der römischen Bauweise. Besonders im Süden des Landes können wir diesen

39 Der 1322 entstandene Ponte della Maddalena (Ponte del Diavolo), unweit Bagni di Lucca in Borgo a Mazzano über den Serchio führend, eine der reizvollsten Brücken Oberitaliens

40 Die originelle mittelalterliche Brücke über den Trebbia bei Bobbio (Oberitalien), mit ihren durch die variierende Höhe der einzelnen Bogen bedingten Buckeln

41, 42 *Oben:* Die Augustusbrücke über die Elbe in Dresden. Nach einem Stich von Canaletto aus dem 18. Jh. *Unten:* Die Regensburger Brücke über die Donau; ihr wechselndes Geschick und Aussehen spiegelt sich auf vielen alten Darstellungen, auch auf alten Münzen. Deutlich erkennt man auf diesem Stich aus dem ersten Drittel des 18. Jh.s den Brückenabzweig sowie die Mühlen in den Brückenbogen rechts

43 Die berühmte mittelalterliche Brücke von Avignon, 1177–1188 über die Rhône geschlagen, von der nur mehr vier Bogen und die Kapelle stehen

44 Der Pont-Valentré über den Lot in Cahors (Südfrankreich), 1308–1380 erbaut, ein hervorragendes Beispiel einer mittelalterlichen Verteidigungsanlage in Gestalt einer Brücke

45 Auf römischen Fundamenten dürfte die Brücke über den Orb in Béziers (Südfrankreich), einer ehemals römischen Militärkolonie, im Mittelalter aufgebaut worden sein

46, 47 *Oben:* Die Karlsbrücke über die Moldau in Prag, 1357 von Peter Parler begonnen. Noch immer verbindet die berühmte Brücke die ältesten Stadtteile von Prag; im Hintergrund der Hradschin. *Links:* Die Statue des hl. Johannes Nepomuk, 1727 von Georg Raphael Donner für die alte Donaubrücke in Linz (Oberösterreich) geschaffen, steht heute am nördlichen Brückenende

an erhaltenen Bauwerken noch heute feststellen, wie etwa in Brissac, Cahors, Béziers und anderen *Abb.*
hatte 24 im Laufe der Zeit eingewölbte Bogen, von denen später sieben verfüllt wurden: letzte Reste *44, 45*
mit der mittelalterlichen Stadtburg, ein vorzügliches Bild der Baukunst Frankreichs jener Zeit.

Wenden wir uns wieder Deutschland zu. Stadtbrücken spielten im Mittelalter im Leben der Bevölkerung eine so große Rolle wie in keiner anderen geschichtlichen Periode. Leider sind nur noch wenige erhalten, meistens auch in veränderter Form. Ihr ursprüngliches Aussehen ist in Bildern und Stichen überliefert: mit Türmen und Toren, Kapellen und Häusern, die manchmal die ganze Brücke einnehmen, wie bei der bereits genannten Krämerbrücke in Erfurt. Diese Brücken bildeten den Zugang zu den großen Handelsstraßen, wie für die Landbevölkerung das Tor zu städtischem Glanz und Reichtum. Bauern, Händler und fahrendes Volk strömten bei Tag über die Brücke in die Stadt, nicht ohne den Brückenpfennig in unterschiedlicher Höhe zu errichten. Hatte die Brücke Laden oder war der Handel an offenen Standen erlaubt, wurde gefeilscht und gekauft, und wo auch die Gerichtsbarkeit auf der Brücke ausgeübt wurde, fand sich viel „gaffendes Volk" ein. Soldaten und Torwächter drängten die Leute zur Seite, *wenn ein hoher Herr geistlichen oder weltlichen Standes* zu Pferd oder in einer Kutsche die Brücke passieren wollte, und bei manchen Brücken sorgten eigene Wächter dafür, daß sich nicht zu viele Menschen und Fahrzeuge zugleich darauf befanden.

Zu den berühmtesten dieser Stadtbrücken gehört die von Regensburg. Ursprünglich soll dort eine Fähre über die Donau bestanden haben, Karl der Große ließ dann eine Schiffsbrücke errichten, die bis ins 12. Jh. bestand. Im Sommer des Jahres 1135 herrschte nach Berichten eine derartige Hitze in Deutschland, daß viele Flüsse austrockneten oder zumindest äußerst wenig Wasser führten. Dies war für die Stadt Regensburg der Anlaß, eine Brücke aus Stein zu beginnen. Leider geht aus keiner Quelle hervor, wer den Bau anordnete: Schramm, Merian und andere nennen Herzog Heinrich X., den Stolzen, als Bauherrn. Die benötigten Geldmittel wurden durch die vom Regensburger Burggrafen an der alten Schiffsbrücke erhobenen Brückengelder, durch Beiträge reicher Bürger sowie durch kostenloses Material aus den herzoglichen Steinbrüchen und durch Spenden aus Bayern – am 10. Pfeiler befand sich ein bayerischer Löwe – aufgebracht. Über den Baumeister gibt es bei dieser Brücke nur Vermutungen. Die Gründung des Baues erfolgte auf tiefeingeschlagenen Eichenpfählen. Die Brücke hatte 15 sichtbare Bogen, der 16. führte in die Stadt hinein und war überbaut. Beim 10. Pfeiler zweigte ein Brückenarm auf den „Oberen Wörth" ab. Dieser sowie die beiden Endtürme und der etwas kleinere Mittelturm, drei Wachthäuschen und am 7. Bogen ein
Kapellchen und unter der Brücke einige Mühlen sorgten für das malerische Brückenensemble, das *Abb.*
wir von alten Zeichnungen oder etwa den Kupferstichen von Leupold oder Merian kennen. Die *42*
Türme der Brücken waren mit einer großen Zahl von Steinfiguren geschmückt, deren Aussehen durch genaue Beschreibungen überliefert ist (Lit. 82). Am bekanntesten war das Regensburger „Brückenmännchen" oder „Mandl", um das sich mit der Zeit viele Geschichten rankten. Nach Hanftmann (Lit. 63) gibt es eine recht einleuchtende Erklärung für das „Mandl": Es dürfte einen sogenannten „Püsterich" dargestellt und als Hinweis bzw. Wegweiser zu den „Kleinbadestuben" gedient haben, die vielleicht bei den Schleifmühlen angesiedelt waren, vielleicht auch bei dem Badehaus, das dicht bei der Brücke gelegen haben muß.

Es gibt viele Aufzeichnungen über die Regensburger Brücke, in denen u. a. von den unzähligen Hochwässern und Eisgängen berichtet wird – und den dadurch bedingten Reparaturen – sowie von Kriegen, besonders dem Dreißigjährigen Krieg, unter denen das Bauwerk ebenfalls sehr litt. Aber auch von den Franzosen wurde die Brücke in den Jahren 1800, 1809 und 1813 beschädigt. Alte Urkunden geben Auskunft über die Brückenmeister und ihre Pflichten, über das Aufbringen von Geldmitteln zur Erhaltung der Brücke sowie über ihre historische Rolle in der bewegten Vergangenheit der Stadt. Das Bauwerk erlebte nicht nur viele Reparaturen, sondern auch häufige Umbauten. Das berühmte Brückenmandl soll im 16. Jh. das erste Mal erneuert worden sein, der Torso dieses „zweiten Mandls" befindet sich im Ulrich-Museum in Regensburg; die heutige Brückenfigur stammt aus dem Jahre 1854.

Welche entscheidende kommunale Bedeutung manche dieser mittelalterlichen Brücken hatte, wird
Abb. 3c am besten am Beispiel der Esslinger Pliensaubrücke deutlich (Lit. 16). Esslingen war schon im 13. Jh. eine blühende Stadt mit weitreichendem Handel und einer großen Bautätigkeit. Obwohl es über die Pliensaubrücke nur spärliche schriftliche Nachrichten gibt, gelang es festzustellen (Lit. 16), daß sie ein Werk spätstaufischer Zeit und ihr Baubeginn vor 1259 anzusetzen ist. Vielleicht hat vorher eine Holzbrücke dort bestanden. Verwirrung stiftete bei dieser Brücke ein Ablaßbrief aus Rom aus dem Jahre 1286, in dem jedoch eindeutig von einem Wiederaufbau gesprochen wird und nicht von einem Neubau. Sieben Bischöfe gewährten denjenigen einen 14tägigen Ablaß, die Almosen für den Wiederaufbau der Brücke spendeten. Nach O. Borst könnte dieser – abgesehen von einem Ablaßbrief des Bischofs Rüdiger von Passau für die Brücke von Wels 1236 – der älteste Ablaß für eine Brücke auf deutschem Boden sein. Wie Urkunden über die Dresdener Brücke (Lit. 113) zu entnehmen ist, gab es allerdings auch dort bereits 1276 zur Wiederherstellung einen Ablaß. Die Esslinger Stadtgeschichte ist untrennbar mit der Geschichte der Pliensaubrücke verwoben, das Bauwerk – in die Befestigungsanlagen einbezogen – ist selbst ein Stück Stadtgeschichte. Viele historische Unterlagen, z. B. kaiserliche Dekrete um das Privileg des Weg-, des Pflaster- und des Brückengeldes, sind erhalten. Das *Recht der Erhöhung des Brücken- und Pflastergeldes vom Pliensau-, Ober- und Mettingerthor* wird noch 1840 an den Meistbietenden öffentlich zur Verpachtung ausgeschrieben! Interessant ist auch die Herkunft des Namens der Pliensaubrücke: im Jahre 1265 gab es eine adelige Familie „von Bliensowe", die nach den ausgewiesenen Besitzungen sehr vermögend gewesen sein muß. Dieses Geschlecht wird auch „Brückenschlegel" (=Brückenschläger) genannt, wohl im Zusammenhang mit dem Bau dieser Brücke.

Leider mußte die Brücke nach dem Ersten Weltkrieg aus verkehrstechnischen Gründen schwerwiegende Veränderungen hinnehmen, so daß sie kaum noch an ihr ursprüngliches Aussehen erinnert. Eine Sprengung an der Brücke kurz vor Ende des Zweiten Weltkrieges richtete keinen großen Schaden an, doch bald wurde das Verkehrsproblem neuerlich hochaktuell. Es konnte nur durch den Bau weiterer Neckarbrücken gelöst werden; die Pliensaubrücke hat dadurch neben dem schon vorher verlorenen alten Charakter auch ihre über 700 Jahre währende dominierende Stellung eingebüßt.

Der Handel bestimmte entscheidend das Wohlergehen einer Stadt, und es gab im Mittelalter Fälle der drastischen Umleitung des Verkehrs aus wirtschaftlichen Gründen. So versuchte das Herzogtum Württemberg zeitweise, der freien Reichsstadt Esslingen auf solche Art zu schaden. Im Fall der Stadt München war es umgekehrt, sie entstand sogar durch eine solche gewaltsame Verkehrsumleitung: Heinrich der Löwe wollte den einträglichen Salzhandel über sein Gebiet führen und ließ 1156 die damals bei Föhring gelegene Salzstraßenbrücke niederbrennen. Der Salzhandel wurde auf eine andere Route gezwungen, und Heinrich der Löwe gründete 1158 zugleich mit dem Bau einer Brücke über die Isar die Stadt München (Lit. 83).

Über Dresden und seine Brücke über die Elbe gibt es viele Nachrichten. Man weiß, daß im 6. Jh. die Wenden eine Ansiedlung gründeten, die sich bald auf beide Ufer der Elbe ausbreitete; der Verkehr wurde vermutlich mit Kähnen und Fähren bewerkstelligt. Nicht eindeutig nachweisbar ist eine zwischen 1070–1080 erbaute hölzerne Brücke (Lit. 113), die aber den Fluten nicht lange standgehalten haben dürfte. 1119 soll dann der Bau einer Brücke mit Steinpfeilern und hölzernem Oberbau begonnen worden sein, doch – so schreibt der Chronist – *das Werk ist solange unvollbracht ersitzen blieben, bis endlich* 1173 Markgraf Otto der Reiche den Bau fortgesetzt hat, mit Hilfe des Geldes, das ihm aus den 1170 erschlossenen Freiberger Bergwerken zuströmte. Trotzdem dauerte es noch Jahrzehnte, bis die Brücke 1222 vollendet war. Es steht nicht fest, inwieweit in dieser Periode bereits mit der Errichtung der Steinbogen begonnen worden war. Ab 1275 gibt es bereits laufend Nachrichten über die Dresdener Brücke, und wie so oft waren es 1275 und 1276 ebenfalls wieder große Fluten, die Schäden anrichteten: ein Ablaß sollte auch hier helfen, sie zu beheben. Weiters weiß man von einem jährlichen Zins der Tuchhändler und übrigen Gewerbetreibenden und von Schenkungen an die Brücke: *1303 ein Acker von Markgraf Friedrich . . . , 1305 ein Erbgut von*

Günter Wolf . . . , verbunden mit der Auflage, täglich einen Gottesdienst in der Kapelle auf der Brücke abzuhalten. Auch in Dresden wird die Brücke – wie in vielen anderen Städten jener Zeit – Rechtssubjekt mit einer großen Verwaltungsaufgabe. Im Dresdener Fall stand die Brücke außerdem in enger Verbindung mit der Kreuzkirche, und wie berichtet, gehörte zu den Aufgaben des Brückenamtes die Verwaltung der Einkünfte der Brücke und „Brückenhöfe", das Eintreiben der Geld- wie Naturalzinsen für die Kreuzkirche, die Nutzung von Grundstücken, sowie die Ausübung der niederen Gerichtsbarkeit in sieben zinspflichtigen Dörfern. Das ist eine ganz erstaunliche Liste an Aufgaben und Rechten. Die Auflösung des Brückenamtes, zuletzt als „Augustusbrückenamt" bezeichnet, erfolgte erst im Jahre 1909, nachdem die alte Brücke abgebrochen worden war (Lit. 113). Die Angaben über die Gesamtlänge dieser alten Brücke schwanken zwischen 525 und 660 m. Sie hatte 24 im Laufe der Zeit eingewölbte Bogen, von denen später sieben verfüllt wurden: letzte Reste sind heute noch unter den Kellergewölben des Georgentores zu finden. 1342 und 1343 soll durch besonders große Elbfluten schwerer Schaden eingetreten sein, und es ist möglich, daß erst nach dieser Katastrophe die Errichtung der Steingewölbe in vollem Umfang in Angriff genommen und vollendet wurde. Gebaut und repariert ist auch an dieser Brücke vermutlich fast immer worden. Aus Rechnungen aus dem Jahre 1388 ist z. B. zu ersehen, daß Steine aus dem Elbesandsteingebirge geholt wurden und ihre Beförderung auf dem Fluß mit den dem Brückenamte gehörenden Brückenschiffen erfolgte. Aber auch Steinmaterial aus anderen Gegenden wurde verwendet.
Unter den Meistern der Dresdener Brücke ragt „Meister Peter" (Peter Ulrich), auch Peter von Pirna genannt, hervor, der nicht nur (von 1467–1470 und von 1499–1500) an dieser tätig war, sondern auch an der Meißener Brücke arbeitete. Auch die später an der Brücke tätigen Meister sind bekannt, u. a. Niel von Zwickau und Steinmetz Schicketanz im 16. Jh., weiters A. Fehre und G. Bähr und schließlich der berühmte Daniel Pöppelmann im 18. Jh. (Lit. 10). Im 15. Jh. werden folgende Brückengebäude erwähnt: die immer wieder genannte Kapelle, das „Alte Haus", das Zollhaus, der „Erker", das „Kleine Haus", das Tor zu „Alt-Dresden", das Wächterhäuschen und das Torhaus. 1501 gab es gewaltigen Schaden durch Hochwasser an der Dresdener (und der Meißener) Brücke, im 16. Jh. wurde durch das Abreißen von Gebäuden sowie dem Neubau einiger anderer das Aussehen der Brücke beträchtlich verändert. 1706 bekam das Bauwerk eine Beleuchtung, und schließlich ließ August der Starke 1728 unter Daniel Pöppelmann die Brücke nicht nur gründlich reparieren, sondern auch verbreitern. Gehsteige wurden beidseitig auf Doppelkonsolen angeordnet und die balkonartigen Vorsprünge mit Bänken und Vasen auf den Pfeilervorköpfen angebracht. Der König setzte sich gegen den Rat der Stadt durch, der wegen der hohen Kosten gegen die Umbaupläne gewesen war. Nach des Königs Wunsch sollte die Brücke alle anderen ähnlichen Bauwerke in den Schatten stellen. Kein Wunder, daß ihre Schönheit dann sehr gerühmt wurde. Folgende Redensart stammt u. a. aus dieser Zeit: Die Dresdener Brücke sei die längste und schönste, die Prager die breiteste und heiterste, die Frankfurter die röteste und die Regensburger die stärkste. Schramm (Lit. 139) hebt die Dresdener Brücke in seinem Buch ganz besonders hervor und stellt seiner Beschreibung dieses Bauwerkes folgende Worte voran: . . . *von der in ganz Europa berühmten, kostbarsten, schönsten und commodesten, steinernen Elb-Brücke* . . . Seine Worte über die Nützlichkeit der Brücken treffen besonders für die Dresdener Brücke zu: *Was vor herrlicher und unbeschreiblicher Nutzen durch wohlgebaute Brücken so mit größtem Recht allen anderen Gebäuden vorgezogen werden, einem Lande und Stadt zuwachsen, bezeuget die alltägliche Erfahrung, inmaßen durch selbige in Friedenszeiten die Kosten der Umwege ersparet, die Communication erleichtert und das unentbehrliche Commercius befördert, ja ein unvergeßliches Andenken des Landesherrn gestiftet, in Kriegszeiten aber zugleich geschützet wird.*
Bemerkenswert ist, daß 1813, als Napoleon beim Rückzug aus Rußland nach Dresden kam, trotz großem und handgreiflichem Protests der Bevölkerung auf Befehl von Marschall Davoust am 19. März ein Pfeiler der Brücke unterminiert und gesprengt wurde, ebenso an der Meißener Brücke. Napoleon soll dann eigenhändig mitgeholfen haben, binnen 24 Stunden durch einen Holzeinbau die Lücke wieder zu schließen! 1814 wurden die Pfeiler wieder eingewölbt. 1845 erlitt das Bauwerk

nochmals schweren Schaden durch Frühjahrshochwässer, der Pfeiler mit dem Kruzifix stürzte in die Fluten und andere Pfeiler senkten sich. Teure Reparaturen waren notwendig. Eben um diese Zeit begannen Verkehr und Handel sprunghaft anzuwachsen. 1852, 1877 und 1895 wurden zur Entlastung drei weitere Übergänge über die Elbe geschaffen, und es stellte sich heraus, daß die schöne und ehrwürdige Brücke für die sich nun rasch entwickelnde Elbeschiffahrt ein großes Hindernis bedeutete: sie war zu niedrig. Viele Pläne wurden gemacht und durchdacht, doch zeigte es sich, daß nur ein Neubau dem modernen Verkehr gerecht würde. 1907 wurde die alte Brücke, die ein Stück Stadtgeschichte darstellte, abgebrochen, jedoch die neue Brücke (von Prof. W. H. Kreis) so entworfen, daß sie trotz der nun viel größeren Bogen an das alte Bauwerk erinnerte. Von der schrecklichen Zerstörung der Stadt im Zweiten Weltkrieg war auch die Brücke betroffen, zwei Bogen und ein Pfeiler waren schwer beschädigt, wurden aber bis 1948 wiederhergestellt. Canalettos
Abb. 41 Wiedergabe aus dem 18. Jh. zeigt uns jedoch Brücke und Stadt noch im Glanz und Zauber jener Zeit, als ihre Schönheit unendlich gerühmt wurde.

Zu den vielbewunderten Brücken gehörte auch die Brücke über den Main in Frankfurt. Es wird angenommen, daß dort bereits sehr früh eine hölzerne Brücke zwischen der Stadt und Sachsenhausen bestand, die steinerne Brücke dürfte 1179–1260 erbaut worden sein. Aus dem Jahr 1291 sind jährliche Abgaben aller Bürger und der Deutschordensbrüder für die Brücke bezeugt, aber auch viele testamentarische Spenden als *frommes und gutes Werk.* 1374 wurde ein Opferstock auf der Brücke aufgestellt. Die Gerichtsbarkeit war auf dieser Brücke sogar durch ein Steinrelief veranschaulicht, auf dem ein Hackstock, ein Beil und eine abgehackte Hand zu sehen waren; darunter stand:

Wer dieser Brücken Freiheit bricht,
dem wird sein Frevel Hand gericht.

Wenn man an Frankfurts lebhafte Geschichte denkt – 793 als karolingische Kaiserpfalz erstmals erwähnt, seit dem 13. Jh. Freie Reichstadt, seit 1356 durch die „Goldene Bulle“ Ort deutscher Kaiserwahl und seit 1562, dem Jahr der Krönung Maximilians II., auch Stadt der Kaiserkrönungen –, so kann man ermessen, wie geschichtsträchtig auch seine Brücke war. Als Goethe 1797 nach längerer Abwesenheit in seine Heimatstadt zurückkehrte, gefiel sie ihm, wie es scheint, wenig, und er bestätigte der Brücke nur, das *einzig schöne und einer so großen Stadt würdige Monument aus der früheren Zeit zu sein* (Lit. 16).

Es gab, in immer wieder abgewandelter Form, die seltsamsten Methoden, das Geld für einen Brückenbau oder für Instandhaltungs- und Renovierungsarbeiten aufzubringen. Vom Sammeln von Geldspenden bis zu Schenkungen von Gebäuden, Äckern, Weingärten und anderen Ländereien bis zur Einhebung verschiedenster Brückenzölle, den Brückenpfennigen, dem Brückenscherf, ja so köstlichen Einrichtungen wie den Milch- und Butterpfennigen: wer solche „Pfennige“ stiftete, bekam ein Schriftstück, den sogenannten „Butterbrief“, der es dem Besitzer gestattete, auch während der Fastenzeit Butter, Milch, Eier, Käse und Milchspeisen zu sich zu nehmen. Manche Brückentortürme hießen sogar „Buttertürme“, weil dort wohl das Geld erlegt und die Butterbriefe ausgestellt wurden. Ein Bischof von Meißen (besonders in Dresden und Meißen weiß man von den Butterpfennigen) rügte 1510 in einer scharfen Verordnung seine Prediger und Beichtväter, weil die Kollekte für die Brücke von Torgau, bei welcher auch ein päpstlicher Freiheitsbrief bezüglich der Milchspeisen vorlag, nicht genügend Geld einbringe. Die Beichtväter sollten keine Absolution erteilen, wenn die Schuldigen kein Geld in die dafür bestimmten Kästen legten! Der Metzer Bischof Konrad von Scharfeneck wußte sich auf andere Art zu helfen: Um zusätzliche Gelder für den Brückenbau einzutreiben, bestimmte er, daß bei jedem Todesfall das beste Kleid des Verstorbenen abzuliefern sei, als Beitrag zum Bau einer Moselbrücke, die dann im Volksmund die Totenbrücke hieß.

Anstatt des Brückengeldes gab es auch Naturalzinsen: das Brückenbrot, den Brückenweizen oder das Brückenkorn (Bruckkorn), das Bruckholz und vieles mehr. Zur Wahrung der vielen Aufgaben an den Brücken gab es nicht nur den bereits genannten Brückenmeister, sondern sogar einen „Generalbrückenmeister", es gab die Brückenwächter, Torwächter, Zöllner, Knechte, in manchen Gegenden einen Brückenvogt, und in Norddeutschland war auch der „Brückenkieker" bekannt, der zugleich Aufseher und Fischmeister war und darüber zu wachen hatte, daß das Wasser nicht verunreinigt wurde.

Die verblüffendste und sonderbarste Art der Geldaufbringung aber war gewiß der Brückenablaß in den verschiedensten Spielarten. Kaum eine andere Brücke wurde mit so vielen Ablaßgeldern und sonstigen geistlichen Spenden erbaut wie die Moselbrücke in Koblenz, an der Stelle der alten Römerbrücke. Nach Zerstörung dieses alten Bauwerkes soll Jahrhunderte hindurch der Verkehr durch Fährbetrieb aufrecht erhalten worden sein. Der Koblenzer Übergang lag an einer wichtigen Verkehrsstraße, und da nicht nur viele Kaufleute und Volk, sondern auch viele Pilger und Wallfahrer diesen benutzten, beschloß der berühmte Trierer Erzbischof Baldewin um 1343, in Koblenz eine Brücke zu bauen. Um das Geld für das Bauwerk aufzubringen, wandte er sich zunächst an seine Gläubigen, und um seinem Spendenaufruf mehr Nachdruck zu verleihen, teilte er bereits in der ersten Urkunde (vom 1. Mai 1343) mit, daß für Geldspenden oder die Mitarbeit an der Brücke ein Ablaß von 40 Tagen gewährt würde. Doch nicht genug damit, er erlaubte außerdem, unrechtmäßig erworbenes Gut, das dem rechtmäßigen Besitzer nicht mehr zurückerstattet werden konnte, für den Brückenbau zu spenden. Das heißt also Diebsgut – und der hohe Herr scheint der Verordnung nach angenommen zu haben, daß es dessen eine Menge gab.

Auf Betreiben Baldewins schaltete sich auch Papst Clemens IV. ein und gewährte *allen Helfern und Wohltätern* des Brückenbaues einen Ablaß von einem Jahr und 40 Tagen! Auch drei Erzbischöfe und 18 Bischöfe von Avignon gewährten am 24. Oktober 1343 den Wohltätern der Brücke einen Ablaß von 40 Tagen (Lit. 96). Baldewin ließ bestimmte Vergehen gegen Gelder nach und gab den Priestern Vollmacht, zur Buße auferlegte Wallfahrten oder andere Leistungen durch Spenden für das Bauwerk abzugelten, sowie jährlich 12 Messen für die Wohltäter der Brücke zu lesen. Aus dem allen ersieht man, daß dem Erzbischof sehr viel an diesem Bau gelegen haben muß. Auch die Nachfolger Baldewins hielten sich noch an seine Bestimmungen, denn die Brücke hatte eine sehr lange Bauzeit und ihre Unterhaltung erforderte weiterhin hohe Kosten. 1394 gab es unter Bonifatius IX. einen neuerlichen päpstlichen Ablaß für die immer noch nicht fertiggestellte Brücke. Anfang des 16. Jh.s wurden sogar Strafgelder für *heimliche Ehen und Verlöbnisse* für die Brücke verwendet. Eine andere Verordnung besagt, den Pfarrern solle für die verlangte Mitwirkung bei der Aufbringung der Gelder ein Drittel der Beträge zufallen. Erst ab der Mitte des 16. Jh.s ebben diese geistlichen Einnahmequellen ab, und im 17. Jh. hört man nichts mehr darüber. Der Bau der Brücke als „gottgefälliges Werk" war sicher sehr populär. Dennoch schritt er nur äußerst langsam voran, und es gab Schäden schon an der unfertigen Brücke. Karl IV. äußert in einer Urkunde vom 13. April 1353 seinen Unmut: Die Brücke sei *an etzlichen enden* zerbrochen und noch nicht vollendet. Sie wurde allerdings bereits benützt, und der Kaiser gestattete dem damaligen Erzbischof, einen Brückenzoll einzuheben. Nach und nach sammelte sich in Koblenz durch die erwähnten Stiftungen und Schenkungen sehr viel weltlicher und geistlicher Besitz, den es natürlich zu verwalten galt. Ab der zweiten Hälfte des 14. Jh.s existieren Nachrichten über die Verwaltung dieser Güter und des gesamten Brückenvermögens durch den Brückenmeister, auch Brückenverwalter oder Brückenkellner genannt. Bis zum Ausgang des 16. Jh.s waren diese Brückenmeister in Koblenz durchwegs Geistliche. Sie verpachteten u. a. die der Brücke geschenkten Weingärten und andere Liegenschaften weiter. Unter den vielen Aufzeichnungen findet sich abermals eine Kuriosität (Lit. 96); im Zinsregister sind auch Wein- und Kornrenten vermerkt und bei diesen Sachzahlungen gab es öfter Verdruß: ein Brückenmeister aus dem 17. Jh. klagt, daß das von seinem Vorgänger übergebene Korn schlecht sei, daß er es nicht verkaufen könne und darum vorschlage, es für die kurtrierschen Soldaten im Kommisbrot verbacken zu lassen!

Neuere Untersuchungen an der Brücke (Lit. 138) erbrachten einen genauen Einblick in Bauweise, Material und Abmessungen des Bauwerkes. Es konnte auch festgestellt werden, daß die Stellung der

Pfeiler von äußerst genauer Strömungsbeobachtung zeugt und die Bogengewölbe eine vollkommene Beherrschung dieser Technik verraten, so daß letzten Endes die Brücke doch sehr stabil errichtet wurde. Die im Zweiten Weltkrieg zerstörten Bogen wurden in Eisenbeton aufgeführt, aber mit Basaltlava und Grauwacke verblendet, so daß der alte Charakter gewahrt blieb.
Zu den großen und berühmten Brücken, die sich untereinander bezüglich Schönheit, Stärke oder Länge Konkurrenz machten, zählt die fast zur Gänze in ihrer mittelalterlichen Form erhaltene Karlsbrücke zu Prag. Schon 795 wurde dort die erste Holzbrücke erbaut, doch scheint sie irgendwann das Los aller Holzbrücken erlitten zu haben und den Fluten zum Opfer gefallen zu sein. Im Jahre 857 ließ der Fürst Krzcsomislaus ein großes Schiff aus Eichenholz herstellen, um die Überfahrt über den Fluß zu ermöglichen. Dieses konnte 2 Wagen und 10 Reisige mit ihren Pferden aufnehmen, weshalb es als Wunderwerk galt. Sicher befriedigte auch diese Lösung nicht, und 1008 erbaute Herzog Udalrich wieder eine Brücke aus Holz, die jedoch ebenfalls den Wassern der Moldau nicht lange standhielt. Daraufhin ließ im Jahre 1171 die Gemahlin Wladislaws II., Judith, auf eigene Kosten eine steinerne Brücke erbauen, die in drei Jahren vollendet war und nach der Bauherrin Judithbrücke genannt wurde. Ein Steinbau sowie die relativ kurze Bauzeit waren damals eine Seltenheit. Man nimmt deshalb an (Lit. 133), daß es sich dabei um eine Brücke mit Steinpfeilern und einem hölzernen Überbau gehandelt habe. Die Brücke blieb 100 Jahre unversehrt. Ein Hochwasser dürfte dann den hölzernen Oberbau weggeschwemmt haben, denn es wird berichtet, daß die Brücke repariert wurde und dann bis 1342 bestehen blieb – also insgesamt 171 Jahre. 1342 soll das Bauwerk bei einem abermaligen verheerenden Hochwasser an vier Stellen durchbrochen worden sein. Dieses Ereignis fiel schon in die Regierungszeit Karls IV. Der Kaiser beschloß den Bau einer völlig neuen und dauerhaften Brücke und betraute den Baumeister Peter Parler aus Schwäbisch-Gmünd mit dem Auftrag. Am 9. Juni 1357 legte der Kaiser mit eigener Hand den Grundstein zu dem nach ihm benannten Bauwerk. Die neue Brücke wurde etwas stromabwärts der alten Judithbrücke errichtet, deren 12 alte Pfeiler bei Renovierungsarbeiten nach einer großen Überschwemmung im Jahre 1784 zum Vorschein kamen (Lit. 74).
Schon der recht langwierige Bau der Karlsbrücke wurde durch mehrere Hochwasser gestört, so daß sie 1503 gründlich renoviert und erst dann gänzlich fertiggestellt wurde. Das stattliche Bauwerk mit 16 Bogen ist rund 500 m lang, 10 m breit, mit 28 steinernen und zwei ehernen Standbildern auf den Brüstungen. Die meisten dieser Figuren stammen aus dem 18., einige aus dem 19. Jh. Die Statue des hl. Nepomuk, bereits 1683 aufgestellt, zählt sicher zu den berühmtesten Brückenfiguren. Der die Brücke gegen die Altstadt begrenzende Turm mit seinem schönen plastischen Schmuck stammt ebenfalls von Peter Parler. Berühmt ist die Festigkeit der Karlsbrücke. Der Legende nach waren zu der Zeit, als die Brücke gebaut wurde, Eier und Wein wohlfeil (für einen Silberpfennig bekam man 14 Eier), und so hätten die Bauleute Eiweiß und Wein unter den Kalk gemischt, um den Mörtel zu festigen. Unzähligen Hochwässern hielt die Brücke stand, nur kleine Renovierungsarbeiten waren jeweils notwendig. Bei dem furchtbaren Hochwasser am 4. September 1890 aber, das auch einige Menschenleben forderte, stürzten der 5., 6. und 8. Bogen samt Statuen in die reißende Moldau. Es war eine große Leistung, die Brücke damals rasch wieder herzustellen. Damit verbunden wurde eine gründliche Renovierung, die das Bauwerk in alter Schönheit wieder erstehen ließ. In den letzten
Abb. Jahren wurde die Brücke abermals vollständig überholt. Wer könnte sich das Stadtbild von Prag
46 ohne die Karlsbrücke vorstellen, das festgefügte steinerne Bindeglied zwischen den beiden Stadthälften! Neue Brücken kamen hinzu, die Karlsbrücke aber ist wie eine kostbare Brosche: Klammer und Schmuck zugleich. Über die Prager Brücke gibt es besonders viele Gedichte und Lieder, die gewiß z. T. durch die Studenten so weit verbreitet wurden. Eines der bekanntesten lautet:

Mit der Fidel auf dem Nacken,
mit dem Käppel in der Hand,
zieh'n wir Prager Musikanten
hin durch's weite Christenland.

Unser Schutzpatron im Himmel
ist der heil'ge Nepomuk
steht mit seinem Stern und Kranzel
mitten auf der Prager Bruck.

Aber es entstand u. a. auch ein klagendes Gedicht, als 1890 die Brücke zerbrach:

Zerbrochen die Bogen
Die Pfeiler so grau
Zerstört von den Wogen
Der prächtige Bau.

Berühmt wurde die Prager Karlsbrücke auch, weil durch den gewaltsamen Tod (1393) des erst 1729 heilig gesprochenen Johann Nepomuk die Sagen, Legenden und Lieder um diese Gestalt dort ihren Anfang nahmen (Lit. 137). Allerdings nicht, wie man annehmen könnte, bald nach dem Tode Johann Nepomuks, sondern viel später, besonders nach seiner Heiligsprechung, wobei sich die Nepomukverehrung hauptsächlich in Böhmen und Mähren sowie im katholischen Teil Deutschlands und vor allem auch sehr stark in Österreich ausbreitete. In Böhmen wurden bereits in der zweiten Hälfte des 17. Jh.s Statuen und Altäre auf Brücken errichtet, in Wien wurde 1703 auf der Hohen Brücke über den Tiefen Graben die erste Nepomukstatue aufgestellt, 1716 eine solche auf der Innbrücke in Innsbruck. Für Linz schuf Georg Raphael Donner 1727 – auf Anregung Lucas von Hildebrandts – eine sehr schöne Statue. Besonders groß war die Nepomukverehrung in Niederösterreich (Lit. 137): Wallfahrten, Andachten, Lieder und Bräuche waren während des ganzen 19. Jh.s, ja bis ins beginnende 20. Jh. lebendig. So gibt es bis heute auf vielen alten Brücken schöne Nepomukstatuen aus Holz oder Stein, freistehend oder in Kapellen, und auch bei manchen neuen Brücken wird eine moderne Figur dieses Heiligen aufgestellt. *Abb. 47*

Nicht überall gab es berühmte Stadtbrücken. In Österreich dürfte die um die Mitte des 12. Jh.s aus Granitsteinen über dem Kamp errichtete Steinbogenbrücke beim Stift Zwettl das einzige frühmittelalterliche und zugleich älteste derartige Bauwerk Niederösterreichs sein. Diese romanische Brücke über den Kamp, mit runden Bogen und den Pfeilern vorgelagerten Wellenbrechern, hat sich auf Grund ihrer sehr massiven Konstruktion nahezu unversehrt erhalten. Die Brücke dürfte ursprünglich erbaut worden sein, um die für den Bau des Klosters benötigten Granitsteine, die am rechten Kampufer gebrochen wurden, über den Fluß zur Baustelle zu schaffen. Die Gründung des Klosters erfolgte im Jahr 1138, und so werden wohl die Erbauung der Brücke sowie die der ältesten Gebäude des Klosters in diese Zeit fallen. Manche Quader tragen Steinmetzzeichen, wie man sie auch an anderen romanischen Bauten findet. Von einer größeren Beschädigung ist erstaunlicherweise nichts bekannt, bzw. wird auch in den Stiftsurkunden nichts vermerkt. Lediglich der Abt Linck erwähnt in seinem Tagebuch eine Überschwemmung am 4. Juli 1670, die offenbar nur geringfügige Schäden anrichtete. Ihre hervorragende Bauweise schützte die Brücke auch im 18. Jh. vor dem Abbruch: Ein geplanter Neubau – die Pläne dafür befinden sich im Stiftsarchiv – unterblieb. 1902 wurde dieses kleine Bauwerk leider durch einen Gehsteig aus Beton verbreitert und mit einem gußeisernen Geländer nach dem Muster der Wiener Stadtbahn versehen. Die heute unter Denkmalschutz stehende Brücke trägt unverdrossen den dort gottlob nicht sehr großen örtlichen Verkehr und wird hoffentlich noch vielen weiteren Generationen dienen.

Im übrigen Niederösterreich gibt es noch einige kleine Steinbrücken, die jedoch aus beträchtlich späterer Zeit stammen dürften. Sie befinden sich heute abseits vom Verkehr, im Wald oder in den Feldern, wenig benützt und recht schwer zu finden: in Seebs, Grünbach und Weitenegg etwa. Dieser Umstand und ihre rustikale Bauweise geben ihnen das Gepräge mittelalterlicher Brücken, selbst wenn sie jünger sind.

Eine der interessantesten und hübschesten alten Steinbrücken Österreichs ist diejenige von Grins in Tirol. Die malerische Spitzbogenbrücke mit 12,60 m lichter Weite und einer Höhe von 28 m über dem Fernerbach wird dort ebenfalls – fälschlich – „Römerbrücke" genannt (Lit. 53). Wann die

Brücke erbaut wurde, steht nicht genau fest; urkundlich ist nachgewiesen, daß bereits 1550 eine Brücke vorhanden war. Kurioserweise trägt das – mittlerweile recht morsche – Gerüst, das nun schon fast 350 Jahre das Brückengewölbe „stützt", die Jahreszahl 1630. Ob man der bestehenden Brücke nicht traute oder ob sie damals neu gebaut wurde oder der obere Teil mit dem Spitzbogen vielleicht erneuert wurde und der Baumeister seiner eigenen Kühnheit nicht sicher war und das Gerüst im Gewölbe beließ, ist unbekannt. Der ganz beachtliche örtliche Verkehr geht auch heute noch über diese unter Denkmalschutz stehende Brücke.

Auffallend ist, daß in Österreich im Mittelalter keine großen Steinbrücken gebaut wurden. Ströme wie die Donau und der Rhein waren mit den damaligen Mitteln äußerst schwierig zu überbrücken – um so mehr sind ja Caesars Rheinbrücken oder die Brücke des Trajan über die Donau zu allen Zeiten gerühmt worden. Außerdem spielten die beiden großen Flüsse sehr oft eine strategisch wichtige Rolle, so daß Holz- oder Schiffsbrücken angezeigter waren.

Die erste mittelalterliche Brücke über den Rhein wurde 1225 an seinem Oberlauf in Basel gebaut. Sie diente anfangs nur den lokalen Bedürfnissen. Als im ersten Viertel des 13. Jh.s der St.-Gotthard-Paß dem mittelalterlichen Fernverkehr erschlossen wurde, kam der Brücke die Rolle eines Bindegliedes zwischen dem links- und rechtsrheinischen Handel und seinen weitreichenden Fernzielen zu (Lit. 134). Auch für diese Brücke zeichnet als Initiator und Bauherr ein Bischof: Heinrich von Thun. Er versetzte den Kirchenschatz und sicherte sich die Mithilfe der Bürger wie der umliegenden Klöster, welche dafür vom Brückenzoll befreit wurden. Die Bürgerschaft, die für den Unterhalt der Brücke zu sorgen hatte, fand neben den auch bei anderen Brücken bekannten Einnahmequellen eine zusätzliche: Für Neubürgeraufnahmen waren jeweils 30 Pfund zu entrichten, die „der Brücke" einverleibt wurden. Bei der Vereinigung von Klein- und Großbasel 1392 wurde der Verkehr über die Brücke zollfrei; ein sehr frühes Datum im Vergleich zur Handhabung bei anderen Brücken. Auch über dieses Bauwerk gibt es viele Aufzeichnungen, Jahresangaben von Zerstörungen durch – meist sommerliche – Hochwässer, oder die Nachricht, daß ein „Züricher Schiffmann" 1358 gegen ein Joch fuhr und es zum Einsturz brachte. Die Brücke bestand anfangs nur aus Holz, die einzelnen Joche wurden erst nach und nach durch Steinpfeiler ersetzt. Es gab auch hier ein unaufhörliches Bauen und Ausbessern. Um die Steinpfeiler zu errichten oder zu reparieren, mußten die sogenannten „Wasserstuben" – die besonders ab dem 16. Jh. fast überall in Europa beim Brückenbau eingerichtet wurden – laufend ausgepumpt werden. Aus den alten Schriften ist u. a. zu erfahren, daß man im Dezember des Jahres 1567 alle Bürger von Basel zur Mithilfe beim Schöpfen aufgefordert habe. Sie seien *mit drummen und pfeifen* ans Werk gegangen und hätten die Wasserräder in vier Schichten von 12 Stunden gezogen oder getreten. Das Bauwerk erhielt im Laufe der Zeit zum Großteil Steinpfeiler, nur knapp vor der Großbaseler Seite war das Flußbett zu tief und die Strömung zu stark für eine Pfeilergründung, und so blieben in diesem letzten Stück die Holzjoche bestehen.

Die Steinpfeiler der Baseler Brücke waren sehr solid und stark, wenn sich auch im Laufe der Jahrhunderte Kolklöcher bildeten und die Pfeiler teilweise unterwaschen wurden. Einige Fundamente sind bis heute erhalten und tauchen noch bei Niederwasser auf. Noch im 19. Jh. gab es sehr kostspielige Reparaturen an dem Bauwerk, bis man sich 1899 zu einem Neubau entschloß, der 1903 begonnen und 1905 dem Verkehr übergeben wurde. Nur die Kapelle, wenn auch stark überholt und teilweise nachgebildet, erinnert noch an die alte Brücke, die kostbareren Originalstücke befinden sich im Museum (Lit. 134).

Die ältesten bis in unsere Zeit erhaltenen mittelalterlichen Steinbogenbrücken der Schweiz wurden alle renoviert und stehen unter Denkmalschutz. Zu ihnen gehört die überraschend große und eigenartige „Krumme Brücke" über die Thur in Bischofszell, deren Restaurierung im Sommer 1975 – im Jahre des Denkmalschutzes – beendet wurde. Das aus dem Jahre 1487 stammende Bauwerk soll nach einer Legende von der im nahen Schloß wohnenden Frau von Hohenzorn gestiftet worden sein, nachdem ihre beiden Söhne mit dem Kahn in den reißenden Fluten der Thur ums Leben gekommen waren. Die Brücke wurde bei der Restaurierung von allen späteren Zubauten befreit und in ihren originalen Zustand versetzt, wobei man teilweise altes Kopfsteinpflaster mit Wagenspuren

48, 49 *Oben:* Die Monnow Bridge in Monmouth, Monmouthshire (Westengland), 1272 erbaut, die einzige aus der Normannenzeit erhaltene „Festungsbrücke" mit drei Rippenbögen. *Unten:* St. Mary's Chapel Bridge in Wakefield, Yorkshire (Großbritannien), Mitte des 14. Jh.s erbaut

50 Die Brücke über die Salzach in Hallein, Land Salzburg, ein einfaches Holzbauwerk auf Jochen, das immer wieder erneuert werden mußte. Nach einem Ölgemälde im Halleiner Keltenmuseum

51 Die berühmte Brücke über die Elbe in Meißen (Sachsen), ein glänzendes Beispiel für den dauernden Reparatur- und Erneuerungsprozeß mittelalterlicher Flußübergänge. Nach einem Stich von J. H. Schwarze, 1750

52 Die starke Holzbrücke über den Neckar in Plochingen (Württemberg), erbaut 1778 von Landbaumeister Chr. Adam Etzel in der von H. U. Grubenmann entwickelten Bogentragwerkbauweise. Die Aufnahme entstand 1905 beim Abbruch der Brücke

53 Inschrift im Inneren der in Bruggen (Schweiz) über die Sitter führenden Kobelbrücke, erbaut 1780 von H. U. Grubenmann

54 Die große überdachte Holzbrücke über die Sarine in Gümmenen (Schweiz), 1773 erbaut. Sie zeichnet sich durch gediegene Arbeit, sehr starke Bohlen im Inneren sowie durch eine Ziegeldeckung aus

freilegte. Die bemerkenswert krumme, sehr malerische Brücke dient heute nur mehr dem Fußgängerverkehr. Auch zwei andere Schweizer Brücken stammen aus der zweiten Hälfte des 15. Jh.s: die Untertorbrücke über die Aare in Bern – vom Werkmeister Ludwig Hülschi 1461–1489 erbaut – und die einbogige Brücke bei St. Maurice über die Rhône, für die das Baujahr 1491 angegeben wird. Beide Brücken wurden in letzter Zeit restauriert. Ebenfalls – wie die Thurbrücke fast zu schön – renoviert ist die mit einem leichten Knick in der Wegführung versehene Steinbogenbrücke über die Saane in Broc bei Gruyères, deren alte Pflasterung sich auch erhalten hat. Sie entstand 100 Jahre später als die vorher genannten, ist ihnen in der Art aber durchwegs zuzuzählen. Als Baujahr wird 1580 angegeben, restauriert wurde sie 1707, 1772 und 1974.

Ein Gegenstück zur „Krummen Brücke" von Bischofszell finden wir in Bobbio in Oberitalien. Die unregelmäßigen Bogen von unterschiedlicher, teils beträchtlicher Höhe lassen auf dieser Brücke mehrere Buckel entstehen, die Wegführung weicht allerdings nicht so stark von der Geraden ab wie bei der Thurbrücke. Noch faszinierender durch seine Form ist der Ponte della Maddalena bei Bagni di Lucca, auch Ponte del Diavolo genannt. Über den großen, steil ansteigenden Bogen führt der alte Pflasterbelag in breiten Stufen bergan. Am anderen Ufer wurde später die Bahn mit überbrückt und der alte Brückenabstieg etwas verändert, ohne allerdings das Bauwerk wesentlich zu beeinträchtigen. Die mittelalterliche Stadtbrücke in Tolentino besitzt noch zu beiden Seiten die schönen alten Torbauten; sie sowie die gut renovierte Stadtbrücke von Cividale del Friuli tragen übrigens auch den Namen Ponte del Diavolo.

Abb. 40

Abb. 39

Bogenhöhe und Weite der mittelalterlichen Brücken variierten zwar sehr, je nach dem Können der örtlichen Baumeister, erreichten aber keine spektakulären Ausmaße. Die einzige Ausnahme und zugleich großartigste Leistung mittelalterlichen Brückenbaues bildete die 1370–1377 erbaute Brücke über die Adda bei Trezzo in Italien. Mit einem einzigen, ca. 21 m hohen Bogen und einer Spannweite von 72 m (!) wurde sie als Zugang zum Herzoglichen Schloß errichtet. Leider ist dieses kühne Bauwerk 1416 anläßlich einer Belagerung zum Einsturz gebracht worden, und nur die Widerlager sollen noch existieren. Die Spannweite dieser Brücke betrug mehr als das Doppelte des wahrscheinlich weitestgespannten römischen Brückenbogens, dem der Nera-Brücke zu Narni, und auch die mittelalterliche Brücke von Verona und die berühmten französischen Brücken jener Zeit kamen an diese Weite nicht annähernd heran. Ähnliche Spannweiten wurden erst wieder in der zweiten Hälfte des 19. Jh.s erreicht. Ebenfalls in Italien wurde im 14. Jh. in Spoleto über den tiefeingeschnittenen Tessino der kühne Ponte delle Torri errichtet. Der zehnbogige Aquädukt aus Hausteinen, vermutlich auf den Fundamenten eines römischen Bauwerkes aufgeführt, von 81 m (!) Höhe und 230 m Länge gehört zu den bemerkenswertesten erhaltenen Bauten des Mittelalters.

Fig. 19

Großbritannien ist heute noch reich an mittelalterlichen Brücken, obgleich auch dort manche dem modernen Verkehr weichen mußten. Die berühmteste und meistbesungene Brücke dieses Landes zählte zugleich auch zu den ältesten großen mittelalterlichen Steinbrücken Europas: die legendäre alte London Bridge. *London Bridge is broken down . . .*, beginnt das bekannte Kinderlied, doch ist sie nie ganz zerbrochen, die geliebte alte Brücke, sie wurde immer wieder repariert, Wasser und Feuer und sonstigen Bedrohungen zum Trotz! 1176 war die London Bridge unter Pater Peter of Cholechurch begonnen worden, und es dauerte 33 Jahre bis zu ihrer Fertigstellung im Jahr 1209. Es gibt nicht nur viel Literatur über diese Brücke, sondern auch viele Abbildungen von ihr: Stiche, Zeichnungen und Gemälde aus den verschiedensten Perioden bis ins 19. Jh. Weil die Brücke dicht mit mehrstöckigen Häusern besetzt war und der Übergang wie eine schmale Straße wirkte, war sie einfach ein Stadtteil Londons und fügte die beiden Ufer fast „nahtlos" aneinander. Auch nach dem

Fig. 20

◀ 55 Der Pont de la Baliaz über die Drance in Martigny (Schweiz), in der bestehenden Art 1818 von Pierre Burtin „rekonstruiert", großzügig ausgestattet mit eigenen Fußgängerwegen zu beiden Seiten der zwei getrennten Fahrbahnen

Fig. 19 Aquädukt (Ponte delle Torri) über den Tessino in Spoleto (Mittelitalien), 14. Jh.

großen Brand von London (1666) wurden die Häuser wieder aufgebaut und erst im Jahre 1756 – trotz des Widerstandes der Bewohner – aus verkehrstechnischen Gründen abgetragen. An diesem Bauwerk hafteten so viele historische Erinnerungen, daß sich die Londoner bis ins 19. Jh. erfolgreich gegen den Abbruch dieser Brücke wehrten. Bereits 1750 wurde zur Entlastung der Brücke die Westminster Bridge erbaut, die jedoch auch nicht ausreichte. 1831 wurde dann mit dem Bau der zweiten London Bridge begonnen und 1833 kam das Ende des altehrwürdigen Bauwerkes. Das Bild jedoch von der dicht mit Gebäuden besetzten alten London Bridge bleibt unvergessen.

In Großbritannien gab es mehrere mit Häusern bebaute Brücken. Solche Bauwerke bildeten innerhalb der Städte einen eigenen kleinen Bezirk für sich; abgeschlossen mit Toren, wuchsen die Häuschen aus Platzmangel in den Obergeschossen nach allen Seiten, hatten Balkone, Plattformen, sogar winzige Gärtchen, im Parterre waren die Geschäftslokale untergebracht und im etwas tiefer gelegenen Untergeschoß sogar da und dort Keller, während sich unter dem Dach noch viele winzige Stübchen eingenistet hatten. Auf der Old house Bridge in York/Yorkshire gab es Häuser, Läden, eine Kapelle, ein Spital, Gericht und Gefängnis, das Rathaus und sogar eine winzige Kreuzung! Die Bath's Pulteney Bridge, allerdings erst 1769 erbaut, zeigt heute noch zwei Reihen anmutiger Häuser, in denen jetzt meist kleine Boutiquen untergebracht sind (Lit. 22). Ein Unikum ist gewiß The old Bridgehouse in Ambleside bei Windermere, im 17. Jh. über dem Stock-Ghyll erbaut. Das kleine Bauwerk steht noch heute. *Fig. 21*

Auch in Großbritannien bildeten sich Bruderschaften, die sich dem Brückenbau widmeten. So weiß man, daß die Brücke von Abingdon, 1416 begonnen, das Werk der „Fraternity of the Holy Cross“ war. Über diese Brücke gibt es eine fröhliche, reich illustrierte Niederschrift in Versen von Richard Foreman aus dem Jahre 1458. Erfolge wie Fehler der Brückenbauer kommen darin ebenso in Details zur Sprache wie die große Anteilnahme der Bevölkerung an diesem Bau: *... auch viele Frauen wären als Zuschauer herbeigeströmt, die doch anderswo höchstens als versöhnendes Opfer eingemauert worden wären!* Die Brücke, 1828 etwas nüchtern umgestaltet und 1920 restauriert, existiert noch heute (Lit. 22).

Fig. 22 Eine weitere Kuriosität ist die gotische Trinity Bridge in Crowland, die in den Jahren zwischen 1360–1370 erbaut worden ist. Sie erinnert mit ihren drei Brückenarmen an die griechisch-türkische *Fig. 5* Brücke bei Meligala in Messenien, ihre Gestalt dürfte jedoch eine Versinnbildlichung des christlichen Trinitätsgedankens sein. Man nimmt an, daß vor diesem Bauwerk ungefähr seit dem Jahr 1000 dort eine ähnliche Brücke aus Holz stand. Die Steinbrücke besitzt drei ansteigende Fußgängerwege, teilweise mit Stufen, die sich im Scheitelpunkt treffen, wo einstmals ein großes

Fig. 20 London Bridge um 1616 (nach einem Stich)

Kreuz stand. Die Stufen und eine Figur an der Brüstung eines Brückenarmes sind zwar etwas verwittert, aber sonst ist die Brücke, die tatsächlich über drei kleine Gewässer führte, noch gut intakt. Heute steht sie ganz im Trockenen. Man erzählt sich, daß es eine Zeit gab, in der jeder Pfeiler der Trinity Bridge in einer anderen Grafschaft stand: in Cambridgeshire, Lincolnshire und Northhamtonshire – und viele Geschichten ranken sich um diesen eigenartigen kleinen Bau.

Auch stark befestigte Brücken aus dem Mittelalter findet man in Großbritannien noch heute: Ein *Abb.* besonders gutes Beispiel ist die 1272 erbaute Monnow Bridge in Monmouth. Mit ihren großen, *48* rippenförmigen Bogen und dem schweren Torbau mit Schießscharten und Pechnasen sieht sie immer noch drohend aus. Sie erinnert an römische Brücken, die manchmal im Scheitelpunkt ebenfalls solche Torbauten aufwiesen, wenn es sich auch oft um Triumphbogen handelte. Der Übergang der Brücke war früher so schmal, daß Fußgänger oder Berittene nur einzeln zu dem Tor und durch dieses gelangen konnten, was natürlich strategische Bedeutung hatte. Später wurden der Weg und das Tor etwas verbreitert. Es gibt noch eine ganze Reihe ähnlicher Brücken, manchmal auch mit zwei befestigten Türmen oder zusätzlichen wehrhaften Torgebäuden. Ebenso gab es eine ganze Reihe von Kapellen-Brücken, von denen noch vier erhalten sind. Zum Unterschied von den eher kleinen Brückenkapellen auf dem Kontinent sind es in Großbritannien sehr stattliche Gebäude, fast *Abb.* schon kleine Kirchen, wie etwa die gotische St. Mary's Chapel auf der Brücke von Wakefield, die *49* schönste der erhaltenen. Sie wurde 1358 von Edward III. eingeweiht, soll aber schon einige Jahre vorher erbaut worden sein. Die neunbogige Brücke mit einer Kapelle in Bradford-on-Avon stammt ebenfalls aus dem 14. Jh. (Lit. 22).

Fig. 21 „The old Bridgehouse“ über dem Stock-Ghyll in Ambleside (England), 17. Jh.

Auch große, mächtige Brücken wurden im Mittelalter in Großbritannien errichtet, von denen noch viele erhalten sind. Vielleicht haben die Engländer mehr Sinn und „ein besseres Verhältnis“ zu ihren alten Brücken und tragen mehr zu deren Erhaltung bei, als dies in Mitteleuropa der Fall ist. Die schöne, große Bideford-Brücke, 1315 von Sir Theobald Grenville errichtet, besitzt 24 unzerstörte gotische Bogen, wenn auch die 1923 erweiterte Fahrbahn von Betonkragsteinen getragen wird. Die Auld Brig of Ayr in Schottland, mit großen, wuchtigen Bogen, stammt aus dem 13. Jh. Ihr Abbruch konnte, wie eine Bronzetafel bezeugt, Anfang unseres Jahrhunderts verhindert werden; eine gründliche Renovierung erfolgte 1907–1910. Wuchtig und robust ist die allerdings erst Ende des 16. Jh.s aus rotem Sandstein erbaute Wilton Bridge in Herefordshire, mit mächtigen vorgebauten Pfeilerköpfen, die auf der Fahrbahn jeweils kleine Plattformen für die Fußgänger tragen. Bis ins 17. Jh. hinein wurden viele Steinbogenbrücken in England weiter in dieser mittelalterlichen Bauweise errichtet, sehr oft aus rotem Sandstein, mächtig und stabil, so daß sie die Zeiten gut überdauerten.

Natürlich ranken sich auch um die alten englischen Brücken Geschichten von Dieben und Mördern, auch dort trieben im Mittelalter Hexen, Kobolde und Geister ihr böses Spiel. Legenden und Sagen berichten von Tier-, ja auch von Menschenopfern, die der Bau dieser oder jener Brücke gefordert hatte, und oft war auch in England der Teufel im Spiel, wenn das Werk zu schwierig schien. Daher gibt es auch dort Teufelsbrücken, wie z. B. die Devil's Bridge in Cardigan, die aus drei aus verschiedenen Bauperioden stammenden übereinandergebauten Brücken besteht. Und auf der Kirkby Lonsdale's Devil's Bridge in Westmoreland soll sich sogar ein „Teufels-Fußabdruck“ befinden.

Die technischen Hilfsmittel waren im Mittelalter noch gering, und technische Beschreibungen und Zeichnungen gab es nur in wenigen Handschriften, z. B. von Villard de Honnecourt, Ingenieur und Architekt aus der Picardie in Frankreich stammend, aus dem 13. Jh., oder von Guido da Vigevano, militärischer Berater von Philipp V. von Valois, aus dem 14. Jh. Bezüglich des Brückenbaues werden darin aber hauptsächlich schnell zu errichtende Behelfsbrücken aus den unterschiedlichsten Materialien beschrieben, wie sie für Kriegszüge benötigt wurden. Schriften mit Anweisungen für den zivilen Brückenbau gab es in größerer Verbreitung erst nach der Entdeckung der Buchdruckerkunst.

Zum Unterschied von den römischen Brücken, die von einer zentralen Organisation gebaut und instand gehalten wurden, entstanden die mittelalterlichen Brückenbauten meist auf Grund der mehr

Fig. 22 Trinity Bridge in Crowland (England), 1360–1370 erbaut (Zeichnung nach P. Sharp, Lit. 22)

oder minder großen individuellen Erfahrung örtlicher Bau- und Steinmetzmeister, z. T. im Auftrag der einzelnen oft konkurrierenden Städte. Ihre Formenvielfalt ist daher wesentlich größer als die der römischen. Eine beträchtliche Anzahl der mittelalterlichen Brücken war außerdem das Werk von Generationen ohne einheitlichen Gesamtplan. Gewiß macht dieser Umstand diese Bauwerke für uns so reizvoll; sie sind, möchte man sagen, „Handwerksstücke", wobei einzelne zu wahren Meisterwerken gerieten.

Von den Holzbrücken und ihren Blütezeiten

Fig. 23 Rosannabrücke bei Strengen (Tirol), 1764 erbaut

Holzbrücken wurden keineswegs überall von Steinbrücken abgelöst. In Österreich, Süddeutschland und der Schweiz zum Beispiel waren diese Brücken schon des reichlich vorhandenen Holzes wegen sehr gebräuchlich; sie waren schneller und billiger zu bauen und wiederherzustellen, wenn die wilden Frühjahrs- und Sommerhochwässer oft Jahr für Jahr viele dieser Übergänge zerstörten.
Die einfachen Holzbalkenbrücken – auch in vorkragender Bauweise im ganzen Alpengebiet bekannt – ruhten bei kleinen Bächen hüben und drüben auf Widerlagern auf. Die Überbrückung größerer Flüsse und Ströme machte jedoch Holzjoche erforderlich, die wiederum sehr gefährdet waren. Es dauerte lange, bis eine Verbesserung der Holzkonstruktion erreicht wurde, wahrscheinlich zuerst in der Schweiz im 14. Jh. Bei niedrigen Brücken entstanden Hängewerke, bei hohen Sprengwerke, und später wurden diese beiden Konstruktionen auch kombiniert. Die ersten Abbildungen solcher Hänge- oder Sprengwerk-Brücken in Österreich finden sich in Tirol, im Schwazer Bergwerksbuch von Georg Ettenhart aus dem Jahre 1556 (Lit. 53), also relativ spät, womit aber nicht ausgeschlossen ist, daß es solche Brücken schon längere Zeit vorher gegeben hat.
Um diese hölzernen Übergänge vor Witterungseinflüssen zu schützen, entstanden im Laufe der Zeit viele, z. T. handwerklich außerordentlich kunstvoll ausgeführte, überdachte Holzbrücken, von denen heute noch eine ganze Anzahl existiert. Sie sind inzwischen fast überall unter Denkmalschutz gestellt worden. Die Dachkonstruktionen wurden öfters so hergestellt, daß sie als Aufhängung für das Tragwerk und zur zusätzlichen Verfestigung der Brücke dienten. Die überdachten Brücken haben meist viele Reparaturen hinter sich, nicht überdachte alte Holzbrücken existieren hingegen überhaupt nicht mehr.
Beginnen wir mit Wien. Urkunden berichten über die Brücken der Stadt zwar eine ganze Menge, doch brückengeschichtlich ergibt sich wenig Interessantes. Die sechs Stadttore bildeten das ganze Mittelalter hindurch die einzige Verbindung zwischen Wien und seinen Vorstädten, wobei jedes Tor eine Zugbrücke besaß. Über den Wienfluß gab es außer ein paar Holzstegen sehr früh einige Brücken – es handelte sich jahrhundertelang um drei hölzerne Bauwerke –, wobei die „Brücke nächst dem Kärntner Tor“ bereits 1211 in Urkunden als Holzbrücke erwähnt wird. Auch die Stubenbrücke zählt zu diesen Wien-Übergängen, wobei der Name von den „Stuben“ = Bädern

kommt; ein solches Bad wird bereits 1292 erwähnt. Den Verkehr über die anfangs völlig unregulierte Donau besorgten Überfuhren, vor allem jene zwischen Nußdorf und Jedlesee. Im Jahr 1439 veranlaßte Albrecht II. den Bau einer hölzernen Jochbrücke über die Donau, in der Gegend der heutigen Brigitta-Kapelle; dieser Übergang bestand bis 1698 an der gleichen Stelle. Zugleich wurde von Albrecht II. eine *Ordnung für die zu entrichtende pruckmiet* erlassen. Vierzig Jahre später war die Brücke offenbar schwer beschädigt, und König Matthias I. Corvinus schickte deshalb im Februar 1487 seinen *Hubmeister Ruprechter Ennser* und mahnt im Mai des gleichen Jahres die Stadtväter, sich ohne Verzug mit allem Eifer zusammen mit seinem Hubmeister um die Instandsetzung der Donaubrücke zu kümmern. Ein letztes Schriftstück sei erwähnt: Am 12. Dezember 1644 teilt Kaiser Leopold I. der innerösterreichischen Hofkammer mit, daß der Oberst der Stadtguardia 130 Zentner verschiedenen Eisenzeuges zur Befestigung der äußeren Donaubrücke bestellt habe. Schon in den Jahren 1377 und dann 1455 waren übrigens vergebliche Versuche unternommen worden, die Donau zu regulieren. Erst unter Kaiser Rudolf II. (1576–1612) wurde für den der Stadt nächsten Donauarm – den heutigen Donaukanal – ein künstliches Bett gegraben, und lange Zeit führten auch darüber nur zwei Holzbrücken.

Von vielen Orten Österreichs gibt es ab dem Mittelalter nebst den Chroniken zahlreiche Abbildungen, auf denen auch Holzbrücken dargestellt sind, doch meist in sehr vereinfachter Art. Hin und wieder stimmt nicht einmal die – durch Schriften belegte – Zahl der Joche, so daß über die Bauweise wie über die handwerkliche Qualität keine Aussage möglich ist. Interessant ist, daß der österreichische Barockbaumeister Jakob Prandtauer (1660–1726) einige Holzbrücken entwarf und es Akten gibt, die von der Errichtung *beständig dauernder Brücken im V.O.W.W.* – d. h. im Viertel ober dem Wiener Wald – über die Seitenwässer sprechen, und zwar über *die Traisen, Pielach, Erlaf, Mölk und Ybbs.* Anscheinend waren diese Brücken 1716 bzw. 1718/19 noch immer nicht erbaut, denn in entsprechenden Vermerken wird an die Stände berichtet, das Ärar könnte zum Brückenbau nichts beitragen, weshalb man an andere Mittel denken müsse. Es soll damals dann nur die Erlaufbrücke nach Plänen von Prandtauer erbaut worden sein.

An der Salzach gab es ebenfalls nur Holzbrücken. Auch die Brücke von Hallein war trotz ihrer großen Rolle für den Salzhandel nur ein solches Bauwerk. Auf alten Ansichten dieser Stadt ist eine *Abb.*
ganz schlichte Jochbrücke zu sehen, sicher dutzend Male fortgeschwemmt und in der selben Art *50*
wiederaufgebaut. Auf dieser Brücke befanden sich lange Zeit über die sogenannten „Fleischbänke", offene Stände, auf denen Fleisch verkauft wurde. Häuser hingegen sollen sich nie auf der Brücke befunden haben, und so wird es sich wohl um vier dicht an der Brücke gelegene Häuser gehandelt haben, die man die „vier Brughäuser" nannte und die allein berechtigt waren, *sacksalz über die prucken auszugeben.*

Ähnlich wie in Hallein gab es in Hall in Tirol eine Holzbalkenbrücke mit vielen Jochen über den Inn und davor einen schräg gestellten Holzrechen, der das Wasser beträchtlich aufstaute, wie man auf einem Stich von Merian aus dem Jahr 1650 erkennen kann. Durch ihre Rolle in den Tiroler Freiheitskämpfen berühmt wurden die Vorgängerinnen der heutigen Pontlatzer Innbrücke. Von 1809 bis 1899 bestand dort ein sehr schöner Übergang aus drei verschalten, flachen Holzbogen, im Fluß von zwei Holzjochen getragen. Die Brücke besaß ein Holzgeländer, aber keine Überdachung.

Die Brücken bei und in Innsbruck wurden bis in die zweite Hälfte des 18. Jh.s immer wieder als schlichte Holzbrücken erneuert. Erst die letzte Mühlauer Innbrücke, 1794 erbaut, besaß dann vier flache, verschalte Sprengwerkbogen. Das nicht überdachte Bauwerk wurde 1838 von einer Kettenbrücke abgelöst. Die Innsbrucker Innbrücke bei der Ottoburg, besonders hübsch auf einem Stich aus dem Jahr 1556 im Schwazer Bergwerksbuch dargestellt, besaß damals acht Holzjoche; mitten auf der Brücke stand das *Zollhäusl* und daneben ein Kruzifix. Erst die letzte Holzbrücke an dieser Stelle besaß vier verschalte Holzbogentragwerke auf drei kräftigen, verschalten doppelreihigen, flußabwärts mit starken Vorköpfen versehenen Holzjochen. Die Mittelöffnungen waren – wie bei der unmittelbaren Vorgängerin an dieser Stelle sowie bei der Mühlauer Brücke – bedeutend größer als die äußeren, um eine ungehinderte Floßfahrt zu gestatten. Diese vom Anfang des 19. Jh.s stammende Brücke wurde 1871 durch ein Hochwasser zerstört. Innsbruck konnte auf eine 700jährige Tradition von Holzbrücken zurückschauen, ehe dort Eisen und Beton ihren Einzug hielten (Lit. 53).

Die ältesten heute noch erhaltenen Holzbrücken in Österreich stammen aus dem 18. Jh. Leider war *Fig. 23* die 1764 erbaute, hoch über dem Fluß gelegene Rosannabrücke bei Strengen in Tirol lange Zeit in einem äußerst schlechten Zustand: Die gesamte Konstruktion war seitlich ausgeknickt, der Fahrbahnbelag morsch und zerbrochen, Dach und Schalung waren beschädigt. Die Instandsetzungsarbeiten an der seit 1972 unter Denkmalschutz stehenden Brücke wurden erst 1975/76 in Angriff genommen. Das Bauwerk mußte zuerst in seine ursprüngliche Lage gebracht werden, das Tragwerk wurde, wie es früher Brauch war, wieder mit Holzkeilen verspannt, und die Hölzer des Bodenbelages, der Schalung und der Dachabdeckung wurden in alter Form erneuert. Diese Brücke war, wie viele ihrer Zeit, ohne Verwendung von Nägeln oder anderen Eisenteilen erbaut worden; in ihren Spannriegeln sind noch die Namen der Zimmerleute und das Erbauungsjahr 1764 eingeschnitten. Sie hat eine lichte Weite von 18 m, doch besitzt sie von den Widerlagern mehrschichtig auskragende Holzbalken, die die Stützweite auf 15,5 m verringern. Bedauerlicherweise wurde die neue Betonbrücke in unmittelbarer Nähe und ohne Rücksicht oder Bezug auf das alte Bauwerk errichtet.

Sehr schön gearbeitet und in besonders gutem Erhaltungszustand ist die Hängewerkbrücke über den Villgratenbach in Panzendorf in Osttirol. Sie wurde 1781, wie es heißt von schwäbischen Zimmerleuten, erbaut. Ähnlich wie in der Schweiz gab es im „Schwabenland" damals sehr talentierte Zimmerleute, die nicht nur in ihrer Heimat schöne „Archenbrücken" schufen, sondern auch in der Fremde ihrer kunstvollen Arbeit wegen geschätzt waren. Die drei kräftigen Hängewerkkonstruktionen dieser Brücke werden von gedoppelten Streben und starken Hölzern getragen und liegen auf zwei steinernen Flußpfeilern auf (Lit. 53). Die Brücke hat eine für den relativ kleinen Bach beachtliche Länge von 61 m, die gewiß dazu beitrug, daß sie alle Hochwässer und Muren bis heute gut überstand. An der einen Außenseite des Bauwerkes befindet sich ein Gehweg mit Stiegenaufgang, den angeblich ein Hauptmann von Schloß Heinfels zu seiner persönlichen Benutzung anbauen ließ.

Eine besonders originelle überdachte Holzbrücke führt über die Schlucht des Stallenbaches nahe der Wallfahrtskirche St. Georgenberg, die man von Fiecht oder Vomp (bei Schwaz in Tirol) erreicht. Schon um die Mitte des 9. Jh.s hatte sich dort ein Einsiedler niedergelassen, und es soll eine Brücke zu der damals dort errichteten Kapelle gebaut worden sein. Der steinerne Unterbau der Brücke, der in seiner heutigen Form um 1500 errichtet wurde, besitzt eine hohe, schmale Bogenöffnung für das Wildwasser des Baches und trägt vier kleine, gerade Steinpfeiler, auf denen die überdachte Holzbrücke ruht. Das gegenwärtige Holztragewerk, eine Balkenkonstruktion, soll aus den Jahren 1708/09 stammen.

Zwei handwerklich außerordentlich gut und originell ausgeführte Holzbrücken führen im Gemeindegebiet von Fließ über den Inn: *Fig. 24* die Große Brücke von Urgen, die 1975 wieder instandgesetzt wurde, und eine ähnliche, etwas kleinere im nahen Fließ. Die Große Brücke war in einem so schlechten Zustand, daß sie in den Fluß zu kippen drohte. Die 1882 errichtete, unsymmetrische, aber dem Gelände gut angepaßte Brücke besitzt eine lichte Weite von 34,5 m, wobei – ähnlich wie bei der Rosannabrücke, jedoch zarter – durch beidseitig vorkragende und abgestrebte Schürbalken die Weite des Mittelfeldes stark verringert wird, so daß sie hier nur noch ca. 13 m beträgt. Die Schalung ist, der Konstruktion folgend, in einem unregelmäßigen Bogen geschnitten.

Leider sind zwei alte Lechbrücken erst in jüngster Zeit abgetragen worden. Es handelt sich um die Untergrießauer Brücke, die 1750/51 errichtet worden war und ein Trapezhängewerk auf vorkragenden Schürenwiderlagern besaß, ebenfalls verschalt und überdacht, sowie um die ähnliche, 1785 erbaute Lechbrücke bei Dürrenau. Interessant ist die nur 1 m breite, aber 25 m lange, gedeckte und verschalte Guflbrücke bei Hinterhornbach in Tirol, die in 36 m Höhe über eine Schlucht führt und

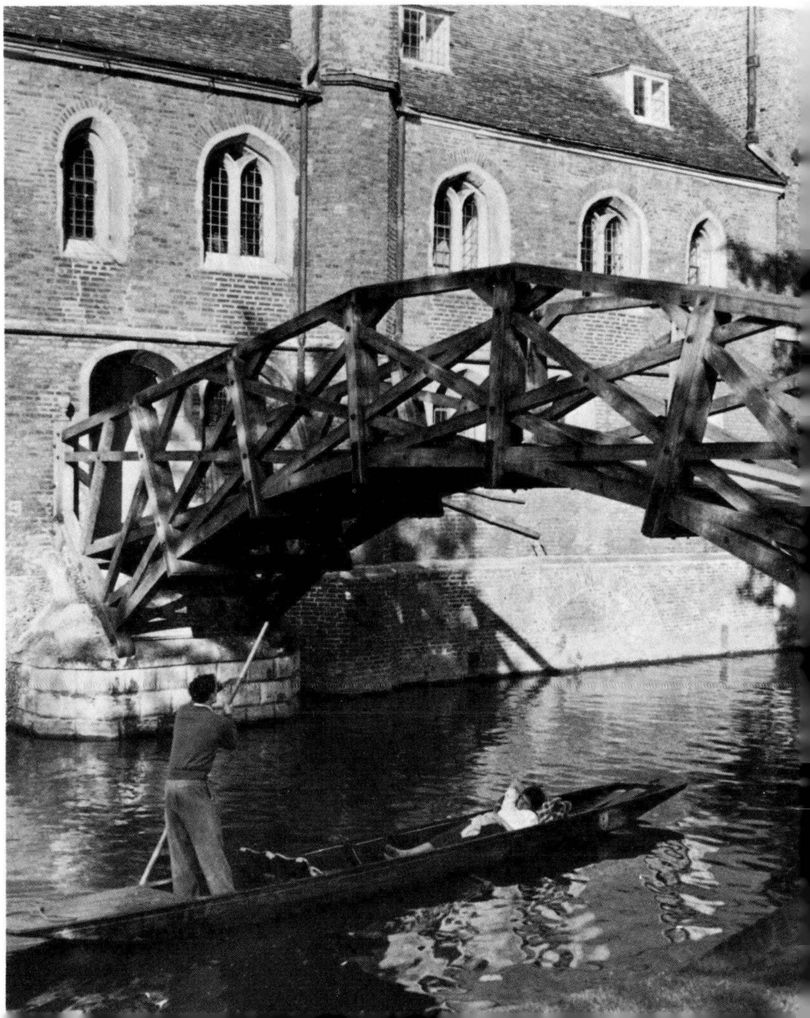

56, 57 *Oben:* Die Archenbrücke über die Jagst bei Unterregenbach (Württemberg), ein Holzbogentragwerk von 40 m Spannweite aus dem 19. Jh., wurde 1975 nach den alten Plänen neu erstellt. *Rechts:* Die Queen's College Bridge in Cambridge (Großbritannien), auch „Mathematical Bridge“ genannt, im 17. Jh. von Sir Isaac Newton konstruiert

58 Überdachte Holzbrücke über die Brenta in Bassano (Oberitalien). Nach einem Stich aus dem 19. Jh.

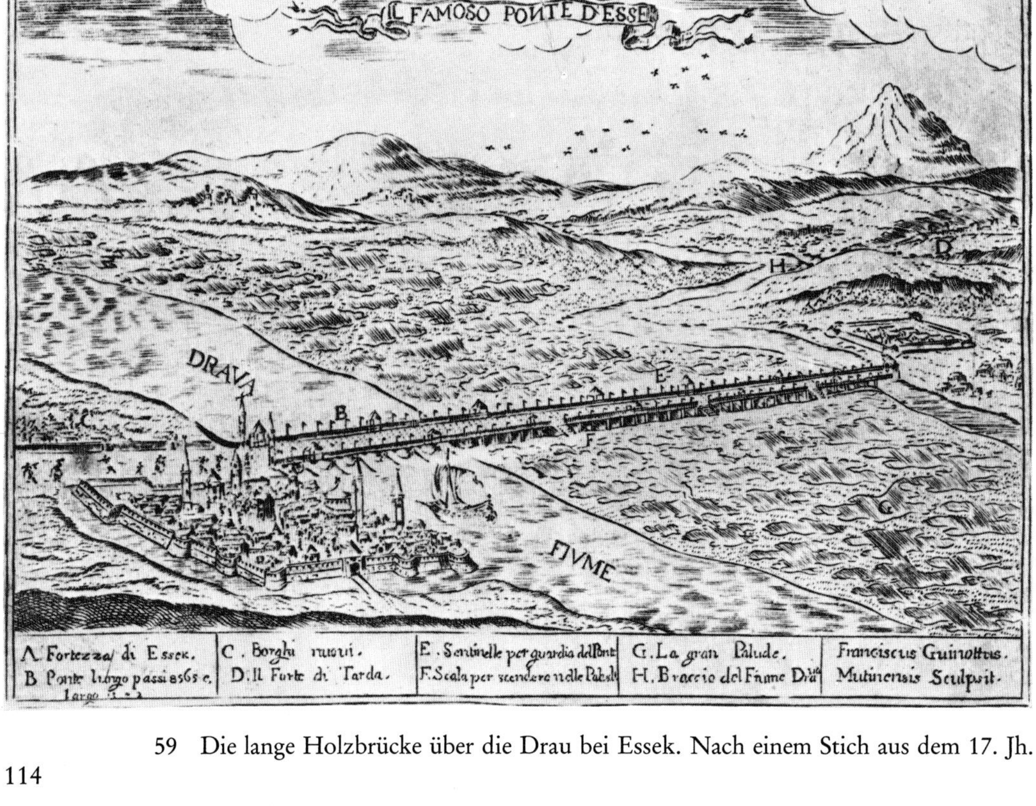

59 Die lange Holzbrücke über die Drau bei Essek. Nach einem Stich aus dem 17. Jh.

Fig. 24 Innbrücke in Urgen (Tirol), 19. Jh. (Zeichnung nach einer Darstellung des Instituts für Baukunst und Bauaufnahmen der Technischen Fakultät Innsbruck)

seit 1838 die Verbindung zu einigen einsamen Bauerngehöften herstellt. Eine weitere Kuriosität dieser mit besonders langen und starken Lärchenbalken als Streckträger ausgestatteten Brücke: sie besitzt beiderseits versperrbare Türen. Die berühmte, auch auf einer österreichischen Briefmarke *Abb. 2k* abgebildete Altfinstermünzer Innbrücke stammte ursprünglich aus dem 13. Jh. Sie gehört damit zu den ältesten Brücken Österreichs. Sie liegt tief unten in der engen Schlucht, durch die sich der Inn dort zwängt, die Staatsgrenze zwischen der Schweiz und Österreich bildend. Heute fließt der Verkehr hoch oben über eine moderne Brücke, und kaum ein Autofahrer hält an, um das 1949/50 restaurierte und seither unter Denkmalschutz stehende romantische Bauwerk zu betrachten. Vom Reschenpaß kommend, führt ein steiler Karrenweg hinab, mitten im Fluß steht der Wehrturm, der die Brücke in dieser einsamen Gegend schützen sollte. Der rechte Brückenteil besteht heute aus einem überdachten und verschalten Hängewerk, das am Ufer auf dem überhängenden, natürlichen Felsen aufliegt; die linksseitig aus Verteidigungsgründen errichtete Hubbrücke wurde durch eine Balkenkonstruktion ersetzt. Das rechtsseitig am Felsen angebaute fünfstöckige Gebäude diente früher gleichzeitig verschiedenen Zwecken: der Entrichtung des Wegzolles und der Verteidigung; eine im ersten Stock untergebrachte Gaststube wurde sicher gern von den Reisenden, Fuhrleuten, Postkutschern und Händlern aufgesucht.

Im 19. Jh. entstanden in Tirol einige sehr schöne Holzbogenbrücken mit Steinwiderlagern über den Inn, z. T. über größere Weiten (bis zu 30 m), mit mehreren Öffnungen, getragen von Holzjochen oder gemauerten Pfeilern, einige wurden auch ohne Stützpfeiler freitragend errichtet. Die bedeutendste, größte und schönste war die Kajetansbrücke zwischen Pfunds und Hochfinstermünz. Sie führte in 21 m Höhe mit 41 m lichter Weite und 6,4 m Fahrbahnbreite über den Fluß, und ihr alpines Mauerwerk, in welches der schlichte, verschalte Holzbogen sich ausgezeichnet einfügte, wurde stets ganz besonders gerühmt. Sie besaß ein sehr schönes Holzgeländer, und durch die steinernen Widerlager führte rechts und links ein überwölbter Durchlaß, der während der Bauzeit den Durchzugsverkehr zu beiden Seiten erlaubte. Diese 1856 erbaute Kajetansbrücke existiert zwar noch heute, doch wurde in den Jahren 1956/57, des angewachsenen Verkehrs wegen, der Holzteil durch einen Bogen aus Stahlbeton ersetzt (Lit. 53).

Eine beachtliche Zahl gedeckter Holzbrücken (es könnten 30–35 sein) ist noch in Vorarlberg erhalten. Sie stammen meist aus der zweiten Hälfte des 19. Jh.s sowie aus dem ersten Jahrzehnt des 20. Jh.s und sind großteils einfache Hängewerkkonstruktionen.

Ähnlich wie in Österreich war es auch in der Schweiz oft äußerst schwierig, über die vielen Täler und Schluchten Brücken zu schlagen. In der südlichen Hälfte des Landes erhielt sich der romanische Einfluß, und man bevorzugte dort jahrhundertelang die Steinbauweise, für Häuser wie für Brücken. Im nördlichen Teil überwog die Holzbauweise, und wir finden dort auch heute noch nebst den prachtvollen alten, reich mit Schnitzwerk versehenen Bauernhäusern und Scheunen alte Holzbrücken.

Schon um 1200 war, wie man aus alten Chroniken weiß, die Überwindung der Reußschlucht gelungen. Die Strecke durch das Tal von Uri war die kürzeste Verbindung von Basel nach Mailand. Die Twäärenbrücke – es muß sich um eine waghalsige Konstruktion gehandelt haben – führte entlang des Kirchbergfelsens oberhalb der „Teufelsbrücke" über die Reuß bis zum sogenannten Urnerloch; sie war eine lange Holzbrücke, teils mit Ketten am Felsen aufgehängt, teils auf Balken ruhend. Der Name kommt von „twär", d. h. quer (Mundart der Ursener), da die Brückenbretter quer zur Laufrichtung des Wassers gelegt waren. Man sieht noch Löcher von der ehemaligen Aufhängevorrichtung und auch die Jahreszahl 1666 mit einem Kreuzchen daneben. 1707 wurde von P. Moretini aus Val Maggia durch den Kirchberg eine Galerie gesprengt, und damit war das Ende der Twäärenbrücke gekommen. 1198 wurde erstmals über die Schlucht der Reuß die „Stiebende Brücke" aus Holz erbaut, an deren Stelle im 16. Jh. die Teufelsbrücke, ein kühner Steinbogen, errichtet wurde, deren Standort in der Schlucht von den neuen Brücken aus noch zu erkennen ist.

Die Holzbrücken in der Schweiz waren im Mittelalter durchwegs einfache Balkenbrücken auf Holzjochen. Die längste Brücke dieser Art wurde 1358 bei Rapperswil als Verbindung zu einer Landzunge des Zürichsees auf 188 (!) Jochen errichtet. Erst im 14. Jh. tauchten vereinzelt Spreng- und Hängewerke auf. Die erste Hängewerkbrücke auf Schweizer Boden, über die Goldach beim Kloster Rohrschach nahe St. Gallen, hatte eine Spannweite von 30 m (Lit. 21). Die schönste, bekannteste und älteste noch erhaltene große Holzbrücke der Schweiz ist zugleich auch die älteste Europas: die Kapellbrücke von Luzern. Diese Stadt besaß im 14. Jh. bereits vier Brücken, die erste davon soll schon Mitte des 12. Jh.s errichtet worden sein. Für eine Stadt von der Größe Luzerns war das gewiß außergewöhnlich, doch wenn man den Verlauf der 1265 entstandenen Hofbrücke und der um 1333 erbauten Kapellbrücke auf alten Stadtansichten betrachtet, kann man deutlich erkennen, daß die beiden, als Fortsetzung der Stadtbefestigungen zu Wasser, zugleich Wehrgänge darstellten.

Vorsatzblatt

Ob aber die Kapellbrücke als Wacht- und Wehrgang oder in erster Linie zur Bequemlichkeit der Bürger durch die Schaffung einer kürzeren Verbindung zwischen der damals schon bestehenden „Großstadt" am rechten und der „Kleinstadt" am linken Ufer errichtet wurde, ist nicht geklärt. Es war bei dieser Anlage auch für die Durchfahrt der Schiffe gesorgt: Bei der Peterskapelle war die Brücke etwas erhöht und wies eine Lücke im Palisadengürtel auf, die nachts mittels eines „Wassertores", eines sogenannten „Grendels", geschlossen wurde. Die Kapellbrücke hatte ursprünglich eine Länge von 285 m; im 19. Jh. wurde sie dann insgesamt dreimal durch Kaibauten auf die heutige Länge von 200 m verkürzt. Im 17. Jh. war das Bauwerk als Promenade der Bürger sehr beliebt, und dies erklärt die ihr damals zuteil gewordene schöne und sorgfältige Ausstattung. 1611 entstand der heute noch existierende Bilderschmuck in den Giebeln, zu welchem der Auftrag der Stadtväter lautete, lustige weltliche Historien *von der statt und des Vaterlandes Geschichten* zu schaffen (Lit. 132). Das Dach wurde damals mit 40.000 Ziegeln sorgfältig gedeckt, berichtet der Chronist. Dies alles war sicher eine sehr teure Angelegenheit und zeugt davon, daß sich die Bürger diese Brücke etwas kosten ließen. Die Kapellbrücke hat trapezförmige Pfahljoche mit diagonaler Verstrebung, die durchschnittliche Weite der 28 Brückenöffnungen beträgt 7,65 m; nur über die der Durchfahrt dienende Öffnung von etwa 15 m besteht ein Hängewerk mit Streben. Oft mußte das Bauwerk repariert werden, die letzte, große Überholung wurde 1969 abgeschlossen.

Nicht weit davon entfernt steht die ein wenig rustikaler wirkende, sehr malerische Spreuerbrücke. Der erste Bau von 1408 wurde 1566 von einem Sturm zerstört. 1568 neu aufgebaut und mit einer kleinen Kapelle geschmückt, wurde die Brücke 1710 mit Steinpfeilern versehen. Der längere Teil des Bauwerkes ist eine Hängewerkkonstruktion, der kürzere Teil wird von zwei kräftigen Holzbogenkonstruktionen getragen; die einzelnen Brückenteile dürften also zu verschiedenen Zeiten erneuert worden sein. Auch dieses Bauwerk besitzt in den Giebeln schöne Holztafelbilder, ähnlich denen der Kapellbrücke.

Die Hänge- und Sprengwerke, anfangs auch in der Schweiz nur selten angewendet, wurden im Laufe der Zeit immer kunstvoller und erlaubten auch größere Spannweiten. In der Nähe von St. Gallen finden wir im 18. Jh. dann eine ganze Dynastie von Baumeistern aus der Familie Grubenmann. Der erste, Uly Grubenmann, übte das Bauhandwerk aus, ohne bereits Meister genannt zu werden. Sein Geburtsjahr ist unbekannt, er starb 1736, und seine drei Söhne waren alle als Baumeister tätig. Der berühmteste von ihnen war Hans Ulrich Grubenmann (1709–1783), über dessen Tod die Appenzeller Chronik von G. Walser u. a. berichtet: *Am 24. Januar 1783 wurde zu Teufen der berühmte Baumeister H. U. Grubenmann . . . beerdigt. Er hatte die Erbauung von Hängewerkbrücken, wovon ich nur derer zu Schaffhausen und Wettingen gedenke, so vervollkommt, daß er gleichsam als Erfinder derselben gehalten wird und solche schöne Hängewerke jetzt nur noch Grubenmann'sche Brücken genannt werden. Er war auch der Erbauer vieler Häuser, Paläste und nicht weniger als 30 Kirchen und andern Kunstwerken.* Die Brücken von Wettingen und Schaffhausen machten tatsächlich ihren Baumeister in ganz Europa berühmt, wobei sich später in der Brückenliteratur – z. T. bis in die jüngste Zeit – ein Fehler bezüglich der Größenangaben der Limmatbrücke bei Wettingen einschlich, den Killer (Lit. 79) richtigstellte: Das erste Modell für die Rheinbrücke bei Schaffhausen, mit 119 m Spannweite (!) ohne Mittelpfeiler geplant, wurde für dasjenige der Limmatbrücke gehalten. Die Spannweite der Limmatbrücke betrug immerhin 61 m, und sie dürfte damit die größte dieser Art gewesen sein, die je in Europa gebaut wurde. Sie entstand zwischen 1764 und 1766 und war die erste Holzbrücke, deren Tragwerk einen echten Bogen bildete, so daß sie für die vollkommenste Brücke ihrer Zeit gehalten wurde und für weitere, ähnliche Bauten richtunggebend war. Mechel (Lit. 105), der die Originalzeichnungen der Brücken von Schaffhausen, Wettingen und Mellingen in seinem Buch abbildet, schreibt u. a.: *Das Verdienst der Schaffhauser Brücke bestand in der Erfindung, den Hängewerken die Stärke zu geben, große Lasten zu tragen, . . . hingegen bemerkt man bei der Wettinger Brücke, daß der Bogen, der die größte Stärke mit den richtigen Verhältnissen vereinigt, die Balken trägt, worauf der Boden ruht. Diese Wettinger Brücke kann folglich als das größte Meisterstück der Zimmermannskunst angesehen und als Muster zu Rathe gezogen werden, wenn man Bogen aufrichten will, die eine große Öffnung haben.* Die Brücke von Mellingen, die Mechel ebenfalls beschreibt und darstellt, führte über die Reuß; sie wurde vom Zimmermeister Joseph Ritter 1794 erbaut und ihrer Schönheit und Stärke wie der Einfachheit des Zimmerwerkes wegen besonders gelobt. Bezüglich der Schaffhausener Brücke mißtrauten die Stadtväter dem Modell der riesigen, freitragenden Holzkonstruktion und bestanden darauf, daß H. U. Grubenmann den alten, steinernen Mittelpfeiler als Auflager benutze. Der Meister konstruierte daraufhin diese Brücke mit zwei Hängewerken, um aber seine Kunst zu beweisen, setzte er das Tragwerk auf dem alten Mittelpfeiler nur leicht auf unterlegten Hölzern auf, die er nach Fertigstellung der Brücke entfernte, so daß das Bauwerk anfangs doch frei hing; erst später senkte es sich und ruhte dadurch auf dem Pfeiler. Diese Brücke, 1756 begonnen und 1766 oder 1768 fertiggestellt, wurde von den Zeitgenossen als Wunderwerk gerühmt. Leider hatte sie, wie auch die schöne Wettinger Brücke, nur kurzen Bestand: am 7. Januar 1799 wurde die Brücke zu Schaffhausen auf Befehl des französischen Generals Massena abgebrannt und kurze Zeit später, im Sommer des gleichen Jahres, auch die von Wettingen. Daß Holzbrücken besonders zu Kriegszeiten noch rascher und restloser zerstört werden können als solche aus Stein, mußten leider gerade diese berühmten Brücken nach so kurzer Zeit erfahren: *Die Brücke brannte fünf Stunden schaurig schön,* schreibt ein Schaffhausener Chronist.

Zur selben Zeit, als H. U. Grubenmann die Schaffhausener Brücke baute, schuf sein Bruder Johann die beiden Brücken über den Vorderrhein bei Reichenau, und auch sein Neffe Johannes, der auch bei der Wettinger Brücke mitgearbeitet hatte, machte sich in dieser Sparte einen Namen. H. U. Grubenmann wurde sogar zu einem Wettbewerb für eine Brücke über den Derry in Irland eingeladen, und sein Modell fand solchen Anklang, daß er 100 Louisdor dafür erhielt. Der Entwurf kam vermutlich aus Geldmangel dann nicht zur Ausführung (Lit. 79). Es ist aber ein Beweis dafür, wie sehr dieser Schweizer Baumeister über die Landesgrenzen hinaus bekannt war. Das Modell der Schaffhausener Brücke steht im Museum zu Allerheiligen, das Holz für das Bauwerk stammte aus dem Bregenzer Wald und die Material- und Abrechnungskosten sind erhalten. Es wird berichtet, daß Könige, Fürsten und andere hohe Besucher ihrethalben in die Stadt kamen.

Die Vorgeschichte dieser Brücke zu Schaffhausen ist übrigens recht kurios: Die erste Brücke dort stammte aus der Mitte des 13. Jh.s, urkundlich wird sie 1259 erwähnt. Erbauungsdatum und Bauherr sind unbekannt. Vorher gab es wohl eine Fähre an dieser Stelle, und Gallier und Römer müssen schon unweit davon eine Furt benutzt haben. Ab 1259 gibt es weitere Dokumente über den „Pontem ad Rhenum", darunter eine Brückenurkunde von 1285 bezüglich des Warentransportes, die von Rudolf von Habsburg gezeichnet ist. Es handelt sich um hölzerne Brücken, die aber immer wieder Hochwässern zum Opfer fielen. Zwischen 1550 und 1611 begann man, die hölzernen Joche durch Steinpfeiler zu ersetzen – es muß eine Sisyphusarbeit gewesen sein. Mühsam legte man mit gerammten Pfählen Wasserstuben an, versuchte *mit Flecklingen und Lehm* diese zu dichten und mußte doch dauernd Wasser schöpfen, mit Eimern per Hand und auch mit Wasserrädern, die getreten werden mußten. Obgleich diese Brücke die Bürger unglaublich teuer zu stehen kam, war sie auch schlecht gebaut – wir würden heute sagen, es wurde gepfuscht –, denn die Pfeiler waren zwar *außen mit guten Steinen versehen,* innen aber mit schlechtem Material aufgefüllt. Die Reparaturen gingen weiter, und am 3. Mai 1754 stürzte die Brücke *unter entsetzlichem Krachen* ein: Ein Bäuerlein mit Roß und Wagen brachte sich, durch das Krachen alarmiert, noch in Sicherheit, *zwei Weibspersonen von Frauenfeld,* die sich noch auf der Brücke befanden, wurden sofort von den Wogen verschlungen, meldet der Chronist etwas trocken (Lit. 131). Nach diesem unrühmlichen Ende der Steinpfeilerbrücke wandte man sich an H. U. Grubenmann, die weitere Geschichte kennen wir bereits.

Abb. 53 In Bruggen bei St. Gallen, stromabwärts der Sitter, knapp nach der alten Zollhausbrücke – ebenfalls einer alten gedeckten Holzbrücke aus dem 18. Jh. –, befindet sich die malerische Kobelbrücke. Sie wurde von Meister Hans Ulrich Grubenmann 1780 erbaut, also drei Jahre vor seinem Tod. Das in schöner Holzarbeit ohne Zuhilfenahme von Nägeln oder Eisenklammern gefugte Bauwerk ist in gutem Zustand. Zwei weitere Brücken des Meisters sollen heute noch stehen.

Die Schweiz ist reich an gedeckten Holzbrücken, der größte Teil stammt allerdings auch dort aus dem 19. Jh. Viele davon sind einfache „Hausbrücken", aus Fachwerk, voll verschalt. Sie sehen wie über den Fluß gesetzte „Stadel" oder Scheunen aus und fügen sich, rechts und links von Bäumen und Sträuchern umgeben, ansprechend in die Landschaft. Doch auch in der Schweiz müssen Denkmalschützer oft hart kämpfen, um solch ein erhaltungswürdiges Bauwerk zu retten, weil die Bevölkerung unbedingt eine neue, dem heutigen Verkehr entsprechende Brücke will und auch die Kosten für eine Versetzung der alten Brücke nur schwer aufzubringen sind. So kann man den Jahresberichten des Berner Heimatschutzes entnehmen, daß dieser von 1952 bis 1957 verbissen um die Erhaltung der hölzernen Emmenbrücke bei Hasle-Rüegsau kämpfte, die 1955 abgebrochen wurde, um einer Allerwelts-Betonbrücke Platz zu machen. 1957 bewilligte der Berner Große Rat endlich die fehlenden Mittel zur Wiederaufrichtung der Brücke, 800 m flußabwärts an einem wunderschönen Standplatz, wo sie nun weiter dem örtlichen Verkehr dient. Diese hübsche Emmenbrücke wurde, nachdem ihre Vorgängerin vom Hochwasser weggespült worden war, 1838 in altüberlieferter Zimmermannskunst mit der beachtlichen Spannweite von 58 m erbaut. Das sind nur 3 m weniger als die Spannweite der Wettinger Brücke, und sie gilt als diejenige mit der größten Spannweite von allen existierenden Holzbogenbrücken Europas. Im Emmental befindet sich eine ganze Reihe gedeckter Holzbrücken, die alle noch dem örtlichen Verkehr dienen.

Ebenfalls versetzt und außen vollkommen neu verschalt wurde die aus dem Jahr 1797 stammende ehemalige Straßenbrücke von Langnau über die Ilfis. Auf den alten Holzbalken im Innern dieser Mos-Bruck ist folgendes zu lesen:

Wägen diesem Waser wurd die Bruck Gebauen
Mit scharfen Bielen wurd das Holz Gehauen
Der Brügvogt Michael Abersol im Hünerbach
Und seine Nachbaüren machre das meiste an dieser sach
Seyn thun sey Belegen und Erhalten samt den Dach
der Dorfviertel sambt Erhaltung darunter ein Brugstock hat gemacht

Zimer Meister war Christen Habberger von Grubbesonder
Murer M. Hans Herrmann von Langnau macht das Mauerwerk darunter
Gott Bewahre diese 100 Schu lange Bruck
Vor Feuer Wasser Luft und allem Ungeluk
Gott Behüte alle die Darüber gehen Füglich
Sey mögen Riten und Fahren es seye Arm oder Reich
Danksagung seye allen, wier Wünschen yhnen vil Gluk
Die uns Ehwas gäben haben Freiwillig zu dieser Bruck
Diese Bruck wurd Gebauen und das ist wahr
Nach Christy Geburth zelt man 1797 Jahr.

Eine weitere historische gedeckte Holzbrücke, die Hunzikenbrücke bei Belp an der Nationalstraße Bern–Genf, mußte des Verkehrs wegen zwar einer Spannbetonbrücke über die Aare weichen, das alte Bauwerk wurde jedoch in fünfmonatiger Arbeit und unter Verwendung von etwa 80 Prozent des alten Materials ungefähr 4 km stromaufwärts – zur Ersetzung eines Fährbetriebes an dieser Stelle – neu aufgebaut und dient dort dem örtlichen Verkehr. Die hübsche, mit Schindeln gedeckte Holzbrücke bei Weißenburg im Simmental sei als Beispiel für eine ganze Reihe weiterer Holzübergänge an diesem Fluß genannt. Sie dienen zur Überführung kleiner Gemeindestraßen, für welche Zwecke sie hoffentlich noch recht lange erhalten bleiben und gepflegt werden.

In Thun steht noch ein schönes, hölzernes Brückenwehr, und in Martigny führt der Pont de la Baliaz gar mit zwei Fahrbahnen und zwei seitlichen Fußgängerwegen über die Drance. Wie eine Inschrift verrät, wurde die erste 1349–1368 an dieser Stelle erbaute Brücke am 16. Juni 1818 zerstört. Das ist eine sehr lange Lebensdauer für eine Holzbrücke, gewiß wurde sie immer gut instand gehalten und repariert. Wie die Inschrift weiter besagt, wurde an der Brücke von der Erbauung bis 1802 ein Straßenzoll für den Handel mit der Lombardei zugunsten des Bischofs von Sion erhoben. Offenbar ist die heutige Brücke ihrer Vorgängerin ähnlich, denn es wird von einer „Rekonstruktion" durch den Zimmermann Pierre Burtin nach 1818 gesprochen. *Abb. 55*

Im Fribourg ist noch der hübsche Pont de Berne über die Saane erhalten, in dessen Nähe sich nun die neue Bogenbrücke hoch über das Tal wölbt. In Winterthur steht nächst dem Reitplatz die dorthin versetzte Holzbrücke von Pfungen als Fußgängerbrücke über die Töß. Leider erhielt das völlig verschalte Bauerk zum Schutz gegen die Witterung einen sehr häßlichen grauen Anstrich. Unweit davon befindet sich die ganz ähnliche Kyburgbrücke über die Töß, ebenfalls ein verschaltes Hängewerk, die, 1880 erbaut, vor einigen Jahren durch einen Lastkraftwagen schwer beschädigt, aber wieder restauriert und mit einem braunroten Anstrich versehen wurde. In unmittelbarer Nähe dieser beiden Brücken gibt es noch die sogenannte Chinesenbrücke, einen Fußgängersteg über die Töß mit einem Trapez-Sprengwerk, dessen bogenförmiger Überbau sehr hochgewölbt und sichtlich diesem chinesischen Brückentypus nachempfunden ist. Vermutlich stammt sie aus dem 19. Jh.

Als letztes und besonders schönes Beispiel bestehender historischer Holzbrücken in der Schweiz sei noch auf die sehr lange und aus äußerst starken Bohlen hergestellte Straßenbrücke in Gümmenen verwiesen, die von hoher Zimmermannskunst zeugt und deren Dach eine Ziegeldeckung besitzt. Diese bekannte, 1773 erbaute und 1901 renovierte Brücke trägt noch wacker den Durchgangsverkehr. *Abb. 54*

Insgesamt dürften in der Schweiz noch knapp über hundert gedeckte Holzbrücken erhalten sein. Österreich folgt mit etwa 60 solchen Bauwerken und Westdeutschland mit etwa 20; in den übrigen Staaten Europas findet man sie nur noch vereinzelt.

Im süddeutschen Raum, besonders im Gebiet von Schwaben – heute hauptsächlich im Land Baden-Württemberg –, war man schon früh sehr „brückenfreudig". Im Holz- wie im Steinbrückenbau gab es dort Jahrhunderte hindurch immer wieder solide, auf dem Lande wie in den Städten tätige Meister. Die hölzerne Brücke in Eßlingen, die Vorgängerin der Pliensaubrücke, dürfte ein beachtlich großes Bauwerk gewesen sein. Die größte heute noch bestehende Holzbrücke dieses Raumes ist die von Säckingen. Kloster und Stadt lagen jahrhundertelang auf einer Rheininsel, und älter als die dorthin führende Holzbrücke war eine steinerne Bogenbrücke über den nördlichen Rheinarm, deren Erbauungszeit ins 12. Jh. zurückreicht (Lit. 76). Sie ist also den ältesten mittelalterlichen Steinbrücken zuzuzählen, und es wird berichtet, daß sie solide und stark gebaut war, daß sie Jahrhunderte hindurch von größeren Zerstörungen bewahrt blieb und auch keine wesentlichen Veränderungen oder Umbauten erfuhr. Sie besaß, wenn man dem Stich Merians (1630) trauen kann, vier hochgewölbte Bogen, und erst 1830, als der nördliche Rheinarm abgedämmt wurde, war das Ende dieser Brücke gekommen. Zum Unterschied von der Steinbogenbrücke hat die ca. 200 m lange, überdeckte Holzbrücke, welche die Stadt mit dem südlichen Rheinufer verbindet, eine sehr wechselvolle Geschichte, jedoch liegt auch ihr Beginn im dunkeln. Erstmals wird die Brücke 1270 – in den Colmarer Annalen – erwähnt, doch in einer Art, daß man daraus schließen kann, sie habe bereits vorher bestanden, sei also in der ersten Hälfte des 13. Jh.s erbaut worden. Sie stand auf 12 hölzernen Jochen und wurde immer wieder, ähnlich der Brücke zu Basel, das Opfer von Hochwässern oder Eisgängen. Nach einer solchen Katastrophe im Jahre 1343, bei welcher nebst der Brücke von Säckingen auch die Brücken von Laufenburg, Rheinfelden und Basel weggeschwemmt worden waren, erhielt die Stadt von den Herzögen von Österreich wahrscheinlich zum ersten Mal das Recht zur Erhebung des Rheinzolles verliehen: *zu einer Hilf und Wiederbringung der Brücke*, damals auf Widerruf, im Jahr 1418 dann *auf ewige Zeiten.* Dieser Rheinzoll wurde – anders als der Brückenzoll – von allen unter der Brücke durchfahrenden Schiffen erhoben. 1480 riß ein Hochwasser gar 11 der 12 Brückenjoche weg, der Wiederaufbau brachte enorme Belastungen finanzieller Art für die Stadt, an denen sich das Kloster stark beteiligt haben dürfte. Nach neuerlichen Schäden begann man im Jahre 1570 die Brücke mit einer neuen, größeren Tragwerkkonstruktion auf nur sieben Steinpfeilern anstelle der 12 hölzernen Joche zu errichten. Diese Arbeiten erfolgten in zwei Bauperioden: die vier stadtseitigen Pfeiler entstanden in den Jahren 1570–1590, die restlichen drei Pfeiler auf der linken Rheinseite zwischen 1620–1630. Der siebente Pfeiler, von dem früher eine Fallbrücke zum Schweizer Ufer führte, wurde 1800 in die Rheinufervermauerungen einbezogen, so daß heute nur noch sechs Pfeiler zu sehen sind. Auch das Ziegeldach erhielt die Brücke erst mit der Errichtung der Steinpfeiler, während sie vorher nicht oder nur teilweise überdeckt war. Das heutige Aussehen bewahrt also ungefähr den damaligen Zustand, wenn die Brücke auch dazwischen einige Male große Schäden erlitt und repariert werden mußte, besonders im Dreißigjährigen Krieg, beim Einfall der Franzosen und bei abermaligen Hochwässern. Um 1700 entstanden die beiden Kapellen, und um 1785 wurde die Holzkonstruktion von dem bekannten, aus Laufenburg stammenden Brückenmeister Blasius Baldischwiler erneuert. Als die Brücke 1799 während der Napoleonischen Kriege z. T. abgebrochen wurde, ließ man sie in den darauffolgenden Jahren von demselben Meister reparieren, und so geht die heutige Holzkonstruktion im wesentlichen auf diesen Mann zurück. Baldischwiler baute oder erneuerte damals die meisten Rheinbrücken oberhalb Basels und war auch in der Schweiz tätig. Sicher kannte er die Brücken der Grubenmanns, vielleicht auch H. U. Grubenmann noch persönlich (dieser starb 1783). Von Baldischwiler sind heute außer der Holzkonstruktion der Säckinger Brücke noch die Holzbrücke über die Aare in Olten und die alte Limmatbrücke in Baden in der Schweiz erhalten (Lit. 76).

Das Bemerkenswerte an der Säckinger Brücke sind die Unregelmäßigkeiten erstens der Pfeiler – die der damals schwierig zu erfassenden und zu beherrschenden Untergrundverhältnisse wegen nicht in einer Linie stehen, wodurch auch die Fahrbahn Knicke aufweist – und zweitens der Fahrbahnbreite: sie mißt 3,8 m beim Stadtausgang, verbreitert sich bis zu 5 m beim fünften Pfeiler und beträgt nur 3,4 m beim Schweizer Ausgang. Die Tragwerke bestehen aus einem doppelten Hängewerk und mußten, der unterschiedlichen Größe wegen, jedes einzeln für sich angefertigt werden. Mit Ausnahme der aus Fichtenholz hergestellten Streben besteht die Hauptkonstruktion aus Eichenholz.

Neben dieser großen Holzbrücke mit ihrer interessanten Geschichte gab es besonders an Neckar, Jagst und Kocher – in Flußtälern, die sich auch durch schöne Steinbrücken auszeichneten – bis in die Zeit vor dem Zweiten Weltkrieg noch viele überdachte Holzbrücken, dort Archenbrücken genannt.

Zum Teil waren es einfache Hängewerke, wie etwa bei der beachtlich großen Holzbrücke nahe Neckarems, die drei Öffnungen von je 16 m aufwies. Widerlager und Pfeiler waren bei dieser Brücke, wie bei vielen anderen dieses Landstriches, aus Stein gefügt. Leider wurde dieses Bauwerk bereits 1937 abgebrochen (Lit. 91). Eine ähnliche Konstruktion hatte die 100 m lange Neckarbrücke von Benningen, mit vier Öffnungen von je 21 m; auch hier war der Unterbau aus Stein gefügt, und sie besaß sogar verputzte Seitenbauten am Kopfende, die ebenso wie die starken Schräghölzer im Deckenwerk den sehr langen Bau vor Winddruck sichern sollten. Auch diese Archenbrücke existiert heute nicht mehr, sie wurde in der Zeit nach dem Zweiten Weltkrieg durch eine Betonbrücke ersetzt. Besonders hervorzuheben ist die schon 1905 abgetragene Neckarbrücke von Plochingen, die nach der von H. U. Grubenmann entwickelten Art als Hauptträger zwei, aus vier verzahnten Balken gefertigte Holzbogen aufwies und in einer einzigen Sprengung von etwa 58 m den Fluß überspannte. Damit kam sie fast an die 61-m-Weite der Wettinger Brücke heran. Die Brückenenden waren ebenfalls durch breite Seitenbauten gegen Winddruck verstärkt und gaben dem Bauwerk außerdem ein äußerst anheimelndes Aussehen. Zusätzlich war die Brücke im Grundriß bogenförmig gespreizt und hatte sehr starke Versteifungen am Boden und in der Decke. Es ist sehr bedauerlich, daß dieses schöne und originelle Bauwerk nicht erhalten wurde und niemand in jener Zeit auf den Gedanken kam, es an anderer Stelle wieder aufzubauen, wenn es schon am ursprünglichen Platz dem zunehmenden Verkehr weichen mußte. Wenigstens wurden vor dem Abbruch noch Photographien gemacht und genaue Pläne angefertigt, die sich im Besitz des Technischen Landesamtes von Baden-Württemberg befinden (Lit. 91). Die hier wiedergegebene Aufnahme stammt vom Bürgermeisteramt der Gemeinde Plochingen. *Abb. 52*

Von den vielen ehemaligen Holzbrücken über die Jagst besteht heute nur noch ein überdachter Fußgängersteg bei Kirchberg, mit 26 m lichter Weite, sowie die malerische Archenbrücke bei Unterregenbach aus dem 19. Jh. *Abb. 56* Auch sie hat ein Bogentragwerk von 40 m Spannweite und auf einer Seite einen kleinen Steinbogen – vielleicht den Rest einer vorhergehenden Steinbrücke. Dieses Bauwerk, das sich in sehr schlechtem Zustand befand, wurde vom Landesdenkmalamt nach den alten Plänen neu erstellt. Der Sulfersteg und der Rote Steg in Schwäbisch Hall, überdacht, mit Trapezhängewerk und teilweise verkleidet, sind heute noch erhalten. Die jetzige Form des Sulfersteges stammt, da der vorherige 1727 einem Brand zum Opfer fiel, aus dem Jahr 1728, die des Roten Steges aus dem Jahr 1790 (jedoch 1947 neu erstellt). Alten Ratsprotokollen kann man entnehmen, daß diese Stege zumindest schon im 16. Jh. existierten – vielleicht auch weitaus früher. Der Sulfersteg wurde auch Siedersteg genannt und hat sicher für die Salzsieder eine große Rolle gespielt, ebenso wie der Rote Steg für die Gerber. Das Holz der Brücke bekam durch die Gerbstoffe mit der Zeit seine rote Farbe und das Bauwerk dadurch seinen Namen. Aus Ratsprotokollen aus den Jahren 1610/11 geht hervor, daß der „Sied Steg" baufällig war, und auch von dem zur Reparatur nötigen Holz ist die Rede. Um den „Rothen Steg", auch Gerbersteg genannt, geht es in einem Ratsprotokoll aus dem Jahre 1630, und in einem solchen aus dem Jahre 1831 wird beschlossen, daß das Befahren des Roten Steges sowie der Übertrieb von Vieh verboten seien; nur den dort wohnenden beiden Gerbern wird gestattet, *behufs der Aufhängung ihrer Häute . . . diesen mit Schubkarren zu befahren.* Aus demselben Jahr stammt das Protokoll, in dem von der „Stadtklage" Anzeige gemacht wird, daß der *sogenannte Sieder und Sulfsteg, welcher sehr ruinös und für die Fußgänger gefährlich sei,* in Gemeinschaft mit den Siedern repariert werde. In einem Ratsprotokoll vom 9. August 1893 geht es um das Schicksal der beiden Stege: Es sei ein Antrag eingegangen, wonach infolge der Erstellung einer neuen Neckarbrücke in Cannstadt zwei Brücken in gutem Zustand *um ganz billigen Preis* erworben werden könnten. Der Stadtbaumeister wurde beauftragt, die beiden Stege zu überprüfen, und dieser stellte fest, daß er einzig am Roten Steg einen defekten Balken gefunden habe, der durch einen neuen ersetzt werden müsse. *Im übrigen seien die Tragbalken und die übrigen Holzteile noch ganz gesund und dauerhaft, weshalb durchaus kein Grund zur Entfernung dieser Stege vorhanden und mit Sicherheit anzunehmen sei, daß dieselben noch viele Jahre hindurch unbeanstandet ihren Dienst thun werden.* Weiters heißt es: *Heute wurde weiter hervorgehoben, daß mit der Entfernung dieser Stege der Stadt Hall ein nicht zu unterschätzendes Stück Alterthum verloren ginge . . .*, und die weisen Ratsherren, die man noch heute rühmen muß, faßten den Beschluß, *mit Rücksicht auf das technische Gutachten des Stadtbaumeisters von dem Ankauf dieser angebotenen Brücken abzustehen und es bezüglich der Überbrückung der Kocherufer beim alten Zustand zu belassen.*

Wenig bekannt und beachtet, jedoch als Straßenbrücke für den Anrainerverkehr noch in Gebrauch ist die sehr schön gearbeitete Rippergbrücke beim heutigen Sportplatz Auwiese in Schwäbisch Hall. Sie wurde 1835 von Baumeister Stock mit einem starken Holzbogentragwerk errichtet. Die seitliche Holzverschalung läßt unter dem Ziegeldach breite Schlitze frei, die dem Brückeninneren eine schöne und gute Ausleuchtung gewähren, zum Unterschied zu anderen, meist sehr dunklen Archenbrükken. In Schwäbisch Gmünd wurde 1955 ein schmaler, überdachter und verkleideter Fußgängersteg im westlichen Stadtteil erbaut, mit einem schönen Holzbogentragwerk. Wahrscheinlich ist diese Konstruktionsart nirgends – außer in der Schweiz durch ihren Schöpfer H. U. Grubenmann und seine Nachfolger – so oft angewandt worden wie im schwäbischen Raum.

In anderen Teilen Deutschlands waren Jahrhunderte hindurch Holzbrücken vorherrschend, erhalten sind nur noch wenige. Einige dieser Bauwerke, die eine gewisse Berühmtheit erlangten,
Abb. beschreibt Schramm (Lit. 139) recht ausführlich. Dazu gehört die Elbbrücke zu Meißen, von Bischof
51 Benno im 13. Jh. erbaut, die mit ihrer berühmten Schwester im nahen Dresden viele Schicksalsschläge teilte. In ihrem Aussehen waren die beiden Bauwerke jedoch vollkommen verschieden, und gegen die im Laufe der Zeit erworbene Kostbarkeit der Dresdener Brücke wirkte die von Meißen eher gut bürgerlich, jedoch sehr anziehend durch ihre Unregelmäßigkeit, die vermutlich das Ergebnis der langen Bauzeit und vieler Reparaturen war. Besonders hübsch sind die überdachten Hängsprengwerke, von denen Merian schreibt, sie seien zu jeder Zeit wegen der kunstvollen Arbeit bewundert worden. Im nicht weit entfernten Torgau gab es ebenfalls eine schöne überdachte Holzbrücke mit Steinpfeilern, vorher soll sich dort eine gedeckte Schiffsbrücke befunden haben. Auch von ganz frühen Holzbrücken berichtet Schramm: Die älteste Brücke Deutschlands habe bei Osnabrück über die Hase geführt, über die Werra und Weser habe es sehr früh Holzbrücken gegeben, weiters in Danzig, Marienburg, die *sechs langen Brücken* in Stettin, wie solche über Oder und Spree. Nur hin und wieder wird eine hervorgehoben, wie die alte Holzbrücke von Berlin, die „Lange Brücke“, auf der sich im 15. Jh. das Rathaus der damals noch aus den zwei Orten Berlin und Cölln bestehenden Stadt befand. Diese Brücke sei 1611 *von Grund neu aufgebaut worden*, wobei die beiden Städte 400 Gulden aufbrachten und der Churfürst *den Rest samt dem eichenen Holze* beisteuerte.

Auch in den östlichen Teilen Deutschlands wurden früher überdachte und verschalte Holzbrücken gebaut, es dürften jedoch nur ganz vereinzelt solche bis in unsere Zeit erhalten geblieben sein. Einem Zeitungsbericht aus Ostdeutschland (Lit. 117) war im Jahr 1975 zu entnehmen, daß eine alte „Hausbrücke“ (es handelte sich dabei um einen voll verschalten Bau), welche in Buchfart im Kreis Weimar über die Ilm führt, renoviert und unter Denkmalschutz gestellt wurde. Eine Angabe über das Alter der Brücke fehlte. Einem weiteren Zeitungsbericht zufolge wurde auch die 85 Jahre alte hölzerne Zugbrücke in Greifswald-Wiek rekonstruiert.

In Dänemark und Schweden wurden die Brücken Jahrhunderte hindurch fast ausschließlich aus Holz erstellt. Eine besonders lange Holzbrücke verband die Insel Amaker mit der Stadt Kopenhagen, was vor allem für die Kaufleute sehr wichtig war. Eine andere Holzbrücke in Nord-Jütland war eine gute Einnahmsquelle: . . . *als welche Brücke wegen des starken Brückenzolles von Mensch und Vieh, so nach Holstein und über die Elbe passieren, denen Königen von Dänemark statt einer Goldgrube dienet: Gestalt denn von einem Haupte 1 Taler, einem Pferde 2–3 Taler und einem Ochsen 1 Species-Taler, nach sächsischer Münze gegeben werden muß.*

In Stockholm befanden sich viele lange Schiffsbrücken, aber auch andere Brücken, alle aus Holz, wobei eine fast tausend Schritte lang und mit vielen Häusern besetzt gewesen sein soll.

Wenden wir uns nun Frankreich zu. Obwohl besonders im Süden des Landes bereits im Mittelalter

60, 61 *Oben:* Bereits 1350 entstanden die zinnenbekrönten Segmentbogen des Ponte Scaligero (Ponte Castel Vecchio) über die Etsch (Adige) in Verona (Oberitalien), der 1945 fast vollständig zerstört, aber 1949–1951 im alten Stil neu aufgebaut wurde. *Unten:* Der Ponte Vecchio über den Arno in Florenz, 1345 errichtet, mit seinen kleinen Juwelier- und Ledergeschäften sowie Lagerräumen und Wohnungen in den Obergeschossen

62, 63 *Oben:* Der Pont-Notre-Dame in Paris, 1500–1507 von Fra Giovanni Giocondo erbaut, trug noch im 18. Jh. je 34 Häuser links und rechts der schmalen Fahrbahn (nach einem Stich aus Schramm, Lit. 139). *Unten:* Die über die Seine führende Brücke von Rouen mit den 1564 eingestürzten Bogen (nach einem Stich von Merian)

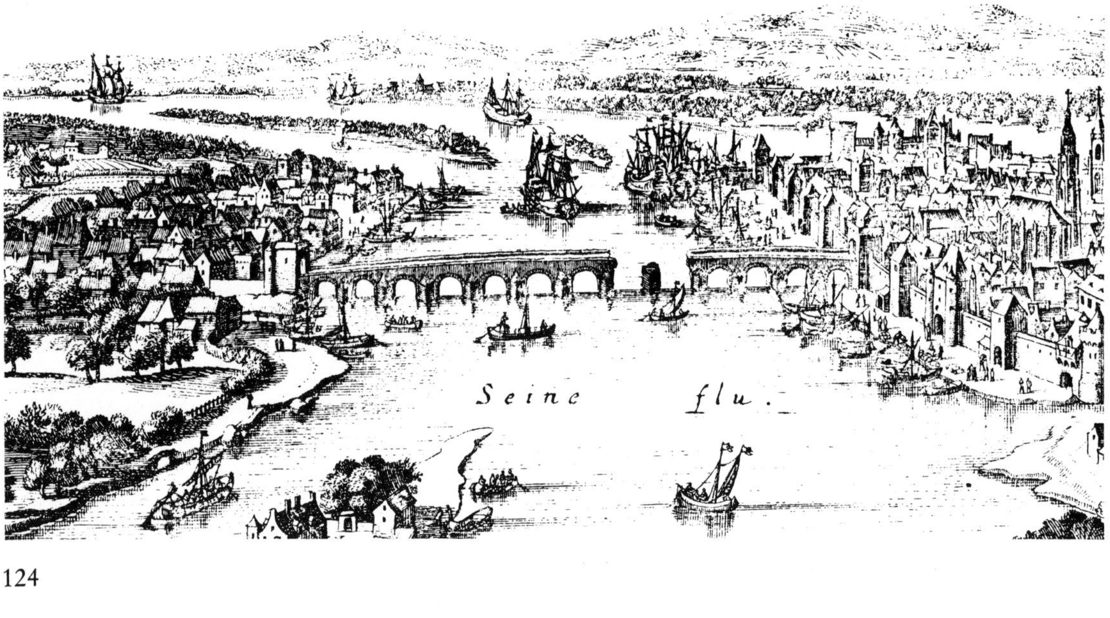

große und schöne Steinbrücken entstanden, waren die damals schon vielen, stetig zunehmenden Pariser Brücken bis zum Jahr 1500, als die Notre-Dame-Brücke erstmals aus Stein begonnen wurde, alle aus Holz. Die ersten Brücken in Paris, „Le Grand-Pont" und „Le Petit-Pont" wurden in römischer Zeit unter Caesar und später unter Kaiser Julian gebaut (Lit. 36). Für „Le Petit-Pont" kennen wir eine Baugeschichte seit dem Jahr 583. Um 861 soll dort bereits eine Steinbrücke mit fünf Bogen und einem Torbau errichtet worden sein, die aber 1296 Opfer eines Hochwassers wurde. Dies wäre, wenn die Angaben stimmen, eine weitere, ganz frühe Steinbogenbrücke des Mittelalters. Nach dieser Katastrophe wurde die Brücke jedoch wieder aus Holz erbaut und erstmals mit Häusern besetzt. Im 14. Jh. wurde der Petit-Pont samt den Gebäuden durch einen Eisstoß vernichtet, doch ließ ihn König Karl VI. 1394–1405 abermals mit Häusern erneuern. Trotz vieler weiterer Mißgeschicke wurde dieser Übergang immer wieder repariert oder erneuert, immer aus Holz. Diese Brücke existiert noch heute, wenn auch Material und Form sich geändert haben. An der Stelle des Grand-Pont wurde im Mittelalter die erste Notre-Dame-Brücke errichtet, ebenfalls aus Holz, und sie war bereits dicht mit Häusern besetzt, als sie 1406 durch ein Hochwasser weggerissen wurde. 1413 erstand sie neu aus Holz, prächtiger als zuvor, die Häuser mit Skulpturen und Malereien verziert. Doch auch dieses Bauwerk wurde dann 1499 ein Opfer der Fluten. Die dort im Jahre 1500 *Abb. 62* begonnene Steinbrücke, abermals mit Häusern besetzt, wurde bereits im Renaissancestil errichtet (siehe S. 124). Auf alten Stichen und Zeichnungen kann man gut erkennen, daß tatsächlich fast alle Pariser Brücken vom Mittelalter bis ins 16. und 17. Jh. ganz mit Gebäuden besetzt und immer noch zum größten Teil aus Holz waren. Unter manchen Brücken gab es große Mühlenräder und Holzrechen, und einige waren so mit Gebäuden „überladen", daß Stützkonstruktionen vor den Holzjochen notwendig wurden; alle diese Einbauten hemmten natürlich den Wasserlauf, besonders bei Hochwasser sehr. Paris dürfte bezüglich dieser vielen mit Häusern besetzten Holzbrücken – diese Tradition wurde dann noch lange auf fast allen späteren Steinbrücken fortgesetzt – einzigartig gewesen sein. Doch so malerisch diese Bauwerke auch waren, so abenteuerlich scheint uns heute der Gedanke, daß Jahrhunderte hindurch immer wieder Wohngebäude auf diesen so gefährdeten Holzbrücken errichtet wurden.

Manchmal entstand in diesem oder jenem Land eine besonders schöne hölzerne Brücke, die dann weithin berühmt wurde. Solch ein besonderes Bauwerk ist die in der Renaissancezeit nach Entwürfen von Palladio ausgeführte Holzbrücke über die Brenta in Bassano, deren Dach von *Abb. 58* zierlichen Holzsäulen getragen wird. Das Bauwerk wurde nach dem Zweiten Weltkrieg rekonstruiert.

Bezüglich Großbritannien weiß man zwar, daß auch die Römer dort schon – neben den wenigen Steinbrücken – Holzbrücken bauten, und sicher wurden in späteren Perioden da und dort ebenfalls Brücken aus diesem Material errichtet, doch spielen sie in Englands so reicher Brückengeschichte keine große Rolle; im allgemeinen wurde dort die Steinbauweise vorgezogen. Einzig eine besonders hübsche und heute noch existierende Holzbrücke ist hervorzuheben, die Queen's College Bridge in *Abb. 57* Cambridge, auch „Mathematical Bridge" genannt, von Sir Isaac Newton im 17. Jh. konstruiert. Sie soll ursprünglich ganz ohne Nägel und Schrauben hergestellt worden sein. Auch eine überdachte Holzbrücke gibt es in Großbritannien, und zwar die 1847 im Park von Birkenhead errichtete „Swiss Bridge", die nur Fußgängern dient. Der Name drückt aus, daß Schweizer Brücken Vorbild für das kleine Bauwerk waren.

Man weiß von zahlreichen, z. T. großen Holzbrücken im Südosten von Europa, von denen einige geschichtliche Berühmtheit erlangten. Abermals Schramm berichtet von der ansehnlichen, mit einem Schindeldach versehenen Brücke über die Donau zu Weißenburg, der Holzbrücke des Großveziers zu Peterwardein und der aus 126 Schiffen bestehenden Brücke in Belgrad. Aus Unterlagen des Österreichischen Kriegsarchivs in Wien geht hervor, daß in Belgrad lange Zeit hindurch sogar immer zwei Schiffsbrücken nebeneinander existiert haben. Auch die berühmte Brücke, die Prinz Eugen dort über die Donau schlagen ließ, war so eine Schiffsbrücke. Interessant ist der Bericht (Lit. 139) über die angeblich unter Suleyman dem Prächtigen im Jahre 1566 in Auftrag gegebene und erbaute lange Holzbrücke zu „Essek“ oder „Ossek“ – dem heutigen Osijek – kurz vor der Einmündung der Drau in die Donau. Diese Brücke wurde *unter Androhung des Stranges* von 25.000 Leuten in 12 Monaten vollendet, war eine Meile lang und wurde später des Morastes wegen noch *um etliche Meilen* verlängert. Sie war mit den schönsten Galerien und Türmen versehen, heißt es weiter, *und fast auf jeden Büchsenschuß erblickte man einen Turm oder Castell* . . . Auf einem alten Stich aus dem Österreichischen Kriegsarchiv ist die Brücke zu sehen, samt den vielen Türmen, obgleich die Darstellung leider zu klein ist, um viel über dieses Bauwerk aussagen zu können. Der Teil der Brücke, der über die Drau führt, soll 1664 durch ein von einem kroatischen Grafen befohlenes Feuer eingeäschert worden sein, wurde aber von den Türken unverzüglich durch eine Schiffsbrücke ersetzt. Die Türken benutzten diese Brücke 120 Jahre lang, bis sie 1686 von Markgraf Ludwig von Baden restlos zerstört wurde.

Abb. 59

Die Türken waren ausgezeichnete Brückenbauer. Während sie auf ihren Kriegszügen vorerst sicher nur Holzbrücken schlugen und im Umgang mit diesem Material sehr bewandert waren und sogar besonders haltbare, vorkragende Bauwerke aus Holz mit Steinfundamenten schufen, ersetzten sie bei längerer Verwaltung eroberter Gebiete einen Großteil durch Steinbogenbrücken.

In Rußland wurden seit jeher Holzbrücken in verschiedenen Varianten – je nach den geographischen Gegebenheiten – errichtet. In den Ebenen waren sie sehr lang, weil sie auch über die die Flüsse an beiden Ufern begleitenden Moräste führten. Diese Brücken waren meist schmal und ungepflegt, mit verfaulten oder gebrochenen Balken und *mithin sehr gefährlich zu passieren* (Lit. 139). Als schön werden nur zwei Schloßbrücken und die 300 Schritte lange Brücke von Petersburg gepriesen, alle aus Holz und letztere mit zwei Zugbrücken.

Die auf polnischem wie auf russischem Gebiet liegenden Brücken auf der Straße von Smolensk nach Moskau müssen sich im 18. Jh. größtenteils in einem katastrophalen Zustand befunden haben. Ein polnischer Legationssekretär berichtet, er *habe von Smolensk bis nach Moscau 533 hölzerne Brücken gezählet, worunter doch nur eine einzige in dem Stande sich befunden, daß man mit Lastwagen über dieselbe habe fahren können.* Bis ins 17. Jh. waren auch alle Brücken Moskaus aus Holz. Einige von ihnen hießen im Volksmund „lebende Brücken“: In die einen relativ niedrigen Wasserstand besitzende Moskwa wurden Pfähle gerammt und um diese große Holzringe gelegt, die nur lose mit Seilen befestigt waren, so daß sie mit steigendem oder fallendem Wasser auf und ab gleiten konnten. Auf diesen Holzringen lag die hölzerne Fahrbahnkonstruktion auf und hob und senkte sich so ebenfalls je nach dem Wasserstand. Diese eigentümliche und originelle Brückenart dürfte auf Rußland, vielleicht sogar auf Moskau beschränkt geblieben sein. 1643 wurde von dem Ausländer Anton Jakobsen und seinem Onkel Iwan Kristler die erste Steinbrücke Moskaus begonnen. Kristler starb 1645, der Bau wurde unterbrochen, erst 1682 wiederaufgenommen und 1687 vollendet. Man nannte dieses Bauwerk die „Große Steinbrücke“. Mitte des 19. Jahrhunderts wurde sie abgetragen und durch eine auf Steinpfeilern ruhende eiserne Fachwerkbrücke ersetzt. Diese 1859 fertiggestellte Brücke war die erste Eisenbrücke Rußlands. Alle anderen hölzernen Brücken Moskaus wurden erst in den Jahren 1872–1880 durch Eisenbrücken ersetzt.

Besonders im Kaukasus gab es die verschiedensten Arten von Holzbrücken in Kragbauweise, ganz aus diesem Material errichtet, oder in kombinierter Bauweise wie z. B. bei der Brücke von Pschaweti, deren Widerlager vorkragend abwechselnd aus Steinen und Balken geschichtet waren. Die Holzkonstruktion des Brückensteges ist sehr schwungvoll, wenn sie vermutlich auch nicht ganz unseren heutigen Sicherheitsmaßnahmen entspricht.

Fig. 25

In Westgeorgien wurden im 19. Jh. auch Hängestege mit Holzbelag errichtet, wie z. B. eine an Eisenseilen hängende schmale Brücke über den Rioni, die auch mit einem Holzgeländer versehen war, und eine weitere Hängebrücke über denselben Fluß, bei welcher querliegende Bohlen auf durchhängenden Seilen ruhten und seitlich nur je ein Halteseil gespannt war.

Für die im 19. Jh. notwendigen Eisenbahnbrücken verwendete man in Rußland durchwegs Holz und blieb diesem Material des Holzreichtums wegen viel länger treu als in den übrigen europäischen Staaten. Die erste Eisenbahnstrecke Rußlands zwischen Petersburg und Moskau, die sogenannte

Fig. 25 Vorkragende Holzbrücke bei Pschaweti im Kaukasus (Rußland)

Nikolajewskaja, führte z. T. über sumpfiges Gelände. Der Bau soll 100 Millionen Rubel verschlungen haben, denn weite Strecken mußten auf Holzbrücken bzw. Holzviadukten nach amerikanischem Vorbild geführt werden. Besonders bekannt wurde die lange Fachwerkbrücke über die Msta.

Weltberühmt aber wurden die amerikanischen Holzbrücken, besonders die großen Eisenbahnbrükken. Die Länge und auch die Höhe dieser Bauten war beeindruckend. Solche Holzbrücken und Viadukte für die Eisenbahnen entstanden in Amerika bis zum Ende des 19. Jh.s, wenn man daneben auch viele Eisen- und Stahlfachwerkbrücken baute (siehe Fig. 35). Die längste Holzbrücke der Welt, ein Gerüstbauwerk von 31 km (!) Länge für die Südpazifikbahn über den großen Salzsee, entstand noch im Jahre 1906. Zur Fundamentierung wurden 38.000 Pfähle verwendet.

Bemerkenswert ist, daß in denjenigen Ländern, in denen der Holzbrückenbau dominierte, dieser direkt in die Eisen- und Stahl- sowie Beton- und Stahlbetonbauweise überging. Die Entwicklung des Steinbogenbrückenbaues der Renaissancezeit und der folgenden Jahrhunderte blieb dort weitgehend unbekannt.

Der Brückenbau von der Renaissancezeit bis ins 18. Jahrhundert

Fig. 26 Die Fleischbrücke in Nürnberg, 1596 erbaut, eine der flachsten Renaissancebrücken (Zeichnung nach Merian)

Die Grenzen zwischen dem Mittelalter und den nachfolgenden Jahrhunderten sind besonders beim Brückenbau sehr fließend und verwischt. Größtenteils wurde vorerst in der alten Manier weitergebaut, denn das vermehrte Wissen, nun auch gedruckt und rascher verbreitet, war anfangs hauptsächlich theoretischer Natur und wurde für die Praxis kaum genutzt.

Ende des 15. Jh.s wurden schon viele technische Abhandlungen gedruckt; z. T. griff man auf griechische und römische Autoren zurück, aber auch zeitgenössische Fachleute, Erfinder, Mathematiker und Forscher anderer Wissensgebiete machten sich die nun viel raschere Verbreitungsmöglichkeit zunutze.

Häufig befaßten sich diese Schriften mit der Kriegstechnik, die damals eine sehr große Rolle spielte. Man findet in ihnen die kuriosesten, aber auch brauchbare Geräte beschrieben und abgebildet. Bei Brücken handelt es sich hauptsächlich um „bewegliche", z. B. auf Rollen oder Rädern, mit aufklappbaren Seitenteilen, die sich zum Überqueren kleiner Bäche oder Gräben eigenen, oder verschiedene Arten von Schwimmbrücken.

In Italien war es u. a. der in Siena geborene Taccola (1381–1458), der sich als Militäringenieur einen Namen machte und ebenfalls bewegliche Brücken entwarf. Besonders berühmt war der Florentiner Leon Battista Alberti (1404–1472), der als Vorläufer Leonardos gilt und aus dessen Arbeiten letzterer nachweislich schöpfte. So stellte Alberti sogar Normen für die Bemessung steinerner Brücken auf und beschrieb die Eigenschaften und die Behandlung des Steinmaterials. Ebenso gibt es von dem aus Siena stammenden Francesco di Giorgio Martini Abhandlungen und Zeichnungen von Brücken, darunter den Entwurf einer einziehbaren Festungsbrücke (um 1465): Mittels eiserner Zähne, die seitlich an der Brücke angebracht waren und von einem Zahnrad erfaßt wurden, lief diese Brücke auf Rollenlagern rasch ins Innere der Festung.

Leider können wir heute nicht mehr feststellen, ob alle Ideen zu diesen technisch oft sehr durchdachten Objekten den Erfindern jener Zeit zuzuschreiben sind. Sicher spielen bei manchen Entwürfen Anregungen von Berichten aus fremden Ländern oder Eindrücke von eigenen Reisen eine Rolle. So gibt es eine Bilderhandschrift des Italieners Mariano aus dem Jahre 1438, in der sich die Darstellung einer Talsperre mit einem Tor und aufziehbarem Schieber befindet, die in der Literatur als älteste bekannte Zeichnung eines solchen Bauwerkes gilt. Man weiß heute, daß die Perser bereits vor tausend Jahren solche Talsperren – sogar mit Brücken über die Krone –

64, 65 *Oben:* Ursprünglich römisch, 866 von den Mauren ganz erneuert, wurde der Puente de Alcántara in Toledo unter S. Mudéjar im 15. Jh. in der für das damalige Spanien typischen Stilrichtung – dem Mudéjarstil – restauriert. Das bergseitige Portal stammt aus dem 18. Jh. *Unten:* Die ursprünglich römische Brücke von Córdoba (Spanien) über den Guadalquivir erhielt durch den Wiederaufbau im 16. Jh. maurische Formen

66, 67 *Links:* Der Einfluß von Palladio machte sich besonders in England geltend und es entstanden „Palladian Bridges", wie die 1737 von Henry Herbert errichtete in Wilton House, Wilts (Südengland). *Unten:* Die Clare Bridge in Cambridge, 1640 von Thomas Grumbold erbaut, die erste Brücke Englands in klassizistischem Stil

68, 69 *Oben:* Vier Statuen zieren die anmutige, 1858 erbaute Brücke in Gerlachsheim (Baden-Württemberg), die sich über den Grünbach, einen Nebenfluß der Tauber wölbt. *Unten:* Die aus dem 16. Jh. stammende Brücke im Hofgarten von Öhringen führte einstmals über den Mühlgraben; das hübsche steinerne Geländer wurde in der Barockzeit angebracht

70 Die wahrscheinlich aus dem 16. Jh. stammende Brücke von Lavertezzo im Val Verzasca (Südschweiz) ist kühn in die Landschaft eingefügt

errichteten, von denen einige heute noch erhalten sind. Es wäre also durchaus denkbar, daß diese Zeichnung eventuell auf einer Persienreise des Mariano entstanden ist oder von Erzählungen weitgereister Landsleute angeregt wurde.

Ingenieure, Erfinder und Künstler waren in jener Zeit außerordentlich vielseitig. So beschreibt der berühmte Erzgießer und Baumeister Antonio di Pietro Averlino Filarete, der u. a. das Bronzetor der Peterskirche in Rom schuf, in seinem 1460–1464 entstandenen Buch auch den Bau von hölzernen und steinernen Brücken, wobei er wasserdichte Senkkästen, die, mit eisernen Spitzen versehen, zur Gründung dienen, erwähnt. Und bei ihm findet sich auch, noch vor Verantius, eine Seilbrücke, die an vier Pfählen hängt und deren Seile mit Planken belegt sind (Lit. 45). Von Leonardo da Vinci (1452–1519), dessen Neugier und Wissensdurst sich auf alle Gebiete der Wissenschaften erstreckten, existiert u. a. die Skizze einer parabolischen Drehbrücke (Lit. 56) sowie eine Entwurfskizze für den Bau einer steinernen Bogenbrücke über das Goldene Horn (Konstantinopel). F. Stüssi (Lit. 154) erstellte eine Berechnung für dieses Bauwerk und kam zu dem Ergebnis, daß diese Brücke, für die eine Spannweite von fast 1000 Fuß vorgesehen war, hätte gebaut werden können. Größere Weiten als die von Leonardo vorgesehene hält Stüssi für in Stein nicht durchführbar. Es wurde übrigens niemals eine Steinbrücke solchen Ausmaßes gebaut, jedoch bestand in unserer Zeit in Portugal neben den Plänen (von Cordoso) zu der dann ausgeführten Arrabida-Brücke in Setubal ein zweiter Entwurf einer Bogenbrücke aus Natursteinen, der zwar ausführbar, aber gegenüber dem Bauwerk aus Stahlbeton natürlich viel zu teuer war.

Leonardo befaßte sich in seinen Zeichnungen auch mit statischen Problemen, z. B. eines beladenen Kabels, und Stüssi sieht darin sozusagen die ersten wissenschaftlichen Anfänge, die letzten Endes zur Bewältigung der Probleme unserer heutigen Hängebrücken führten. Abermals taucht die Frage auf, ob Leonardo zu diesen Skizzen vielleicht von Chinareisenden inspiriert worden ist, wobei dies auch für die Zeichnungen zu der großen Steinbogenbrücke gelten könnte.

Auch Faustus Verantius (1551–1617), der eigentlich Vrancic hieß und aus Dalmatien stammte, beschäftigte sich mit den verschiedensten Wissensgebieten. Seine Tätigkeit fand ihren Niederschlag in den Zeichnungen und Beschreibungen seines Buches „Machinae novae" (Lit. 164). Nebst seinen berühmten Entwürfen für eine Ketten- und eine Seilbrücke bringt er auch Entwürfe für große Steinbrücken und vor allem für viele sehr unterschiedliche „Maschinen", wobei man sich einen ganz aus Holz gebauten Bagger sehr gut im Einsatz bei der Gründung von Brückenbauten denken kann. Gegen Ende des 15. Jh.s und ab dieser Zeit gab es bereits vielseitige Ingenieure, die an den unterschiedlichsten Bauwerken beteiligt waren und nicht nur im eigenen Land zu Ruhm und Ehren kamen, sondern den verschiedensten Herren Europas dienten: Kaisern und Königen, weltlichen und geistlichen Fürsten – auch den Päpsten. Denn alle Herrscher, ob klein oder groß, wollten Machtentfaltung zeigen und außerdem als fortschrittlich gelten. So entstanden neben prunkvollen Gebäuden, oder diesen sogar zugegliedert, ebenso prachtvolle Brücken.

Italien war in dieser Entwicklung führend. Bereits 1345 wurde in Florenz der bis heute berühmte Ponte Vecchio als eine der ersten Segmentbogenbrücken Europas erbaut, mit seinen hübschen Läden *Abb.* der Juweliere und Lederhändler und dem überdachten Gang. Auch diese Brücke mußte immer *61* wieder repariert werden, denn wie die Hochwässer des Arno wüten können, wissen wir seit dem schrecklichen 4. November 1966; die Brücke aber hielt auch diesem tobenden Wasser stand.

Ein ganz hervorragender italienischer Ingenieur und Baumeister der Renaissance muß der schon genannte Dominikaner Fra Giovanni Giocondo gewesen sein. Es mutet uns nahezu modern an, wenn wir hören (Lit. 151), daß er für die Wiederherstellung des Ponte della Pietra in Verona – wo *Abb.* übrigens schon 1350 der schöne und berühmte Ponte Scaligero (Ponte Castel Vecchio) ebenfalls mit *60* flacheren Bogen entstanden war – zum Schutz des auf schlammigem Grund stehenden Mittelpfeilers vorschlug, das Fundament mit einer tiefgerammten Spundwand zu schützen. Er war es auch, der, von Ludwig XII. nach Paris berufen, dort zwei Brücken, darunter die erste steinerne Notre-Dame-Brücke (1500–1507) anstelle der 1499 eingestürzten Holzbrücke, erbaut hat.

Es war der Beginn einer sich über das 16. und 17. Jh. erstreckenden Periode, in welcher die meisten

Holzbrücken der französischen Hauptstadt durch flachere Steinbogenbrücken ersetzt wurden. *Abb. 62* Doch hielt man sich weiter an den alten, besonders in Paris gepflegten Brauch, diese Bauwerke mit Häusern und Läden zu besetzen. Es erhielt also auch die nun in Stein erbaute Notre-Dame-Brücke 68 Häuser aus Ziegeln und aus Steinen, z. T. mit Kellern in den Pfeilern, darüber zwei Etagen mit Boutiquen und auf diesen noch drei Wohngeschosse (Lit. 36). Eine weitere Brücke in Paris, der Pont-Marie, wurde von dem Baumeister Christoph Marie – ebenfalls an der Stelle einer Holzbrücke – erbaut; am 11. Dezember 1614 konnte sie eröffnet werden. Marie trug den stolzen Titel „Generalentrepreneur der Brücken Frankreichs“, und von ihm stammt auch der etwa um 1656 entstandene Pont-Tournelle. Beim Pont-Marie, der ebenfalls dicht mit Häusern besetzt war, gab es in der Nacht des 22. Februar 1658 ein schweres Unglück: Ein schreckliches Hochwasser der Seine riß zwei Bogen samt 22 Häusern mit sich fort und 121 Personen ertranken in den Fluten. Das bedeutet, daß in jedem dieser engbrüstigen, schmalen Häuschen etwa sechs Personen gewohnt haben. Auf diesen zwei Bogen, die sofort erneuert wurden, gab es dann keine Häuser mehr, auf den restlichen drei Bogen blieben sie jedoch bestehen. Als 1740 eine neue Hochwasserkatastrophe eintrat, wurden die Bewohner evakuiert und durften nicht mehr in ihre Häuser zurückkehren; diese wurden abgerissen. Weitere berühmte und schöne Brücken wurden nach und nach in Paris erbaut: Die Wechsler-Brücke – Pont au Change –, 1647 mit fünfstöckigen Häusern errichtet, in denen – ähnlich wie am Ponte Vecchio in Florenz – unten Läden von Goldschmieden und Juwelieren untergebracht waren. Den Pont-St-Michel ließ Ludwig XIII. als Steinbrücke neu errichten, nachdem am 30. Januar 1616 um Mitternacht die alte Holzbrücke *samt Häusern, Leuten, Kaufmannschaft und Hausrat* durch eine arge Flut weggerissen worden war. Auch diese neue Brücke aus Stein erhielt wieder Häuser, und wenn Schramm von Paris und seinen prachtvollen Brücken schwärmt und sie den *Mittelpunkt aller Ergezlichkeit* nennt, so verwundert er sich auch darüber, daß auf den neuen *Abb. 3e* Brücken immer wieder Häuser errichtet werden, *welche doch vieler Gefahr unterworfen.*

Der elegante Pont-Neuf, eine der berühmtesten Pariser Brücken, wurde 1604 unter Heinrich IV. durch den Baumeister W. Marchand erbaut, für die damalige Zeit bereits besonders breit. Die Finanzierung des Unternehmens ist erwähnenswert: Das Geld stammt größtenteils aus dem Ertrag einer „Tranksteuer“, die auf Wein eingehoben wurde (Lit. 71). Der Grundstein zu dieser Brücke war übrigens bereits 1578 durch Heinrich III. gelegt worden, doch hatten Kämpfe die Arbeiten unterbrochen. Die beiden Brücken des Hotel-Dieu entstanden 1634, auch sie trugen Häuser, und es blieben angeblich nur 3 m für den Verkehr übrig. Weitere Brücken waren der Pont-Royal und der Pont-des-Tuileries. Alle diese Brücken spiegeln ein Stück Stadtgeschichte und zeugen von der großen Kunst der französischen Brückenbauer jener Zeit. Diese Brückenbautätigkeit beschränkte sich aber nicht auf die Hauptstadt. Schöne, flach gewölbte Brücken entstanden damals u. a. in Tours, Chinons und Nyons. Beim Bau des Pont-de-Saintes über die Charente, nach Plänen von Franz Blondel, wurden bestehende antike Teile miteinbezogen (Lit. 71), die von der unter Tiberius 21 n. Chr. an dieser Stelle erbauten Brücke mit einem Triumphbogen stammten. Der Triumphbogen steht heute auf einem Platz der Stadt.

Wie schwierig es zu jener Zeit noch war, eine große Brücke wieder zu reparieren, geht aus einer Notiz Merians zu seinem Stich der Stadt Rouen hervor: *Die steinerne Brücke war eine von den schönsten und wundersamsten in Frankreich, sowohl wegen der Höhe als wegen der Tiefe des Fundamentes, hatte dreizehn sehr breite Bogen von guten Quadersteinen gebauet, auf einem hölzernen Rost mit hartem Kieselstein und zerfiel in der Mitte, den siebenten März Anno 1564, so* *Abb. 63* *daß drei Bogen in die Seine stürzten. Zu deren Ergänzung sich noch niemand hat gefunden, dieweil das Meer, so des Tages zweimal steigt, das Werk schier unmöglich macht.* Merians Stich zeigt Rouen mit der zerbrochenen Brücke, wobei nicht drei, sondern nur zwei zerstörte Bogen zu sehen sind. Immerhin erschien die Topographie erstmals 1635, das Bauwerk muß also tatsächlich Jahrzehnte hindurch so verblieben sein.

Im benachbarten Spanien blieb man z. T. der romanischen Bauweise treu – doch wurden auch so große prächtige Renaissancebrücken wie jene von Saragossa (15. Jh.) errichtet –, z. T. machten sich

maurische Einflüsse bemerkbar, wie etwa bei dem Puente de Alcántara in Toledo, der im 15. Jh. erbaut wurde. Das barocke Portal an der Bergseite stammt aus dem 18. Jh. Die römische Brücke von Córdoba wurde im 16. Jh. durch die Araber restauriert und erhielt damals den maurischen Torturm. *Abb. 64, 65*
Kehren wir aber nochmals nach Italien zu Fra Giovanni Giocondo zurück, dem wir zum Bau des Pont-Notre-Dame nach Paris gefolgt waren. Von diesem Baumeister stammt auch der erste Entwurf für eine steinerne Rialto-Brücke in Venedig, anstelle der damals bestehenden Holzkonstruktion. Es folgten einige weitere Entwürfe italienischer Meister, bis 1587 die Arbeit dem fündundsiebzigjährigen Antonio Contini, Antonio da Ponte genannt, übertragen wurde, der sie trotz Gründungsschwierigkeiten 1591 vollendete. Das Bauwerk soll auf mehr als 10.000 Rammpfählen im Canal Grande gegründet sein. Auch der 1587 unter Papst Sixtus V. von Domenico Fontana erbaute Ponte Felice über den Tiber in Rom fällt in diese Zeit, ebenso die Brücke in Vicenza und die über den Melza bei Aquino von Stefano del Piombino. Dieser Meister starb vor der Fertigstellung; sein Sohn und Giovanni Giocondo vollendeten dieses äußerst schwierige Werk über das wilde Gebirgswasser (Lit. 71). Zu den schönsten Bauten der Hochrenaissance gehören der Ponte S. Trinita, 1567 in Florenz durch Ammanati erbaut, sowie der Ponte Carraja, 1559 vom gleichen Baumeister dort errichtet. Andrea Palladio (1508–1580) schuf neben seinem reichen architektonischen Werk auch Brücken und trat als Theoretiker des Brückenbaues hervor. Sein Einfluß reichte bis nach England, wo es eine ganze Reihe „Palladian Bridges" genannte Bauwerke gibt, hauptsächlich bei Schlössern und in deren Parks. Manchmal haben sie kolonnadenartige Aufbauten, wie die prunkvolle Brücke in Wilton House, die allerdings erst 1737 von Henry Herbert erbaut wurde (Lit. 22). Nicht nur Palladio, sondern auch viele andere italienische Ingenieure beeinflußten den Brückenbau in Europa entscheidend. Ihre technische Begabung wie ihr Sinn für Form und Schönheit waren berühmt, und so wurden sie in fast alle europäischen Länder berufen. Sie waren zugleich Architekten und Ingenieure – in der heutigen Bedeutung der Worte –, obwohl auch sie noch mehr oder weniger empirisch bauten. Es dauerte sehr lange, bis aus den neuen Erkenntnissen mathematischer, physikalischer und technischer Art eine echte Nutzanwendung gezogen wurde. *Abb. 66*
In England – einem, wie wir noch sehen werden, zu allen Zeiten brückengeschichtlich interessanten Land – entstanden nicht nur die Palladian Bridges, sondern es wurden dort überhaupt sehr viele, mitunter auch große Brücken gebaut. Im 16. Jh. entstand in Northumberland die Twizel Bridge über den Till, eine besonders schöne einbogige Brücke, die mit 90 Fuß Stützweite und einer Höhe von 40 Fuß über dem Wasserspiegel das größte derartige Bauwerk jener Zeit ist. Hin und wieder wurden im 16. Jh. bereits Brücken mit etwas flacheren Bogen errichtet, während die Brücken des 17. Jh.s meist einen Segmentbogen aufweisen. Berühmt wegen ihrer Schönheit, und weil sie die erste Brücke Englands in klassizistischem Stil war, wurde die sich auch heute noch ebenso schön darbietende Clare Bridge in Cambridge, 1640 von Thomas Grumbold erbaut. In Llanrwst in Denbigshire und dessen Umgebung gibt es gleich neun sehr schöne Segmentbogenbrücken, hauptsächlich aus dem 17. Jh. *Abb. 67*
Außerdem gab es in Großbritannien, vorwiegend in den westlichen und nördlichen Moorgebieten, spezielle rustikale Brücken, von denen noch eine ganze Anzahl erhalten ist: die „Packhorse Bridges", mit meist ein oder zwei nicht sehr großen Segmentbogen. Die Blütezeit dieser Brückenart lag im 17. und auch noch im 18. Jh.; einzelne alte Bauwerke, noch mit Halbkreisbogen, sollen allerdings bis zu 700 Jahre alt sein. Es handelt sich um ehemalige, heute großteils wild verwachsene, steinerne Saumpfad-Brücken, über welche Pony-Konvois bis zu 30 Tieren, versehen mit Glocken, dahinzogen: beladen mit Körben, Ballen oder Säcken, die mit Getreide, Kohle, Blei, Zinnbarren, Torf, Töpferwaren, Wolle, handgewebten Waren und vielem mehr gefüllt waren (Lit. 22). Einige dieser anheimelnden Brücken haben Stufen, die meisten einen „runden Rücken". Schmal und bucklig, aber immer noch recht fest gefügt, stehen sie nun in einsamer, romantischer Landschaft. Manche waren bis gegen Ende des 19. Jh.s in Gebrauch, heute werden sie wieder aufgesucht, von Wanderern, Malern oder beschaulichen motorisierten Leuten. Eine hübsche Brücke dieser Art wurde 1976/77 in Great Haywood/Staffordshire restauriert. *Abb. 9*

Auch in der Schweiz, meist in der südlichen Hälfte des Landes, finden sich aus dieser Zeit beachtenswerte, wenn auch nicht sehr große Brücken, die z. T. von italienischen Bauleuten errichtet worden sind. Vielleicht wurden deshalb manche dieser Bauwerke später im Volksmund den Römern zugeschrieben; aus den romanischen Bauleuten wurden „römische". An alten Saumpfaden gelegen – ursprünglich auch an alten Römerwegen – erinnern sie in mancher Beziehung an die Packhorse Bridges in England; zumindest liegen viele auch einsam, sind unregelmäßig und rustikal gebaut, wozu in dem alpinen Gelände jedoch eine ausgesprochene Kühnheit einzelner Bauwerke kommt. Eine der ältesten noch bestehenden derartigen Brücken ist die Zollbrücke im alten Dorfteil in Göschenen, die im Jahr 1556 samt dem Zolltor in Stein erneuert wurde. Wahrscheinlich hatte seit dem 13. Jh. dort eine Holzbrücke bestanden. Besonders bekannt, weil von der neuen Straße aus zu sehen, ist die Sprengi- oder Häderlisbrücke (Häderlis = Hader = Streitbrücke) in der Schöllenen ob Göschenen. Diese Reußbrücke an dem alten dort noch erhaltenen Saumpfad wird fälschlicherweise auch „Römerbrücke" genannt, sie wurde jedoch 1649 erbaut, vermutlich von Fachleuten aus Italien, und ist noch in gutem Zustand. Der größere Bogen, der durch seine Schlankheit besticht, besitzt durchgehende eiserne Stangen mit sichtbaren Schließen (Schlaudern) in den Archivoltsteinen, angefertigt in der Hammerschmiede von Amsteg. Baumeister der Brücke waren Amman und Bannerherr Christen und Amman Sebastian Hug.

Eine noch gut erhaltene Steinbrücke mit der Jahreszahl 1681 auf der Brüstung führt im Dorf Hospental über die Reuß. Noch eindrucksvoller, kühner und romantischer jedoch sind zwei Brücken im Tessin: die sich auf einen Mittelfelsen aufstützende, zweibogige, unregelmäßige
Abb. Saumwegbrücke mit alter Pflasterung in Lavertezzo im Val Verzasca und die sich in einem Bogen
70 hoch über den Abgrund schwingende ähnlich gebaute Brücke in Centovalle. Auch sie besitzt noch die alte Pflasterung, und beide haben niedrige Brüstungen, die mit einer dichten Reihe rundbehauener Steine abgedeckt sind. Die Brücke in Centovalle trägt außerdem im Scheitel des Bogens talseitig ein kleines Bildstöckel. Im Bergell gibt es schöne alte Straßenbrücken: eine davon, in Promotogno, noch mit rundem Bogen aus dem 16. Jh., oder die gar nicht weit entfernte, 1582 erbaute Brücke in Bogonovo, die sich mit einem Segmentbogen über den Fluß spannt. Bei letzterer wurde übrigens eine gute Synthese zwischen dem alten Baukörper und einem durch die neue Straßenführung notwendig gewordenen neuen Teil gefunden, der in gediegener Steinarbeit an den alten Bogen anschließt. Das Mauerwerk dieser Brücken wurde aus gespaltenen Bachkugeln in Kalkmörtel erstellt, nur für den Bogen wurde plattiger Gneist verwendet (Lit. 145). Bewährte sich eine Bauweise, wurde sie Jahrhunderte hindurch mit nur geringfügigen Abweichungen angewendet. So sind in diesen südlichen Schweizer Tälern im 18. und 19. Jh. ähnliche Brücken – ebenfalls aus minderwertigem Steinmaterial, in einfachem Kalkmörtel verlegt – errichtet worden, jedoch mit soviel Können und natürlichem Sinn für Ästhetik, daß sie nicht nur durch ihren Anblick erfreuen, sondern noch heute den schwersten Lastwagenverkehr tragen. Auch auf italienischer Seite, im Valle Cannobia, das sich vom Lago Maggiore ins Gebirge hinaufzieht, gibt es noch mehrere solcher Brücken, manche bereits mit recht üppig wuchernder Vegetation zwischen den Steinen. Im Unterschied zu dieser rustikalen Steinbauweise wurden Stadtbrücken auch in der Schweiz aus schön behauenen Quadern gefügt, wie etwa der hübsche alte Pont St. Jean über die Saane in Fribourg.

Während besonders seit dem 17. Jh. in einigen europäischen Ländern eine rege Bautätigkeit an Steinbrücken zu verzeichnen war, tobte in den deutschen Landen der Dreißigjährige Krieg, diese Gebiete wurden verheert und verwüstet, und die Städte oder Landesfürsten hatten Mühe, die alten Brücken wieder instandzusetzen. Doch wenn auch, mit wenigen Ausnahmen, in jenen Zeiten kaum Brücken in Deutschland gebaut wurden, so erschienen dort doch viele Bücher, die sich mit dem Bauen im allgemeinen oder speziell mit dem Brückenbau befaßten. Schon Anfang des 15. Jh.s waren einschlägige deutsche Bilderhandschriften entstanden, von denen die hervorragendste illuminierte Handschrift das auf Pergament geschriebene Prachtwerk des Konrad Kyeser ist. Kyeser, ein Edelmann aus Eichstätt, vollendete sein Buch am 28. August 1405. Es trägt den Titel „Bellifortis" und wird in der Universitätsbibliothek von Göttingen aufbewahrt. Dieses Werk über technische

Fig. 27a Steinerne holländische Klappbrücke (nach Leupold, Lit. 95)

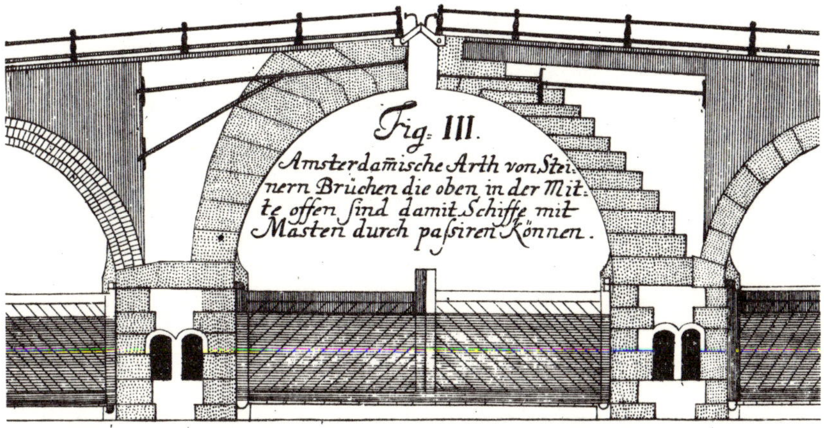

Fig. 27b Hölzerne holländische Klappbrücke (nach Leupold, Lit. 95)

Kriegführung, mit mehreren hundert Miniaturen, beschäftigt sich auch mit Brücken: Sturmbrücken, zerlegbare Brücken, Pontons, und es gibt darin auch die Zeichnung eines Luftkissens aus Leder mit Riemen und Blasebalg, das zur Überquerung von kleinen Gewässern gedacht war (Lit. 45). In einer Handschrift der Universitätsbibliothek von Heidelberg, verfaßt 1496 von *Philib Moench, der pfalez buechsenmeister,* findet sich nebst vielen anderen Abbildungen die Zeichnung einer Sturmbrücke: mit Zahnschienen und Zahnrädern ausgestattet, konnte diese Brücke rasch über den Graben geschoben werden.

Ab dem 17. Jh. gibt es auch zahlreiche von Deutschen verfaßte Druckwerke über das Bauen von Brücken. Manche enthalten nur einfache Anweisungen und Beschreibungen der verschiedenen Arbeitsgänge, sprachlich kompliziert formuliert und langatmig abgefaßt. In dem Buch „Theatrum Pontificale ..." von Leupold (Lit. 95), 1626 erschienen, tragen die Kapitel u. a. folgende Überschriften: *Von der Höhe und Weite der Joche, Pfeiler, wie auch derer Bogen. Von denen Pfeilern der Brücken. Von den scharfen Ecken der Pfeiler. Wie das Wasser von verlangtem Orth wegzuschaffen oder klein zu machen.* Auch dem Material und der Bauweise sind eigene Kapitel gewidmet, z. B.: *Der Grundbau, die Pfähle und von denen Rammeln.* Leupold führt viele berühmte damals existierende Brücken an und ermöglicht dadurch einen guten Überblick über den Brückenbestand jener Zeit. Ein wichtiges Kapitel befaßt sich mit dem Reparieren von Brücken. Ausführlich wird der holländischen Brücken gedacht, die bald in ganz Europa berühmt wurden und als Vorbild dienten. Nicht nur die vielen Schiffsbrücken – diejenige über die Schelde des Herzogs von Parma (16. Jh.) hatte Schule gemacht – sondern auch die bereits sehr ausgeklügelten

Mechanismen für Dreh-, Schlag- und Zugbrücken sind eingehend beschrieben und in Zeichnungen festgehalten. Besonders köstlich ist die Schilderung und Darstellung einer *betrüglichen Fall-Brücke.*

Auch das Buch von Sturm (Lit. 152), das 1715, also etwa 90 Jahre später erschien, ist in der Art der Beschreibung kaum anders. Zuerst beklagt sich der Autor bitter, daß beim Bau von *Schläussen, Brücken und anderen Bauwerken* sehr oft *eitle und unwissende Männer* herangezogen würden und die *Wissenschaft, Practica und Erfahrung* tüchtiger Leute vernachlässigt bzw. unberücksichtigt bleibe. Auch er befaßt sich mit den Niederlanden und da wieder besonders mit der *Amsterdamer Art, Brücken zu bauen,* die damals viel bewundert wurde, weil sie den Schiffen die Durchfahrt gewährte: Bei steinernen Bogenbrücken waren beide Bogenhälften durch starke Eisen seitlich verankert, der Schlußstein fehlte, und diese relativ kleine Öffnung wurde durch eine lose Klappe aus Eisen verschlossen. Beim Durchgleiten der Schiffe mußte der Mast durch diese Öffnung manövriert werden, wobei die Klappe hochgehoben wurde. Einen ähnlichen Mechanismus gab es auch bei Holzbrücken. *Fig. 27a, b*

In Holland wurden schon früh über die vielen Kanäle und Schleusen Brücken angelegt; entweder einfache Klappbrücken, oder, wenn die Spanne zu groß war, doppelte, gegeneinander schlagende Fallbrücken; beide Arten kamen auch in Deutschland in Gebrauch. Diese Fallbrücken bildeten einen stumpfen Winkel, *um auch schwere Lasten, ja ganzer Armeen Durchmarsch mit schwersten Kanonen unbeschadet auszuhalten* (Lit. 152). Da diese Brücken auf beiden Seiten dauernd Personal benötigten, wurde eine Konstruktion mit Gegengewichten unter Wasser entworfen, die es ermöglichte, beide Seiten gleichzeitig zu öffnen oder zu schließen. In seinem zweiten Buch (Lit. 153) gibt Sturm, der sich dabei u. a. auf die Bücher Vitruvs beruft, echte „Bauanweisungen". Er plädiert dafür, wenn möglich Brücken ohne Pfeiler zu bauen, weil diese doch immer wieder durch Eis und Hochwässer gefährdet seien, und für Holzbrücken ein Hängewerk zu verwenden, für welches er einen Entwurf abbildet. Auch wie die Wassertiefe, der Stromlauf, Sandbänke und viele andere Faktoren beim Bau von Brücken zu beachten und zu beurteilen seien, wird ausführlich behandelt. Als „Nota" fügt Sturm am Ende seines Buches an, daß er eben (1719) *in den gelehrten Zeitungen gefunden,* daß in Paris die Dissertation von Gautier erschienen sei und er aus dem Titel schließe, daß dieses Werk den Mangel, den er eben hier beklagt habe, beheben werde – nämlich für den Brückenbau genaue Berechnungen anstellen zu können!

Das Buch von Daviler (Lit. 29), 1725 von Sturm ins Deutsche übersetzt, bringt ausführliche Anleitungen ganz ähnlicher Art; außerdem geht daraus hervor, wie sehr man sich damals nach griechischen und römischen Vorbildern und Schriften orientierte. Das schon so oft zitierte Buch von Schramm „Historischer Schauplatz der Brücken . . ." (Lit. 139) ist am ausführlichsten bezüglich der damals (1739) bestehenden Bauwerke. Zumindest einen Teil der beschriebenen Brücken dürfte Schramm selbst gesehen haben, und für die europäischen Bauwerke stimmen Jahreszahlen wie andere Angaben größtenteils genau. Bei solchen in der übrigen Welt war er natürlich auf Reiseberichte und Erzählungen angewiesen, und da mischte sich viel Phantasie zwischen die Zeilen und auch in die Zeichnungen. Schramm schwärmt u. a. von den Brücken Nürnbergs. Dort befand sich die damals weitgerühmte, elegante Fleischbrücke mit dem besonders flachen Bogen, ein hervorragendes Beispiel einer schönen und bemerkenswerten Renaissancebrücke, 1596 von Peter Unger und W. J. Stromer erbaut. *Fig. 26* Nürnberg war zur Zeit Schramms schon reich an Holzstegen und schönen Steinbrücken, *mehr als zwölf, bequem und kostbar angelegt.* Die Namen dieser Brücken erzählen ein Stück Stadtgeschichte: Es gab die Schuldbrücke, zu beiden Seiten von den Schuldtürmen flankiert, die Spitals-, die Barfüßer- und die Sau-Brücke sowie die erst 1728 erbaute „ABC-Brücke", auf der sich insgesamt 48 kleine Läden befanden, die nach dem Alphabet gereiht waren und dadurch dem Bauwerk seinen Namen gaben.

Vom Bau berühmter Steinbrücken auf deutschem Boden wissen wir während dieser langen Periode nichts, die großen mittelalterlichen Brücken taten weiter ihre Dienste, wurden repariert und umgebaut. Kleinere Steinbrücken wurden jedoch errichtet, z. T. bei Schlössern oder in anmutigen Tälern, etwa an der Lahn oder Ahr, und besonders an den Flüssen in Süddeutschland, vor allem im schwäbischen Raum. Gerade in diesem Gebiet gibt es auch nur selten gefährliche Hochwässer, so daß die Brücken dort längeren Bestand haben. Schwaben besaß ausgezeichnete Fachleute, die selbst kleine Übergänge sehr durchdacht und solid errichteten. Nicht nur im Bau von Holzbrücken war man in diesen Landstrichen äußerst bewandert, sondern es wurde auch eine Vielfalt schöner Steinbrücken erstellt. Die meisten von ihnen entstanden vom 16. bis zum 19. Jh. ohne wesentliche Änderung der Bauart, viele aus dem Muschelkalk dieser Gegend, oft aus unbearbeiteten Steinen mit groben Fugen; einige Bauwerke wurden auch glatt verputzt. Ansteigende Fahrbahnen und unregelmäßige Bauweise erinnern, trotz der teilweise flacheren Bogen, noch stark an mittelalterliche Formen. Erstaunlich viele dieser Brücken existierten bis in die Zeit nach dem Ersten Weltkrieg oder gar bis zum Ende des Zweiten. Teils waren es die sinnlosen Sprengungen jener Tage, teils der anwachsende Verkehr und die nicht immer rechtzeitig ergriffenen Maßnahmen zur Erhaltung dieses Kulturgutes, die Schuld tragen am vielfachen Verschwinden dieser Zeugen schwäbischer Brückenbaukunst.

Auf vielen dieser Brücken standen Nepomukstatuen, manchmal auch andere Figuren. Die fast überall bis zur Brüstung hochgezogenen mächtigen Pfeilervorsprünge waren meistens in Dreiecksform ausgebildet; sie dienten zugleich als Ausweichen für die Fußgänger, denn viele dieser Brücken hatten ursprünglich eine geringe Breite, öfter unter vier Metern. Einige, wie der Flußübergang über die Jagst bei Schöntal oder die Kocherbrücke in Ödheim, waren besonders originell, mit einseitig ansteigender Fahrbahn und zugleich wachsenden Bogen über die Flußbreite hinweg. Vielleicht ist dies dadurch zu erklären, daß man sich der Flößerei wegen nach der tiefsten Wasserrinne richtete – auch wegen dem größten Durchgang bei Hochwasser oder Eisgang – und sich dort der höchste und weitestgespannte Bogen befinden mußte. Die Fahrbahnen dieser Brücken brauchten immer ein Gefälle, um das Regenwasser abzuleiten, da die seitlichen Brüstungen ohne Durchbruch hochgezogen waren.

Es lohnt sich auch noch heute eine „Brückenreise" in dieses Gebiet. Die Bauwerke über Jagst und Kocher wurden zwar fast alle kurz vor Kriegsende 1945 gesprengt, doch eine Anzahl nach alter Art wieder aufgebaut, wie die eben genannte Brücke beim Kloster Schöntal oder diejenige in Heimhausen/Jagst, bei welcher eine alte, beschädigte Inschrift Kunde gibt, daß die Brücke von *G. H. Beckmann, Maurer zu Widern* errichtet wurde. In Olnhausen, zwischen Widdern und Jagsthausen, wurde die zu Kriegsende zerstörte vierbogige Brücke 1950 wiederhergestellt; die alte Tafel, teils in unleserlicher Schrift, berichtet von einem . . . *mann aus Widern,* so daß es sich um den selben Maurer Beckmann handeln könnte, der in Heimhausen tätig war. Die aus zwei Bauperioden stammende Jagstbrücke in Altkrautheim – sie besaß zwei runde und zwei segmentförmige Bogen – wurde 1976 gesprengt, obgleich dort genügend Platz gewesen wäre, die neue Brücke im Verlauf der Straße schräg über den Fluß zu führen und das alte Bauwerk für den Fußgängerverkehr zu erhalten. Die Jagstbrücke bei Hohebach wurde durch eine Betonplatte verbreitert und unterstromig leider mit einem Stahlgeländer versehen. Sie trägt die „Königssäule", die zur Erinnerung an den Zusammenschluß von Hohenlohe und Württemberg (1806) im Jahre 1810 auf ihr errichtet wurde. Die ähnlichen Brücken bei Elpershofen und bei Buchenbach an der Jagst wurden unter Verwendung alten Steinmaterials rekonstruiert, leider aber mit einem Stahlgeländer versehen. Aus dem Jahre 1540 stammt die in Ellwangen über die Jagst führende Steinbogenbrücke (die letzte des Ostalbkreises), die 1975 renoviert und unter Denkmalschutz gestellt wurde. Einige der fast durchwegs gesprengten Kocherbrücken wurden ebenfalls unter Verwendung alten Steinmaterials in ihrer ursprünglichen Art aufgebaut, wie 1953 die von Morsbach – mit einem Wappenstein aus dem Jahr 1596. Dasselbe gilt für die Kocherbrücke in Kocherstetten aus dem Jahr 1776, die mit mehreren Wappensteinen versehen ist. Die alte Brücke von Forchtenberg existiert nicht mehr, doch ist dort die kleine Kupferbrücke über das gleichnamige Flüßchen erhalten, von Heinrich Reckmann erbaut, wie die Inschrift verrät. Das Bauwerk besitzt einen hübschen, sehr flachen Bogen.

In Schwäbisch Hall dient der sogenannte Steinerne Steg heute dem Fußgängerverkehr. Die alte *Abb. 69*
Straßenbrücke über den nun trockenen Mühlgraben in Öhringen aus dem 16. Jh. erhielt später das

schöne Steingeländer. Ein großes und beachtliches Bauwerk war die Ulrichsbrücke genannte alte Straßenbrücke von Koengen über den Neckar, 1622 von Heinrich Schickhardt erbaut. Die 1912 verbreiterte Brücke ist 1945 gesprengt worden, sie wurde jedoch bereits 1946 wieder aufgebaut. Mächtige Segmentbogen, klare Mauerflächen, scharfkantige Pfeilervorköpfe und weit in das Ufergelände auslaufende Flügelmauern zeichnen dieses mit einem Obelisk geschmückte Bauwerk aus.

Besonders anheimelnd sind die alten Tauberbrücken, viele aus rotem Sandstein (Lit. 120 und 148). Eine der ältesten von ihnen, beim Kloster Bronnbach, ist unter dem Abt Johannes Hildebrand 1408 erbaut worden; die Nepomukstatue stammt aus dem Jahre 1731. Das Bauwerk erfuhr einige Reparaturen und Veränderungen und wurde 1959 von Grund auf renoviert. Die ursprüngliche Brücke an dieser Stelle stammte aus dem Mittelalter und ist ein weiteres Beispiel eines mit kirchlicher Hilfe und Ablaßbriefen erstellten Überganges: 1157 wurde der Grundstein zu dem Klosterbau gelegt; wann eine erste Brücke errichtet wurde, ist nicht bekannt, doch am 26. April 1336 und drei Jahre später, am 21. Mai 1339, wurden zu Avignon jeweils Ablaßurkunden ausgefertigt, die den Wiederaufbau der Brücke von Bronnbach fördern sollten; man nimmt also an, daß damals eine Gewölbebrücke bestand. Auf Grund von Steinmetzzeichen sowie der verschiedenen Arten von Bogen wird für das bestehende Bauwerk angenommen, daß die zwei kleinen Gewölbe auf der Gartenseite noch von der alten Brücke (1339) stammen, während die zwei großen, aus gotischen Quadern gefügten Bogen nach der Hochwasserkatastrophe von 1408 errichtet wurden. Obwohl diese Brücke sowie jene von Rothenburg o. d. Tauber noch aus dem Mittelalter stammen, wurden sie in dieses Kapitel mit einbezogen, um ein geschlosseneres Bild des Brückenbestands dieses Tales zu geben. Die doppelstöckige Brücke von Rothenburg, um 1330 entstanden, ist einmalig in ihrer Art. Die Vermutung, daß sie anfangs nur die unteren sechs unregelmäßigen Bogen besaß und erst später durch die neun kleineren, völlig asymmetrischen Bogen aufgestockt wurde, konnte bisher nicht bestätigt werden, obgleich das unterschiedliche Mauerwerk von jeher Anlaß zu solchen Überlegungen gab. Das Bauwerk wurde nach der sinnlosen Sprengung 1945 auf den alten Fundamenten neu errichtet und dabei von 5,4 m auf 6,4 m verbreitert. Durch umfangreiche Sanierungsarbeiten wurden die Brücke von Gamburg (ursprünglich 15. Jh.) – 1971/72 – sowie die besonders anmutige von Hochhausen (Mitte 17. Jh.) – 1969 – zwar etwas verändert, doch blieb der Grundcharakter der Bauwerke gewahrt. Die schöne Tauberbrücke in Reicholzheim mit ihren vier Bogen stammt in ihrer heutigen Gestalt aus dem Jahr 1772. Abt Ambrosius vom Kloster Bronnbach steuerte die Finanzierung, wobei zur Deckung der Baukosten auch jene Nutznießer herangezogen wurden, die während der Erbauung nach Reicholzheim zuzogen. Zu den malerischsten Tauberbrücken zählt die sechsbogige, von Balthasar Neumann entworfene Brücke in Tauberrettersheim, mit deren Bau 1733 begonnen wurde. Nicht weit vom Taubertal, in Gerlachsheim, führt eine dreibogige reizvolle *Abb. 68* Brücke aus Muschelkalk über den Grünbach. Erst 1858 erbaut und mit vier Heiligenfiguren versehen, ordnet sie sich dennoch den vorher genannten Bauwerken zu.

Zum Unterschied von den eben beschriebenen Gebieten neigte man im Norden und Osten Deutschlands immer noch mehr dem Holzbrückenbau zu. Selbst in Berlin entstand die erste Steinbrücke erst Ende des 17. Jh.s. Schramm berichtet darüber: *1692 legte Friedrich I. den* *Abb. 3b* *Grundstein zur steinernen Langen Brücke, mit fünf Schwibbogen und zwölf Figuren, sowie der Statue von Churfürst Friedrich Wilhelm des Großen zu Pferde, dem Vater des Bauherrn.* Da und dort wurden auch in diesen Landstrichen in den Städten oder bei Schlössern schöne Steinbogenbrükken erbaut, wobei man gerne dem französischen Vorbild folgte.

Der Osten und Südosten Europas wurde von dieser Steinbauweise kaum berührt. Nur in den Gebieten, in denen die Türken längere Zeit herrschten und Zivilverwaltungen einrichteten, wurden im Laufe der Zeit viele Steinbrücken gebaut. Diese folgten jedoch nicht den italienischen, später französischen Vorbildern der Renaissance und des Barock, sondern entwickelten einen Typus eigener Prägung.

Was sich unter dem Sammelnamen „Türkische Brücken“ alles verbirgt

Fig. 28 Fünf Brücken Sinans und die Brücke von Mostar von seinem Schüler Heyrettinin, 16. Jh. (Zeichnung nach Bozkurt, Lit. 17)

Schon die Seldschuken, die im 11. und 12. Jh. große Teile Anatoliens beherrschten, waren ausgezeichnete Baumeister, wie wir aus den prachtvollen Bauten dieser Zeit heute noch erkennen können. Ihre Bautätigkeit beschränkte sich nicht nur auf ihre Städte, sondern sie errichteten entlang ihrer Handelsstraßen, wie z. B. der alten Seidenstraße oder der Straße vom Großen Salzsee zur Küste, etwa alle 30 bis 40 Kilometer, der Tagesetappe einer Kamelkarawane, die berühmten, in herrlicher Steinmetzarbeit ausgeführten Karawansereien. Dort, wo es nötig war, erbauten sie auch Brücken, und solche Seldschukenbrücken aus Stein, beidseitig mit unregelmäßigen, verschieden großen Bogen ansteigend und hie und da in Pfeiler und Mauerwerk eingefügten ebenso unregelmäßigen Arkaden, finden wir in der Türkei noch mehrfach. Sie wirken durch ihre rustikale Bauweise besonders reizvoll. Das Steinmaterial ist teilweise nicht so fein bearbeitet wie an den städtischen Bauten oder den Karawansereien. Während aber die letztgenannten Bauwerke zum Teil noch recht gut erhalten sind oder restauriert wurden, sind in den letzten Jahrzehnten viele alte Brücken dem Verkehr geopfert worden – auch solche römischen oder byzantinischen Ursprungs. Es ist durchaus denkbar, daß einige Seldschukenbrücken auf alten römischen Resten errichtet wurden, in manchen Fällen ist dies auch einwandfrei zu erkennen. Zwei seldschukische Brücken führen noch über den Kizil Irmak, den Roten Fluß, und über große Strecken schimmert er tatsächlich durch das am Grund befindliche Gestein rötlich. Es handelt sich bei diesem Fluß um den alten Hales, der in der Geschichte vom Lyderkönig Krösus und dem Delphischen Orakel vorkommt, welches ihm weissagte: *Wenn du den Hales überschreitest, wirst du ein großes Reich zerstören.* Krösus überschritt diesen Fluß – aber es war sein Reich, das im Kampf gegen den Perserkönig Kyros zerstört wurde (545 v. Chr.).

Die Brücke über den Kizil Irmak bei Köprüköy (Brückendorf) ist besonders originell, und sie trägt *Abb.*
bis heute noch den ganzen Verkehr. Andere seldschukische Brücken liegen abseits der großen neuen *71*
Straßen und haben nur mehr örtliche Bedeutung. Das Seldschukenreich erstreckte sich übrigens keineswegs nur über Gebiete der heutigen Türkei, sondern in seiner größten Blütezeit bis nach Westturkestan, Persien, Syrien und Mesopotamien, und auch dort errichtete dieses Volk Brücken. Als Beispiel einer schönen und sehr großen Seldschukenbrücke führt Moser in seinem Buch (Lit. 112) die wahrscheinlich im 11. Jh. in der Provinz Chorasan (heute Persien) erbaute Brücke über den Tedjent bei Pul y Chatun an.

In der Türkei konnte man vor 20 Jahren noch sehr reizvolle große wie kleinere Brücken dieser Art *Abb.*
benützen, doch existieren auch heute noch einige, wie die festgefügte Cokgözbrücke bei Kayseri *74*
oder die nicht weit entfernte aparte Tekgözbrücke mit einem großen und einem kleinen Bogen. Die
mächtige Brücke über den Tigris bei Diyarbakir und die originelle Belkisbrücke über den Manavgat *Abb.*
in der Nähe von Antalya, deren Brückenbahn einen rechten Winkel aufweist, seien ebenfalls *72*
erwähnt.

In der Blütezeit der osmanischen Herrschaft erwuchs den Türken dann aus der Janitscharengarde ihr größter Baumeister und Architekt: Kodscha Sinan. Im Anfang dürfte er, bei den Janitscharen bereits während vieler Feldzüge als Baumeister tätig, hauptsächlich Kriegsbrücken errichtet haben. Mehr als fünfzigjährig, wahrscheinlich nahe der Sechzig, begann er seine immense zivile Bautätigkeit und seine Karriere als Architekt der Sultane – er diente vier Herrschern und deren obersten Würdenträgern. Die große Moschee von Edirne, die Suleyman- und die Mihrimahmoschee in Istanbul sind seine berühmtesten Werke, er schuf aber im Lauf seines langen, beinahe hundertjährigen Lebens viele weitere Moscheen, Bäder, Schulen, Grabmäler und andere Bauten, im ganzen über 300; dazu stammen nachweislich acht steinerne Brücken von Sinan. Alle diese Bauwerke sind in seinen eigenhändig geschriebenen Arbeitslisten angeführt (Lit. 40). Unter den Brücken ist sein größtes und eigenwilligstes Werk die um 1566 erbaute Büyükcekmece an der ehemaligen Heerstraße nach Europa, an der auch die übrigen Brücken Sinans liegen. Es soll dort bereits eine alte Steinbrücke bestanden haben, die den Anforderungen jedoch nicht mehr entsprach und fast unpassierbar geworden war. Anläßlich eines Heerzuges dürfte Suleyman seinem Baumeister Sinan den Auftrag für einen Neubau erteilt haben (Lit. 17). Der Boden war dort sehr morastig, und Sinan beschäftigte sich deshalb eingehend mit dem Problem der Gründung: Er verlagerte die neue Brücke etwas näher an das Marmarameer und ließ drei künstliche Inseln von geometrischer Form aufschütten, die Elefantenfüße oder -tritte genannt wurden, wodurch die nun sehr lange Büyükcekmece in vier fünf- bis siebenbogige Brücken gegliedert wurde. Zur Gründung der Pfeiler ließ Sinan sehr lange Holzbohlen rammen. Da sich auf der einen Seite der Brücken das Meer, auf der anderen ein See befindet und von beiden Seiten zeitweise Strömungen kommen, sind die Pfeiler nach beiden Seiten spitz ausgeformt. Diese vierteilige Brücke muß bereits in Bau gewesen sein, als Suleyman zu seinem Feldzug nach Szegedwar auszog, der sein letzter sein sollte. Als er an der Baustelle vorbeikam, forderte er Sinan auf, diese nicht zu verlassen, bis die Brücke vollendet sei, und er hoffte, sie würde fertig sein, wenn er zurückkehre. Suleyman starb während dieses Feldzuges, aber er passierte die – noch nicht ganz vollendete – Brücke hoch zu Roß (festgebunden), wie man aus Erzählungen weiß, denn sein Tod wurde bis zum Eintreffen in Istanbul verheimlicht, um Thronstreitigkeiten zu vermeiden. Endgültig fertig wurde die Büyükcekmece, die heute noch in der gleichen Art besteht, erst ein Jahr später (1567), unter Selim II. Sie ist die einzige Brücke Sinans, die Inschrifttafeln trägt, und zwar gleich zwei, mit Lobpreisungen Allahs sowie Suleymans, des Herrschers aller Herrscher, und auf der zweiten wird auch Selims II. gedacht und etwas versteckt auch Sinans, des Architekten (Lit. 17).

Alle Brücken Sinans sind aus Kalkstein erbaut. Die etwas weiter westlich an der gleichen Heerstraße liegende Silivri Köprüsü hat 32 ziemlich gleichmäßige Bogen von ca. $6^1/_2$ bis $7^1/_2$ m Spannweite und eine Durchschnittshöhe von 3 bis 4 m, so daß sie aus der Ferne *einer Perlenkette* gleicht, wie sie auch poetisch beschrieben wird. Tatsächlich schmiegen sich die vielen hellen Bogen wunderschön in die Landschaft, besonders im Frühjahr, wenn zartes Grün die kargsten türkischen Gegenden verzaubert.

Von den Brücken Sinans wird die Alpullu'da Sinanli Köprüsü als Meisterwerk bezeichnet. Sie hat eine klassische Form: fünf Bogen, leicht ansteigend, wovon der mittlere beachtlich große Bogen eine Spannweite von 20 m besitzt und ca. 10 m hoch ist. In den Pfeilern befinden sich Arkaden, die inneren sind abgerundet, die äußeren nischenartig gestaltet; über dem großen Bogen befindet sich ein Balkon mit Steinzierat. Die Steinmetzarbeit ist besonders schön und solide ausgeführt, und das noch gut erhaltene und nur an wenigen Stellen renovierte Bauwerk ist von vollendeter Harmonie. Alle diese in der zweiten Hälfte des 16. Jh.s an der damals so viel benützten großen Heerstraße nach Europa entstandenen Brücken haben Spitzbogen. Nach den vielen Eroberungszügen und weit vorgetriebenen Positionen fühlten sich die Türken wohl stark genug, nicht nur aus strategischen, sondern auch aus verwaltungstechnischen Gründen die alten Holzbrücken durch steinerne Bauwerke zu ersetzen, denn sicher war es eine Ausnahme, daß die Vorläuferin der Büyükcekmece bereits aus Stein gebaut war.

Um diese Zeit dokumentierten die Sultane wie die hohen Würdenträger durch Bauaufträge Macht und Reichtum, und die Vielfalt der aus dieser Zeit stammenden Prachtbauten spiegelt sich am besten in den hügelanstrebenden Kuppeln und Minaretten Istanbuls. Während Sinan bei seinen übrigen Bauten durchaus nicht auf schmückendes Beiwerk verzichtete, gestaltete er die Brücken äußerst einfach. Der Fundamentierung hingegen wandte er besondere Sorgfalt zu und berücksichtigte bei jedem dieser Bauwerke die örtlichen Verhältnisse, die Strömung des Wassers und vieles mehr (Lit. 17). Unter Suleyman baute Sinan außerdem fünf Aquädukte und stellte zwei ältere Brücken wieder her. Auch im übrigen Land entstanden Steinbrücken, zum Teil von Schülern Sinans erbaut. Fast alle alten Brücken, auch schon die römischen und seldschukischen, befinden sich an den großen Straßenzügen; Stadtbrücken gibt es selbst heute noch wenige. Wer die Türkei kennt, weiß, daß Dörfer, Städtchen und alte Seldschukenfestungen wie Schwalbennester an den Hängen der Berge kleben, teils aus Verteidigungsgründen, teils weil unten am Flußlauf jedes geringste Fleckchen Erde für den Ackerbau genutzt wurde und wird. Die fünf Brücken Pergamons, mit der umstrittenen Mousloukbrücke, bildeten sicher eine Ausnahme. *Abb. 10*

Dem türkischen Brückenbau, der so solide und formvollendete Bauwerke schuf, wurde bisher nur wenig Bedeutung geschenkt. Dabei haben die Türken nicht nur in ihrem Heimatland, sondern bis vor die Grenzen Mitteleuropas – in Montenegro, Mazedonien, Serbien und anderen Provinzen – viele Steinbrücken errichtet. Leider sind durch die zahlreichen Kriege und Feldzüge in diesen Gebieten nicht nur viele dieser Bauwerke ganz oder teilweise zerstört worden, sondern auch Städte mit ihren Archiven und Bibliotheken, und so sind die historischen Quellen oft nur dürftig. Im Bewußtsein der Bevölkerung erhielten sich aber durch Sagen und Legenden Brücken und andere Bauten oft noch sehr lebendig. Man nimmt an, daß die Türken bei ihren Feldzügen in diesen Gebieten anfangs römische Brücken, soweit sie solche noch vorfanden, benützten und auch reparierten, im übrigen jedoch zuerst Holzbrücken bzw. auch Schiffsbrücken schlugen. Erst gegen Ende des 16. Jh.s und im 17. Jh. begannen sie in den eroberten Gebieten eine geordnete Verwaltung einzurichten und Straßen und Brücken intensiv zu pflegen und auszubauen, in dem unverkennbaren türkischen Stil.

In Serbien wurden, um den Angriff auf die Stadt Sirmium zu ermöglichen, 579 von einem awarischen Khan zwei Brücken über die Save geschlagen (Lit. 78). Eine einzige steinerne Brücke ist vor den türkischen Einfällen im 14. Jh. unter dem Herrscher Dušan aus der Familie Vojnovič erbaut worden; sie hat sich zum Teil noch in ihrer ursprünglichen Form erhalten: fünf Bogen sind alt, die restlichen wurden von den Türken restauriert. Das Bauwerk ist 140 m lang, 5 m breit und hat ein originelles Steingeländer. Eine der schönsten türkischen Brücken auf serbischem Boden soll die 1626 erstellte Kasalčiča most gewesen sein, die leider 1945 beim Rückzug der deutschen Truppen gesprengt wurde. Eine Inschrifttafel besagte, daß Mohamed Aga den Bau beauftragt und finanziert habe, und von dem türkischen Dichter Dzari Celebi (17. Jh.) gibt es Verse über diese Brücke. Eine weitere türkische Brücke, noch aus dem 16. Jh., über den Uvac zwischen den Städten Nova Varoš

Fig. 29 Brücke über den Uvac (Serbien), 16. Jh. (Zeichnung nach Katanic, Lit. 78)

Fig. 29 und Sjenica hatte ursprünglich drei Bogen. Heute steht nur noch einer, und die Bewohner der umliegenden Dörfer bedienen sich dessen, wobei sie auf der einen Seite die treppenartigen Steine noch gut benützen können, während auf der anderen Seite eine Leiter zum Auf- und Abstieg dient. Es gibt noch einige weitere türkische Brücken aus dem 16. Jh. sowie bei der kleinen Stadt Djakovica gleich drei guterhaltene Steinbrücken aus dem 18. Jh.: die Terziski most, ungefähr 7 km von Djakovica über den Erenik führend, mit türkischer Inschrift; die über den gleichen Fluß führende, nicht allzuweit entfernte Tabakski most, mit ungleich großen Bogen, Pfeilern mit Arkaden sowie einer Inschrifttafel und hübschen, runden Dekorationssteinen, auf denen z. B. ein Apfel, ein Gebäckstück, ein Stern und andere Symbole im Halbrelief dargestellt sind; und die Taliči most, die leider nur noch zwei Bogen besitzt, während die Spanne des ehemaligen dritten Bogens durch einen Holzsteg überbrückt ist. Auch eine rustikale, romantisch aussehende türkische Brücke bei dem Dorf *Fig. 30* Budisavci, nahe Peć, mit dreizehn sehr niedrigen Bogen, die teilweise im Gebüsch versteckt und wild verwachsen sind, hat kleine, sehr hübsche Reliefsteine an den Bogen: mit den unterschiedlichsten Zeichen sowie Tierdarstellungen. Die Brücke dient fast nur noch dem Fußgängerverkehr, hin und wieder auch ländlichen Fahrzeugen.

Fig. 30 Detail der Brücke bei dem Dorf Budisavci bei Peć in Serbien (Zeichnung nach Katanic, Lit. 78)

In der sogenannten Vojvodina gibt es bei dem Dörfchen Pločice eine historische Brücke aus dem 18. Jh. Sie wurde allerdings nicht von den Türken erbaut, sondern von ihrem berühmtesten Gegner, dem Feldherrn Prinz Eugen, der 1717 das Banat für Österreich eroberte. Die dreibogige Brücke führt über den kleinen, im Sommer ausgetrockneten Ponjavica, und sie wirkt dort ein bißchen fremd und streng, denn sie ist aus den gleichen Ziegeln und in dem trutzigen militärischen Stil erbaut wie die österreichischen Befestigungsanlagen der Vojvodina. Die Fahrbahn, heute zum Teil mit Erde bedeckt, besteht ebenfalls aus Ziegeln. Auch diese Brücke wird noch von Fußgängern und ländlichen Fahrzeugen benützt.

In Mazedonien hat sich noch eine ganze Gruppe türkischer Brücken, die vermutlich aus dem 17. Jh. stammt, in der kleinen Stadt Kratow erhalten. Drei dieser Brücken führen je in einem hohen Bogen über den Tabačka Reka: die erste, Grofčanski most genannt, hat sogar noch ihren türkischen Fahrbahnbelag, dient jedoch nur mehr dem Fußgängerverkehr, die zweite, Caršiki most, wurde 1934 repariert und für den modernen Verkehr adaptiert, während die dritte, Jokčiski most, ebenfalls nur mehr Fußgängern dient. Eine vierte Brücke dieses Städtchens, die über ein Nebenflüßchen führt, wurde 1833 erbaut; sie wird heute ebenfalls nur noch von Fußgängern benützt. Das Bauwerk besitzt drei hohe Steinpfeiler mit einer hölzernen Fahrbahn, die beim Überqueren mitschwingen soll (Lit. 78). Eine kleine, rustikale, zweibogige türkische Brücke bei Radoviš mit einer Arkade im Mittelpfeiler wurde leider in neuerer Zeit durch eine beidseitige Betonbrüstung verunstaltet. Die schönste türkische Brücke Mazedoniens stammt aus dem 19. Jh., die Govenički most über die Radika. Diese solide, wohlgeformte Brücke hat drei Bogen, von denen der mittlere am höchsten ist; die Steine von ganz gleicher Größe sind regelmäßig versetzt. In jedem Mittelpfeiler ist eine schmale, hohe Arkade ausgespart, und etwas höher, gegen den Mittelbogen zu, befindet sich je eine Rosette. Die Brüstung wurde erneuert, aber der Brückenbelag stammt noch aus der türkischen Erbauungszeit.

Die schönste türkische Brücke auf dem Gebiet von Montenegro soll die des Veziers – die Vezirow most – über die Morača bei Podgorica (dem heutigen Titograd) gewesen sein. Diese originelle Brücke wurde im Zweiten Weltkrieg zerstört. Erhalten haben sich eine kleine Stufenbrücke aus dem

71, 72 *Oben:* Die Seldschukenbrücke über den Kizil Irmak bei Köprüköy (Türkei). *Unten:* Vielleicht zu Verteidigungszwecken wurde die Seldschukenbrücke über den Manavgat bei Antalya (Türkei) in ihrem Verlauf abgewinkelt

73 Die Brücke über die Neretva in Mostar (Bosnien und Herzegowina), 1566/67 von Heyrettinin, einem Schüler Sinans, errichtet

74, 75 *Oben:* Die Cokgözbrücke über den Bünyan-Cay bei Kayseri, eine der noch gut erhaltenen alten Steinbrücken in der Türkei. *Unten:* Die Arslan-agića most über die Trebišnjica in Trebinje (Herzegowina), die, trotz Betonergänzungen, noch den originalen türkischen Charakter bewahrt hat

Figure Iere
Grande Chevre
Grande Chevre
Cabestan
Cabestan
Tiran pour retenir l'Ecart des Fermes

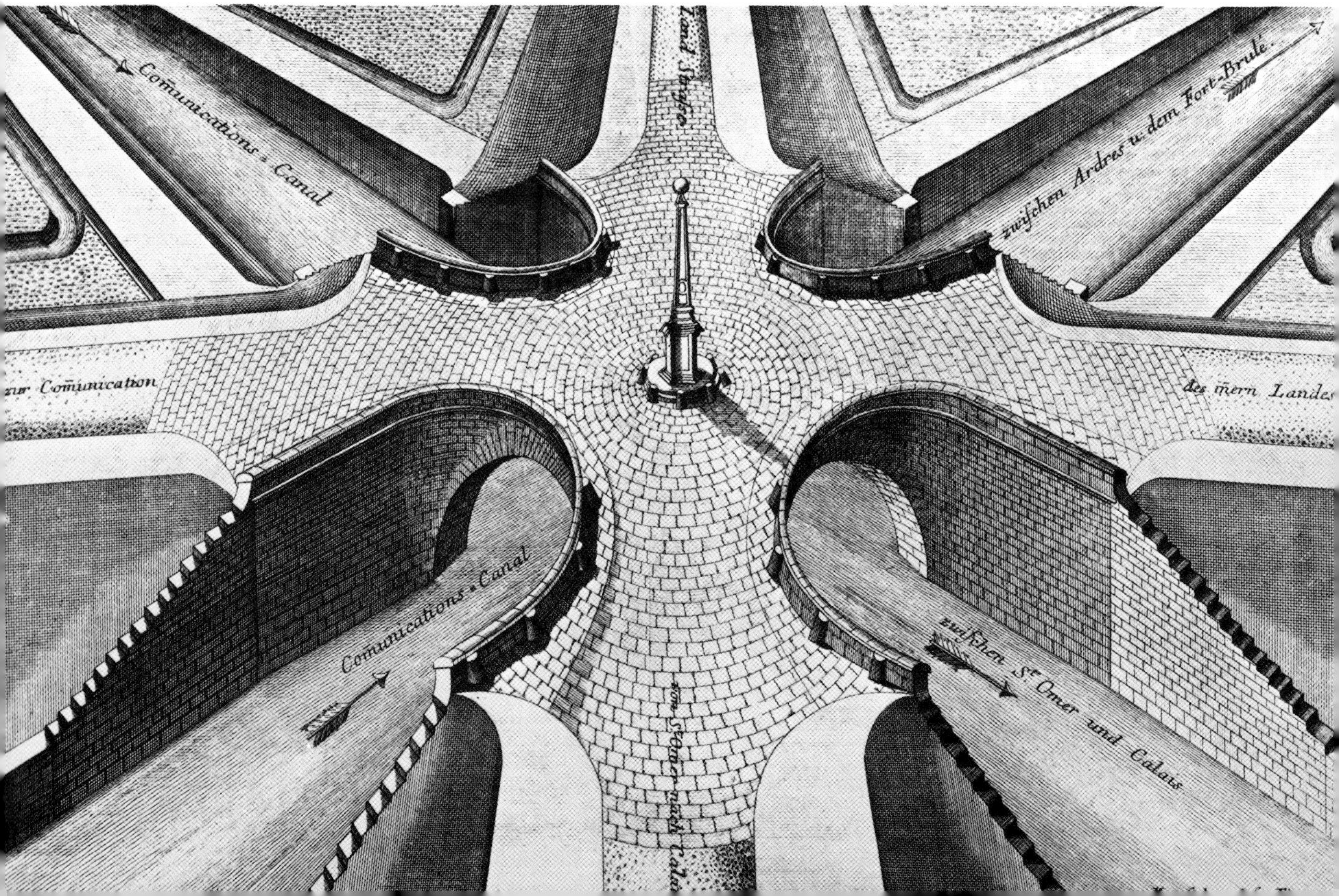
Comunications-Canal
zwischen Ardres u. dem Fort-Brulé
zur Comunication
des inern Landes
Comunications-Canal
zwischen St. Omer und Calais

Linke Seite:
76, 77 *Oben:* Diese Zeichnung von Perronet zeigt ein Detail der Arbeitsgänge am Pont-de-Neuilly (1768–1774) in Paris. *Unten:* Ein Unikat war die gemauerte Brücke mit vier Armen über die schiffbaren Kanäle von Ardres und Calais (Frankreich), deren Grundsteinlegung am 6. Juli 1750 erfolgte. Nach einem zeitgenössischen Stich

Rechte Seite:
78, 79, 80 *Oben:* 1720 entstand in Blois (Frankreich) – nach Entwürfen von Gabriel – die schönste Brücke über die Loire; ihre Brückengewölbe wurden erstmals auf hängenden Lehrgerüsten gemauert. *Mitte:* Eine der zahlreichen Kanalbrücken des von Paul Riquet 1616 begonnenen Canal du Midi in Südfrankreich, der 1681 fertiggestellt wurde. Heute hat er nur noch für die umliegende Landwirtschaft Bedeutung. *Unten:* Eine eigenwillige, spitzbogige Brücke führt in Vabre in Südfrankreich über die Agout, Zeugnis der Erfindungsgabe französischer Baumeister

81, 82 *Oben:* Die 1822–1826 von Thomas Telford erbaute Conway Castle Bridge in Wales (England), die bewußt dem Stil der alten Festung angeglichen wurde. *Links:* Das Meisterstück Telfords, die Hängebrücke von Menai (1819–1826), mit 539 Fuß Spannweite, besitzt bereits eine moderne Konstruktion

83 Die Britannia Bridge (1846 bis 1850) über die Straße von Menai (Wales), das berühmteste Bauwerk Robert Stephensons, mit ihren wuchtigen Pylonen an ägyptische Bauten erinnernd

84 Die gußeiserne Bogenbrücke über den Severn in Coalbrookdale, Shropshire (England), von A. Darby und J. Wilkinson 1777–1779 erbaut, war die erste ihrer Art. Heute dient sie nur mehr dem Fußgängerverkehr

85 Die außerordentlich schwierig zu erstellende Clifton Bridge über die Schlucht des Avon (Westengland), erbaut 1836 bis 1853, deren Vollendung ihr Konstrukteur Isambard K. Brunel nicht mehr erlebte

86 Die Firth of Forth Bridge in Schottland, 1883–1890 von B. Baker und J. Fowler erbaut. Ein Auslegertragwerk nach dem System Gerber mit starken Druckstrebenrohren, die Zugglieder aus fachwerkartig verarbeiteten Gitterstäben. Parallel zu diesem Bauwerk entstand 1964 die zarte Hängebrücke für den Straßenverkehr

87 Zu den großen Auslegerbrücken gehört die 1943 erbaute Horarah (Howrah) Bridge in Kalkutta (Indien) über den Hooghly – die viertlängste der Welt

Fig. 31 Brücke über den Suva Rijeka bei Stari Bar (Montenegro), vermutlich aus dem 19. Jh. (Zeichnung nach Katanic, Lit. 78)

18. Jh. über die Godjevica, 3 km von Budwa beim ehemaligen Kloster Podmaine, eine andere türkische Brücke bei Bijelo Polje über die Bistrica, und die Golo most, welche die Goloschlucht in etwa 19 m Höhe mit 9,20 m Spannweite überbrückt. Die beiden letzteren stammen vom Ende des 18. bzw. dem Beginn des 19. Jh.s. Das schönste und eigenartigste Bauwerk aus der Mitte des 19. Jh.s ist die von Prinz Danilo I. 1855 erbaute Brücke über den Rijeka Crnojevića im gleichnamigen Städtchen. Zu dem unregelmäßigen, guterhaltenen Bauwerk mit zwei Bogen und Arkaden führen am rechten Ufer Stufen bis in Brückenhöhe; es besitzt noch die türkische Pflasterung und dient heute den Fußgängern. Prinz Danilo I. ließ noch eine weitere Brücke errichten, über ein schluchtartiges Tal der Mvtvica. Ihre beiden Bogen sind fast gleich hoch (16,80 m), haben aber verschiedene Spannweiten (10,25 m und 6,72 m). Der Kontrast zwischen der sehr soliden Steinkonstruktion und der Unregelmäßigkeit der Bogen ist besonders reizvoll. Gleich fünf türkische Brücken (vermutlich aus dem 19. Jh.) befinden sich bei Stari Bar zu Füßen der mittelalterlichen Stadt, eine davon mit zwei Bogen, der größere herzförmig, der kleinere ungleichmäßig deformiert. *Fig. 31* Bei Stari Bar gibt es außerdem zwei türkische Aquädukte: der große, im 16. oder 17. Jh. erbaute besitzt 12 Bogen und fünf Arkaden aus ungleich großen Quadern. Das Wasser kam in Röhren einige Kilometer weit aus den umliegenden Bergen. Der Aquädukt reichte bis an die Stadtmauer, von wo das Wasser in mehrere Zisternen geleitet wurde. Der zweite, kleinere Aquädukt stammt aus dem 19. Jh.

Sehr originell ist auch die Arslan-agića most über die Trebišnjica in Trebinje in der Herzegowina. *Abb. 75* Nach dem Zweiten Weltkrieg wurde allerdings ein zerstörter Bogen durch eine Betonkonstruktion überbrückt. Eine alte, sehr malerische türkische Brücke mit völlig unregelmäßigen Bogen gibt es *Abb. 2p* unter anderen auch über den Weißen Drin in Albanien.

Die berühmteste und weithin bekannte türkische Brücke ist die von Mostar. Sie wird oft – und fälschlich – als Römerbrücke bezeichnet. Vielleicht haben die Römer dort eine Furt benutzt oder auch schon eine Brücke errichtet. Jedenfalls bestand im Jahre 1440 eine Holzbrücke, als der Ort Mostar – „Most" bedeutet ja Brücke – um dieses Bauwerk gegründet wurde (Lit. 17). 1483 wurde die Herzegowina von den Türken erobert und Mostar zur Hauptstadt dieser Provinz ernannt. In Quellen wird berichtet, daß die alte Holzbrücke eine Hängebrücke war, die bei Unwettern und Sturm so stark schaukelte, daß sich niemand darüber wagte. Da man in dieser Gegend (wie überhaupt in Europa um diese Zeit) aber sonst von keinen Hängebrücken weiß, könnte es sich um einen vorkragenden Steg, dessen Mittelstück aus durchhängenden Bohlen bestand, gehandelt haben. Es wird weiter berichtet, daß die Einwohner von Mostar des schlechten Zustandes der Brücke wegen Suleyman I., den Prächtigen, als er anläßlich eines Feldzuges in die Stadt kam, um eine neue Brücke

baten. Suleyman wollte Sinan damit beauftragen, der aber zu eben dieser Zeit mit dem Bau der
Büjükcekmece beschäftigt war. Sinan soll daraufhin seinen Chefarchitekten Hassan sowie seinen
ehemaligen Schüler, den Architekten Hayrettinin, nach Mostar gesandt haben, welch letzterer aus
der Herzegowina stammte, vielleicht sogar aus Mostar selbst. Unter seiner Leitung soll die Brücke
dann auch gebaut worden sein, vielleicht unter Mitarbeit Hassans. Mit 19 m Höhe und einer
Spannweite von 27,34 m schwingt sie sich in einem kühnen, leichten Spitzbogen über das Tal. Diese
Brücke wurde 1566 bis 1567, also tatsächlich zur gleichen Zeit wie die Büyükcekmece, erbaut. Der
Abb. bekannte türkische Poet dieser Zeit, Evlija Celebi, rühmt die Brücke von Mostar in einem Gedicht
73 als äußerst gewagtes und kühnes Bauwerk, ja als ein Meisterstück, das der Stadt ihren Namen gab.

Die Brücke weist den typischen türkischen Spitzbogen auf, ist wie die meisten anderen hervorragend
gegründet und hält fast ohne Reparaturen inzwischen mehr als 400 Jahre ihren Anforderungen
stand. Besonders aufschlußreich sind die Untersuchungen Bozkurts (Lit. 17) bezüglich der
Bauweise. Es gibt in Anatolien einige nachweislich von Hayrettinin gebaute Brücken, die in der Art
der Gesims- und Randsteine der Brücke von Mostar genau gleichen, so daß es scheint, der Architekt
Fig. habe auf diese Weise seine Bauwerke gekennzeichnet. Auf einer Zeichnung (Lit. 17) werden fünf
28 Brücken Sinans und dazwischen die Brücke von Mostar abgebildet, um zu demonstrieren, wie eng
diese der Schule Sinans zuzuordnen ist. Auf jeden Fall wird diese Brücke auch heute noch sehr
bewundert und gehört zu den am häufigsten photographierten Objekten. Es ist beachtenswert, daß
sich die türkische Brückenbauweise im eigenen Land wie in den Balkanländern bis ins letzte Drittel
des 19. Jh.s in ihrer Schönheit und Eigenart unverändert erhalten hat, während im übrigen Europa
bereits Brücken in den unterschiedlichsten Stilen gebaut wurden.

Zum Abschluß sei noch auf Griechenland verwiesen: Auch dort findet man noch türkische Brücken; am bekanntesten ist jene über den Artinós bei Arta in Epirus, deren Pfeiler – wie man nach dem Zweiten Weltkrieg feststellte – auf antiken Fundamenten aus sorgfältig behauenen Quadern ruhen, die wahrscheinlich hellenistischen Ursprungs sind. Die Bogen wie die Arkaden in den Pfeilern der Brücke sind von unterschiedlicher Größe, der weitestgespannte Bogen ist auch der höchste und bedingt einen Fahrbahnanstieg über den Bogenscheitel.

Der Übergang vom empirischen zum technischen Brückenbau in Frankreich und England

Fig. 32 Kelso Bridge über den Tweed in der gleichnamigen Stadt (Schottland), 1803 von John Rennie erbaut (Zeichnung nach P. Sharp, Lit. 22)

Aus Frankreich kamen im 17. Jh. die ersten Anstöße für die Denkweise unserer heutigen Bauingenieure, wenn es sich dabei vorerst auch hauptsächlich um den Festungsbau handelte. Auf den Vorschlag S. de Vaubans (1633–1707), Frankreichs berühmtem Marschall und Festungsbaumeister, wurde um 1675 das „Corps des ingenieurs du génie militaire" geschaffen, dem 1720 das „Corps des ingenieures des ponts et chaussées" folgte. Durch diese Institutionen machte das Baugeschehen in Frankreich große Fortschritte: Entwurf und Bauausführung wurden von Fachleuten überprüft, Pläne waren einem Ausschuß vorzulegen. Bereits 1720 entstand in Blois die schöne Brücke über die Loire, nach Entwürfen von Gabriel. Die Brückengewölbe waren die ersten, die auf hängenden Lehrgerüsten hergestellt wurden, und diese Methode fand vielfältige Nachahmung (Lit. 71). *Abb. 78*

Die im Jahre 1747 in Paris durch Trudaine gegründete „École des ponts et chaussées" wurde 1760 unter dem hervorragenden Ingenieur und Brückenbauer Perronet reorganisiert, unter dessen Leitung sie dann auch einige Zeit stand. Perronets Meisterstück war gewiß der Pont-de-Neuilly über die Seine in Paris, dessen Bauablauf an einem im Deutschen Museum in München befindlichen großen Modell demonstriert wird, das die Arbeitsvorgänge, die exakten Holzgerüste, die vielerlei Arbeiten in der Baugrube und die sorgfältige Steinarbeit zeigt. Noch mehr aber gibt das Buch von Perronet (Lit. 124) selbst Aufschluß über alle diese Arbeiten. Details der Arbeitsvorgänge wie des Materials, der Einrichtung der Baustelle sowie viele Zeichnungen geben ein beeindruckendes Zeugnis der damaligen Leistungen. *Abb. 76* 1768 wurde der Bau dieser Brücke begonnen, am 22. September 1772 waren die Bogen fertiggemauert, und zu diesem Zeitpunkt wurde die Brücke in Anwesenheit des Königs eröffnet. Bildliche Darstellungen dieses Ereignisses zeigen, daß es ein echtes Volksfest gewesen sein muß. *Abb. 3d* Die Brücke war vorerst nur provisorisch benützbar und wurde erst gegen Ende des Jahres 1774 fertiggestellt. Der ganze Bauablauf wurde von der Pariser Bevölkerung mit großer Anteilnahme verfolgt, und es scheint diese Baustelle sozusagen das sonntägliche Familienausflugsziel gewesen zu sein. Es gab auch ein sehr populäres Couplet über diesen Brückenbau, ein weiteres Zeichen seiner Beliebtheit (Lit. 36). Bis 1780 dauerten noch die Anschlußarbeiten rundum: Uferbefestigungen, ein Kanal u. a. m. Perronets Ausführungen, in denen er sich auch mit dem jeweiligen Bauprogramm – er beschreibt zugleich drei weitere von ihm errichtete Brücken – sowie mit der Bauplatzeinrichtung, ja mit rechtlichen und finanziellen Bedingungen und Bestimmungen und weiteren einschlägigen Problemen auseinandersetzt, muten nahezu modern an. Nebst vielen weiteren Brücken in Frankreich stammt auch der Entwurf für die Steinbogenbrücke über die Newa in Petersburg von Perronet. Doch gab es im Frankreich des 18. Jh.s noch andere berühmte Ingenieure, wie etwa E. M. Gauthey (1732–1806), einen Schüler Perronets, der dessen Tradition fortsetzte, ebenfalls Brücken baute und u. a. das Buch „Traité de la construction des ponts" schrieb.

Er nahm sich dann eines verwaisten Neffen an, L. M. H. Naviers (1785–1836), der als Begründer der Baustatik ebenfalls berühmt wurde (Lit. 151). Navier errichtete auch einige Seinebrücken und wirkte wie Perronet eine Zeit als Professor an der École des ponts et chaussées. In den Jahren 1789/90 folgte dann die Gründung der „École Polytechnique". Durch diese Schulen, die besten Ruf in ganz Europa genossen, bzw. durch die Nutzanwendung wissenschaftlicher Erkenntnisse für das Bauwesen, also auch für den Brückenbau, nahm Frankreich damals eine führende Stellung am Kontinent ein.

Eine große und vielbewunderte Leistung war der noch im 17. Jh. erstellte Canal du Midi, der von Garonne bei Toulouse zur Hafenstadt Sète führt. Paul Riquet aus Béziers baute bzw. begann dieses
Abb. Werk, dessen Erstellung von 1616–1681 dauerte und das mit einer Tiefe von 2 m und einer Breite bis
79 zu 20 m eine Gesamtlänge von 239 km erreicht! Viele Kanalbrücken mußten gebaut werden, von denen noch einige existieren.
Abb. Eine vierarmige Brücke über die Kanäle von Ardres und Calais dürfte ein Unikat geblieben sein.
77 Eine eigenwillige, spitzbogige Brückenkonstruktion führt in Vabre in Südfrankreich über die Agout
Abb. und zeugt von der Kunst und Erfindungsgabe französischer Baumeister. Große Straßenbrücken wie
80 der Pont George V mit einer Länge von 333 m, 1760 durch Perronet und Hupeau in Orléans erbaut, oder diejenige von Bordeaux mit 17 Bogen und einer Länge von 486 m, die 1813–1821 entstand, zeugen nebst vielen anderen von der Kunst der französischen Brückenbauer dieser Zeit. In den Nachbarstaaten am Kontinent spiegelte sich das französische Vorbild in vielen Brückenbauten jener Periode.

Aber nicht nur in Frankreich entstanden richtungweisende Brückenbauten, auch in England wurde zur gleichen Zeit Beachtliches geleistet. Viele der klassischen Themsebrücken, in London und flußaufwärts, stammen aus dem 18. und dem beginnenden 19. Jh. Sie stammen z. T. von berühmten Baumeistern und sind in großer Zahl noch erhalten, wie die Brücke von Maidenhead, 1772 von Sir Robert Taylor erbaut, mit dessen Vermögen auch das gleichnamige Institut in Oxford gegründet wurde (Lit. 22). Weitere Brücken, wie die Swinford Bridge in Eynsham in der Nähe Oxfords oder solche in Richmond oder Henley, sind Beispiele eines gekonnten klassizistischen Stiles. Beim Bau der Westminster Bridge (1739–1750) wurden zum ersten Mal in Europa richtige Senkkästen (caissons) verwendet, die dann Schule machten.

Über die vielen Themsebrücken berichtet besonders ausführlich Malberg (Lit. 98) in seinen Notizen über eine Reise nach England 1854. Darin beschreibt er viele Brücken aus dem 18. Jh., unter Anführung ihrer Kosten, deren Finanzierung und vieler anderer Details. Von der bereits erwähnten Westminster Bridge berichtet Malberg auch die Vorgeschichte: Es habe vorher dort keine Brücke bestanden, und die Gesellschaft der Fährleute und Bootsleute des rechten Themseufers hätte sich gegen den Bau einer Brücke sehr gewehrt, bis 1736 die Akte zur Genehmigung durch das Parlament ging. Da man mit Beschädigungen oder gar der Zerstörung des Bauwerkes von seiten der Gegner des Baues rechnete, wurde in einer Klausel sogar mit der Todesstrafe gedroht! Das Geld für diese Brücke wurde durch Lotterien aufgebracht. Von der Putney Bridge (1729) berichtet Malberg, daß das Aktienkapital aus 30 Aktien à 1.000 £ Sterling bestanden habe; nach der Fertigstellung sei Maut verlangt, aber es seien auch Dividenden ausbezahlt worden. Die Richmond Bridge, 1774 begonnen, sei auf Leibrentenbasis erstellt worden, und Malberg fügt hinzu, zur Zeit seiner Anwesenheit in England habe eine einzige, damals noch lebende 80jährige Dame als Teilhaberin jährlich 800 £ Sterling erhalten, nach dem Tode der Dame würde die Brücke aber zollfrei werden. Viele weitere Einzelheiten von insgesamt 20 Themsebrücken sind in diesen Notizen festgehalten.

Im England des 18. Jh.s vollzog sich dann die sogenannte „industrielle Revolution", und bedingt durch die raschere Erzeugung vieler Güter reichten auch die alten Beförderungsmöglichkeiten nicht mehr aus. Binnen kurzer Zeit wurden Straßen verbessert oder neu gebaut sowie die dazu notwendigen Brücken errichtet. Ebenso wurden Kanäle erneuert oder neu angelegt und auch darüber wurden Brücken notwendig, so daß in rascher Folge eine große Anzahl solcher Bauwerke in sehr unterschiedlicher Ausführung entstand. Mit der Nutzbarmachung der Dampfkraft – zuerst nur in Fabriken – gelang den Engländern ein entscheidender Sprung vorwärts, dessen Höhepunkt die

Entwicklung der – anfangs so angefeindeten – Eisenbahn durch George Stephenson (1781–1848) bildete. Mit den Eisenbahnen aber wurden mehr Brücken als je zuvor notwendig, außerdem lange Viadukte, denn im Schienenverkehr können nicht so enge Kurven oder so große Steigungen bewältigt werden wie mit Straßen. Allein auf der 48 km langen Strecke von Liverpool nach Manchester mußten 63 Brücken als Über- bzw. Unterführungen sowie der Sankey-Viadukt gebaut werden. George Stephenson schuf nicht nur die erste Lokomotive, sondern baute auch selbst die ersten Eisenbahnstrecken: Neben der bereits genannten samt den Brücken auch diejenige zwischen Stokton und Darlington und den großen Dutton-Viadukt. Er fand in seinem Sohn Robert (1803–1859) seinen besten Mitarbeiter, und später wurde dieser ein berühmter Brückenbauingenieur. Von ihm stammt u. a. die 28bogige Royal Border Bridge – ein hoher Viadukt auf der Strecke von London nach Edinburgh bei Berwick, der 1850 von Königin Victoria eröffnet wurde –, weiters die große Brücke bei Newcastle, die auf zwei Ebenen den Schienen- und Straßenverkehr trägt. Sie besitzt Steinpfeiler, der Oberbau besteht aus Eisenfachwerkträgern. Das größte, eigenwilligste und berühmteste Bauwerk, das Robert Stephenson schuf, ist zweifellos die Britannia Bridge über die *Abb. 83* Straße von Menai: Die pylonenartigen Steinpfeiler sowie die im selben Stil gehaltenen Einfahrtstore, flankiert von großen Steinlöwen, erinnern an die Bauweise ägyptischer Tempel. Das Bauwerk ist 1513 Fuß lang und dient nur der Eisenbahn. Nach dem Zweiten Weltkrieg wurde die Brücke restauriert und dabei durch die neuen Stahlträger im Aussehen etwas verändert.

Am Beispiel Englands kann man vielleicht am besten die Fülle des Brückenbaues jener Zeit in all seinen Spielarten darstellen. Einige Brückenbauingenieure blieben beim alten Material, während andere sich in allen Sparten neuer Techniken erfolgreich versuchten. Einer dieser berühmten englischen Brückenbauer, der am althergebrachten Steinmaterial festhielt, war John Rennie d. Ä. (1761–1821). Eine seiner schönsten Brücken war die 1811 in klassizistischem Stil erbaute Waterloo Bridge in London, aus großen Granitsteinen gefügt und mit dorischen Bauelementen verziert. Sie ähnelte der bereits 1803 vom selben Meister erbauten Kelso Bridge über den Tweed, die bis heute *Fig. 32* besteht, während die Waterloo Bridge 1945 durch eine Betonbrücke ersetzt wurde. Rennie wurde, nachdem er die Waterloo Bridge vollendet hatte, der Adelsstand angetragen, den er ablehnte.

Die Verwendung des Eisens für den Brückenbau ging, was Europa betrifft, ebenfalls von England aus, das vorerst auch führend im Eisenbrückenbau wurde. Schon 1777–1779 entstand die erste gußeiserne Brücke, die Coalbrookdale Bridge, von A. Darby und John Wilkinson über den Severn *Abb. 84* in England. Sie besteht aus zwei fünfrippigen Bogen, wovon der größere eine Stützweite von 30,6 m aufweist. Sie wurde bis in die heutige Zeit gepflegt und dient nur noch dem Fußgängerverkehr. Solche gußeiserne Bogenbrücken blieben – auftretender Schwierigkeiten wegen – aber eher eine Seltenheit, obgleich England einige Brücken dieser Art exportierte. Es wird die köstliche Geschichte erzählt (Lit. 45), daß im Jahre 1810 eine gußeiserne, aus drei Bogen bestehende Brücke in großen Kisten von England nach Indien verschifft wurde. Aus irgendwelchen unbekannten Gründen wurden diese Kisten aber erst 1843 (!) ausgepackt, und dabei stellte man fest, daß manche Gußteile gebrochen waren. Man reklamierte und wartete weiter mit dem Errichten der Brücke, bis aus England die gewünschten Ersatzteile kamen. (Leopold v. Orlich erzählt diese Geschichte 1843 in einem seiner Reisebriefe.) Am Kontinent entstand die erste gußeiserne Brücke, mit einem – etwas flacheren – Bogen von 11,5 m Spannweite, erst zwanzig Jahre später in Laasan in Schlesien. In der Art ähnelt sie sehr dem englischen Vorbild von Coalbrookdale. Eine weitere solche Brücke mit nur 8 m Spannweite wurde um 1800 für den Wörlitzer Park in Sachsen gegossen. Kurz darauf begann man auch in Paris mit dem Bau von Eisenbrücken. Aus dem Jahr 1801 gibt es eine französische *Abb. 3f* Silbermedaille anläßlich der Eröffnung von drei eisernen Seinebrücken in Paris.

Wegen des schwierigen Gußvorganges begann man in England bald, viele Brücken, hauptsächlich für Eisenbahnen, als Balkenbrücken mit Gitterträgern oder unter Verwendung von Eisenblech als Vollwandbalken zu konstruieren. Wie bei den Bogenbrücken aus Gußeisen, deren Vorbilder augenscheinlich Holzbrücken waren, orientierte man sich bei der Herstellung gußeiserner Gitterträger am hölzernen Fachwerk. Diese Entwicklung läßt sich besonders gut in Amerika verfolgen.

In Großbritannien war, fast zur gleichen Zeit, zu der Rennie seine großen Steinbrücken baute, ein anderer genialer Brückenbauer tätig, der sich an den neuen Werkstoff Eisen wagte: Thomas Telford (1757–1834), der allerdings auch Steinbrücken baute, wobei er sich bei der Over Bridge die Brücke von Perronet in Neuilly zum Vorbild nahm. Die hübsche Craigellachie in Schottland ist dann eine vierrippige gußeiserne Fachwerkbogenbrücke mit kleinen kastellartigen Türmchen an den steinernen Widerlagern; sie besitzt eine Spannweite von 152 Fuß. Weiters baute Telford zwei große Kanalbrücken in Chirk und Acrefair, wobei bei letzterer die Pfeiler aus Stein, die Wölbungen der Kanalrinne aber aus Eisenblech gefertigt waren, um Gewicht zu sparen. Gleich den beiden Stephensons widmete sich Telford auch den vorwiegend aus Eisen bestehenden Brücken für die
Abb. 82 neuen Eisenbahnstrecken und konstruierte dann auch Kettenbrücken, die zu seinen bekanntesten Bauwerken wurden, wie z. B. die eindrucksvolle Hängebrücke von Menai und die romantische von Conway Castle. Sicher arbeitete Telford bereits seit einiger Zeit ebenso an dem Problem der Verwendung schmiedeeiserner Kettenglieder wie Capt. Sir Samuel Brown, der 1816 oder 1817 mit dem Bau der Union Bridge über den Tweed nahe Berwick begann und sich 1817 sein System patentieren ließ. Diese Union Bridge wurde 1820 eröffnet, mit dem Bau von Telfords Kettenbrücke über die Straße von Menai war 1819 begonnen worden, und 1826 wurde sie, ebenso wie die 1822/23 begonnene Conway Castle Bridge, dem Verkehr übergeben. Für letztere hatte Telford zuerst den Entwurf einer 200 Fuß weiten eisernen Bogenbrücke geschaffen, deren Pläne im Juli 1822 beendet waren. Bis zum Ende dieses Jahres hatte er dann die Pläne geändert, vielleicht, weil die Brücke von Menai gute Fortschritte machte. Inwieweit Telford zu seinen Hängebrücken von chinesischen Vorbildern inspiriert wurde, kann heute nicht mehr überprüft werden. Fest steht, daß er sich mit solchen chinesischen Brücken, die von „Hügel zu Hügel" (hill to hill) führen, beschäftigt hatte, wie
Abb. 81 aus seinen Notizbüchern hervorgeht (Lit. 61). Die Festung Conway Castle war 1283–1288 unter Edward I. errichtet worden, und Telford versuchte, die Form seiner Brücke, einer Kettenbrücke mit schweren Tortürmen – dem mittelalterlichen Bau anzupassen. – Telford war übrigens der erste Präsident der „Institution of Civil Engineers".

Noch ein weiterer Ingenieur jener Zeit erwarb Ruhm und Ehre für Englands Brückenbau: Isambard K. Brunel (1769–1849), der zwar in der Normandie geboren war, jedoch in England lebte und dort seine großen Leistungen vollbrachte. Brunel war sicherlich der vielseitigste Ingenieur seiner Zeit, Rolt (Lit. 130) bezeichnet ihn sogar als größten und genialsten jener Epoche. Brunel schuf die unterschiedlichsten Bauwerke, seine Eisenbahnbrücken – die Royal Albert Bridge sowie jene in Maidenhead – an der von ihm erbauten Strecke „Great Western Railway" von London nach Swindon galten als Meisterstücke. Größtes Aufsehen erregte dann der Bau des ersten Tunnels unter der Themse zwischen Wapping und Rotherhide, mit dessen Entwurf er 1824 begonnen hatte. Die Dramatik, die dieses Bauvorhaben begleitete, besonders gesteigert durch einen Wassereinbruch, war groß. 1843 konnte der Tunnel endlich dem Verkehr übergeben werden. Zwischen 1841 und 1845 erbaute Brunel die hübsche Hungerford Bridge, eine Kettenbrücke für Fußgänger über die Themse in London, die auch von Malberg bewundert wurde. Neben einigen Eisenbrücken schuf Brunel dann als sein bekanntestes Bauwerk die äußerst schwierig zu erstellende Clifton Bridge über den dort tief in den Fels eingeschnittenen Avon in der Nähe von Bristol. Für dieses Bauvorhaben lag übrigens auch ein Entwurf von Telford – ebenfalls als Hängebrücke an Kettengliedern – vor, der jedoch keine so elegante Lösung zeigt wie derjenige von Brunel. Viele verschiedene Mißgeschicke – nicht nur technische Probleme – schienen den Bau verhindern zu wollen: eine Meuterei in Bristol, bankrotte Unternehmer und einiges mehr zögerten die Vollendung hinaus. 1836 war der Grundstein
Abb. 85 gelegt worden, ganz vollendet wurde dieses schwierige Werk erst 1853, vier Jahre nach Brunels Tod. Diese kühne Brücke spannt sich in einer Höhe von 245 Fuß über die Schlucht des Avon. Für den modernen Verkehr, den sie heute noch trägt, gibt es allerdings eine Geschwindigkeitsbegrenzung (Lit. 22). Doch nicht nur Ruhm und Erfolg – 1841 wurde er in den Adelsstand erhoben –, sondern auch schwere und dramatische Schicksalsschläge begleiteten und verdüsterten Brunels Lebensweg, den Rolt (Lit. 130) eindrucksvoll beschrieben hat.

Von diesem eben geschilderten vielseitigen Brückenbau in England gingen entscheidende Impulse auf den Kontinent aus. Zu den in England entwickelten Brückentypen gehören gußeiserne Bogenbrücken, Brücken mit Blechträgern oder gußeisernen Gitterträgern, Hängebrücken mit eisernen Gliedern sowie große Eisenbahnviadukte ganz aus Stein oder mit Steinpfeilern und Gitterträgern. England hatte im Brückenbau also einen deutlich erkennbaren Vorsprung. Man muß sich nur klarmachen, daß auf der Strecke Liverpool–Manchester, die um 1830 fertiggestellt war, fast alle 63 Brücken aus Eisen gefertigt waren, während die erste eiserne Eisenbahnbrücke in Deutschland im Jahre 1853 bei Günzburg in Bayern erbaut wurde!

Der Bau von Eisenbahnbrücken – neue Konstruktionen aus Stahl

Fig. 33 Müngstener Eisenbahnbrücke über die Wupper (Nordrhein-Westfalen), 1895–1897 erbaut

Auf dem europäischen Festland wurden die ersten Eisenbahnbrücken fast durchwegs aus Holz gebaut, wobei man sich an die bekannten Bauweisen hielt, diese höchstens der größeren Belastung wegen verstärkte. In Deutschland und einigen seiner Nachbarländer schied im Laufe der zweiten Hälfte des 19. Jh.s Holz wegen der Brandgefahr als Baumaterial für Eisenbahnbrücken aus und wurde nur noch für Notbrücken zugelassen. Zuerste übernahm man in Europa wie in Amerika Fachwerktypen der Holzbauweise für Eisenträgerbrücken. Nach und nach wurden weitere Typen geschaffen, die meistens den Namen ihrer Konstrukteure erhielten: etwa der Pauli- oder Fischbauchträger, der Gerber- und der Schwedlerträger sowie der Linsenträger von Winkler, um die bekanntesten zu nennen. Viele dieser Brücken wirkten plump, schwer und landschaftsstörend und nur vereinzelt kam man damals schon zu technisch wie ästhetisch befriedigenden Lösungen. Rückschauend erstreckt sich die Periode der Entwicklung neuer gültiger Formen über Jahrzehnte, denn nur langsam setzte sich die Erkenntnis durch, daß eine klare, funktionelle Konstruktion auch die schönste ist.

Die meisten dieser Bauwerke wurden damals in Deutschland wie im übrigen Europa von Maschineningenieuren entworfen; gegen Ende des 19. Jh.s und noch später gab es Eisenbrückenanstalten, in denen ganze Gruppen von Ingenieuren an Entwürfen arbeiteten. Auch Wettbewerbe wurden veranstaltet (Lit. 106). Die Idee, in historischem Sinn Brücken mit Stilelementen aus verschiedenen geschichtlichen Epochen auszustatten – denken wir an die Britannia Bridge, die an ägyptische Tempel erinnert oder die Brücke in mittelalterlichem Stil bei Conway Castle –, dürfte von England ausgegangen sein. Diese Manier breitete sich dann auch auf dem Kontinent aus, und es

entstanden oft Bauwerke mit überdimensionierten Eingangstoren, flankierenden Türmen oder Türmchen und sonstigem Beiwerk, gotisch, romanisch, im Tudorstil und was es der Möglichkeiten mehr gab. Besonders einige große Eisenbahnbrücken über den Rhein erhielten derartige riesige Brückenportale, wie in Mainz oder Worms und an anderen Orten. Es gab auch bereits Kritik über den Ozean hinweg: spöttelnde Worte aus Amerika über die Bonner Rheinbrücke, bei welcher auch an Türmchen nicht gespart worden war. Mehrtens (Lit. 106) konterte in einer Denkschrift mit dem Hinweis, er könne *auch eine Gegenkritik schreiben, doch würde es der Schönheitsfindung der amerikanischen Brücken auch nicht dienen!*
Oft wurden auch Verzierungen als *schmückende Zutaten im Eisenstil* angebracht, und noch im „Handbuch der Ingenieurwissenschaften" (Leipzig 1904) finden die „Kunstformen des Brückenbaues" einen breiten Raum, mit Beispielen der Verzierungsmöglichkeiten, wobei die Autoren gute und nicht sehr gelungene Lösungen an Brücken dieser Epoche vergleichend vorstellen.
Viele Erkenntnisse, gerade im Eisenbrückenbau, wurden erst durch Einstürze gewonnen; immer wieder gab es „schwarze Tage" während des Baues oder nach der Vollendung – bis heute gibt es sie. Die Bruchanfälligkeit des Gußeisens trat früh zutage; es wurde bald durch Schmiedeeisen und später durch Stahl ersetzt. Die Ansicht, daß ein Gitterträger um so tragfähiger sei, je dichter man sein System erstelle, mußte revidiert werden. Es war eine pure Materialverschwendung, und diese Träger boten dem Wind eine vergrößerte Angriffsfläche, so daß solche Bauwerke in höherem Grad gefährdet waren. Im England des ausgehenden 19. Jh.s war es besonders der Einsturz der Brücke über den Tay am 27. Dezember 1879, der die Brückenbauer aufhorchen ließ. Fontane hat die Katastrophe in seiner berühmten Ballade packend zu schildern verstanden. Es ist interessant, daß in der Literatur bisher immer nur vom nicht oder zu wenig beachteten Winddruck die Rede war. Nun erschien im „New Civil Engineer" vom 1. Januar 1976, London, die Abschrift eines Berichtes von Hugh Ferguson (Dundee, 30. Dezember 1879), den dieser also kurz nach dem schrecklichen Ereignis abfaßte (mit der Anmerkung des nunmehrigen Herausgebers, er bedaure den langen Aufschub der Veröffentlichung!). Aus diesem Bericht, der zum Teil auf Aussagen der Eisenarbeiter sowie eines Mannes namens H. Nobel, der mit den Instandhaltungsarbeiten der Brücke betraut war, beruht, geht hervor, daß das Bauwerk von Beginn an durch schlechten Eisenguß und unexakte Arbeit gravierende Schäden aufwies. Die Pfeiler des nicht ganz 1 km langen eingestürzten Brückenteiles (Gesamtlänge der Brücke ca. 3 km) bestanden aus verstrebten gußeisernen Rohren, die angeblich zum Teil Blasen und weiche Stellen aufwiesen. Weiters schwankten diese Rohre von einem zum anderen Ende in ihrem Durchmesser beträchtlich und die Löcher für die Bolzen waren oft zu weit und nicht zylindrisch gebohrt, so daß diese Bolzen locker saßen. Schon ein Jahr zuvor waren schreckliche schlagende Geräusche aufgetreten, wenn ein Zug über die Brücke fuhr. Beim Beheben dieser Mängel wurden außerdem an zwei Rohrschüssen vertikale Risse festgestellt, die man daraufhin mit schmiedeeisernen Ringen umgab. Ferguson belastet den Erbauer der Brücke – Sir Thomas Bouch – schwer, unter anderem auch durch folgenden Satz: *Gerade letzte Woche inspizierte Sir Thomas die Reparaturen, zeigte sich aber nicht übermäßig beunruhigt durch diese Risse.* Abschließend wird im Bericht Fergusons die Frage aufgeworfen, ob die zahlreichen anderen Brücken Sir Thomas' auch gefährdet seien, und es wird die Ansicht vertreten, daß alle aufgeworfenen Fragen geklärt sein müßten, bevor weitere geplante Objekte dieses Brückenbauers zur Ausführung kämen. Der Bericht muß gründlich totgeschwiegen und versteckt worden sein, wenn fast hundert Jahre bis zu seiner Veröffentlichung vergehen konnten.
Immerhin spornten dieser Brückeneinsturz und ähnliche Unglücksfälle in Amerika die Techniker zu neuen Leistungen an und brachten neue Erkenntnisse. Man hatte bisher dem Winddruck wenig Beachtung geschenkt, und wenn man auch heute nach dem obigen Bericht schließen muß, daß die Tay Bridge schon vorher bauliche Schäden aufgewiesen hat, so war sie doch in einer Sturmnacht durch die außerordentlich großen Schwingungen gebrochen. Man begann diesem Umstand vermehrte Aufmerksamkeit zu schenken, doch da man noch nicht unsere heutigen verfeinerten Berechnungsarten samt ihren technischen Hilfsmitteln besaß, wurde aus Sicherheitsgründen bei den

88, 89, 90 *Oben:* Die Belastungsprobe der Angerschluchtbrücke der Tauernbahn (Österreich), eines sehr flachen Stahlfachwerkbogens (1905/06). *Links:* Die Trisannabrücke, auf der Westbahnstrecke zwischen Landeck und Strengen (Österreich), 1882–1884 erbaut, vor der Tragwerksauswechslung im November 1964. *Unten:* Der von Heinrich Müller-Breslau entworfene Fußgängersteg bei Oberschöneweide (Berlin), eine der anmutigsten Stahlbrücken der Jahrhundertwende

91, 92 *Oben:* Die Maslenicki most, eine äußerst feingliedrige Stahlbogenbrücke bei Zadra in Jugoslawien. *Unten:* Die große, über den Karun führende Stahlbogenbrücke bei Ahwáz in Persien

folgenden großen Brücken eine enorme Fachwerkkonstruktion geschaffen, wie dies bei der damals gerade im Entwurf stehenden Firth of Forth Bridge in Schottland wohl am imposantesten geschehen ist. Man könnte sie beinahe mit einem riesigen Dinosaurier vergleichen, der da mit ungeheurer Wucht über das Wasser schreitet. Doch wenn eine aufgewühlte See und drohend schwarze Wolken die Brücke umtoben, paßt sie, selbst gigantisch, in solche Szenerie. Erbaut in sieben Jahren (1883 bis 1890) von Benjamin Baker und John Fowler, die beide dafür in den Adelsstand erhoben wurden, war sie bis 1917 mit 2.500 m und einer Stützweite der beiden Mittelöffnungen von je rund 521 m die größte ihrer Art. Es ist eine Kragkonstruktion (Cantilever bridge), wie sie für diese Brückenart immer häufiger Anwendung fand. Noch heute wird diesem Bauwerk, das dem Eisenbahnverkehr dient, Respekt gezollt, obgleich unweit davon eine neue, moderne Hängebrücke für den Straßenverkehr ihr durch zarte Konturen Konkurrenz macht. Eine ebenfalls sehr wuchtige „Auslegerbrücke", wie sie auch genannt werden, entstand 1903 in Argyll in Schottland, die Conell Bridge für Schienen- und Straßenverkehr, weiters eine ähnliche Brücke in Kalkutta, Indien, oder jene bei Cernavoda, Rumänien, über die Donau. Noch während die Firth of Forth Bridge in Bau war, wurde in den Jahren 1884 bis 1887 die gewaltige Eisenbahnbrücke über die Norderelbe in Hamburg errichtet, die mit ihren überdimensionierten Torbauten dem Zeitgeschmack entspricht.

Abb. 86

Abb. 87

Ein eigenartiges Aussehen hatte die 1857 bei Dirschau über die Weichsel führende erste große Eisenbalkenbrücke auf europäischem Festland, mit sie ganz umschließenden, engmaschigen Gitterträgern, auf jedem Pfeiler links und rechts von Türmen flankiert. Sie diente ebenso der Eisenbahn wie die 1890/91 parallel dazu erbaute Neue Weichselbrücke, die in ihrer Konstruktion schon etwas klarer war.

Abb. 3h

Beispiele kühner und zarter Fachwerkträgerbrücken für die Eisenbahn finden wir besonders in der Schweiz und in Österreich, wovon im letztgenannten Land die Trisannabrücke im Verlauf der Westbahnstrecke zwischen Landeck und Strengen in Tirol wohl am bekanntesten wurde. Hoch über dem Tal „schwebt" der zierliche Halbparabelträger, der auf Steinpfeilern ruht. Das Bauwerk hat seine eigene Geschichte: Die Arbeiten zu dieser schwierigen Überquerung des Paznauntales wurden im November 1882 begonnen und nach zwei Jahren abgeschlossen. Bereits 1908 mußte die Brücke, der rascher als vorausberechnet steigenden Zuglasten wegen, erstmals verstärkt werden. Schon zu dieser Zeit wurden Projekte für einen Um- oder Neubau erwogen. Besonders in den Jahren 1911 und 1914 wurden dann Pläne für eine stählerne wie für eine massive Bogenbrücke sehr vorangetrieben, jedoch verhinderte der Erste Weltkrieg die Ausführung dieser Vorhaben. Da nach dem Kriegsende kein Geld für einen Neubau vorhanden war, wurde 1922 abermals zu einer Notlösung gegriffen und unter der Brücke zur weiteren Verstärkung ein dritter, fischbauchartiger Gurt angebracht, der die Brücke zwar nicht hübscher, aber wenigstens weiter verkehrstüchtig machte. Die Pläne für einen Neubau ruhten aber bei der Österreichischen Bundesbahn nie ganz und wurden nach dem Zweiten Weltkrieg verstärkt wiederaufgenommen. Trotz vieler Entwürfe stellte sich schließlich heraus, daß die alte Trasse des Bauwerks eindeutig am günstigsten lag, so daß nun auch die Möglichkeit einer Tragwerksauswechslung geprüft und letzten Endes die Entscheidung dafür getroffen wurde: Nach genau 80jährigem Bestand wurde in der Nacht vom 15. zum 16. November 1964 das alte Tragwerk durch seitliches Einschieben eines neuen Brückenteiles ersetzt, so daß der Zugverkehr nur etwa 10 Stunden unterbrochen werden mußte. Das war eine technische wie organisatorische Leistung, die erst mit den heutigen Mitteln durchzuführen war (Lit. 160). Die Brücke wurde durch diesen Eingriff nur unwesentlich verändert, so daß sie ein Zeuge der früheren Bauweise bleibt.

Abb. 89

Eine weitere Konstruktion für Eisenbahnbrücken wurde in Europa wie in Amerika öfter angewandt, die mit Blechträgern oder Hohlkastenträgern, wie wir sie bereits bei der Britannia Bridge in England kennenlernten. Diese war die erste, damals noch aus schmiedeeisernen hohlen Kästen hergestellte Brücke der Welt (1850). Sehr schön oder elegant war diese Bauweise zumeist nicht, sondern wirkte eher schwerfällig.

Erst nach dem Zweiten Weltkrieg wurde diese Brückenart in schlankerer Form sehr aktuell, und besonders in den letzten 15 Jahren wurden in aller Welt von den großen Stahlbaufirmen tausende Hohlkasten- und Vollwandträgerbrücken für den Schienen- wie für den Straßenverkehr errichtet – meist im freien Vorbau –, manche sehr kühn und fast zart auf hohen Pfeilern, wie z. B. die Jauntalbrücke in Kärnten. Doch gerade bei diesem Brückentypus ereigneten sich die schwersten Brückeneinstürze unserer Zeit, die die berühmtesten Experten beschäftigten: Es wurde eine „Internationale Problematik“, wie sich ein ermittelnder Staatsanwalt ausdrückte, als in ziemlich *Abb. 116* kurzen Abständen u. a. im Juni 1970 die Cleddau Bridge in der Nähe des walisischen Hafens Milford Haven während des Bauens zusammenbrach, wobei vier Arbeiter den Tod fanden und sechs verletzt wurden. Im Oktober des gleichen Jahres kamen 35 Arbeiter beim Bau der West Gate Bridge in Melbourne, Australien, ums Leben, als ein 2000 Tonnen schwerer Brückenteil in den Yarrafluß stürzte; 13 Tote forderte der Einsturz der Koblenzer Rheinbrücke am 10. November 1971. Es erwies sich zumindest für letzteren Fall, daß der Absturz des Brückenteiles auf nicht ausreichende Beulsicherheit zurückzuführen war (Lit. 12). Bisse schließt seinen Bericht über das Unglück mit einem Zitat aus der Veröffentlichung der Koblenzer Staatsanwaltschaft: *Aus dem Koblenzer Unglück wird der Brückenbau in der gesamten Welt Lehren ziehen müssen, denn aus der Sicht des Forschers stellt der Einsturz gewissermaßen einen Großversuch im Originalmaßstab dar.* Unter dem Eindruck des Koblenzer Unglücks hat sich nunmehr eine intensive internationale Zusammenarbeit zur Schaffung verbesserter Normen ergeben (Lit. 12). Die ungeheure Verantwortung wie die auch heute existierende Problematik der verschiedenen Brückenbauweisen wird durch diese Maßnahmen erkennbar. Gerade bei der Verwendung von Hohlkastenträgern zeigte sich außerdem, daß eine der kritischesten Phasen das Schließen der Brückenbahn darstellt, wie ein Aufsehen erregender Unfall an der vierten Donaubrücke in Wien am 6. November 1970 bewies. Mit lautem, explosionsgleichem Knall kündigte sich um 20.30 Uhr das Ausbeulen der Bodenplatten an zwei Stellen an, und die Seismographen der Wiener Sternwarte registrierten in Intervallen von fünf Sekunden drei leichte, erdbebenartige Wellen. Verkehr und Schiffahrt unter der Brücke wurden sofort gestoppt, und so gab es bei diesem Brückenschaden keine Opfer. Da die Ursachen in diesem Fall rasch geklärt und analysiert waren, konnte das Bauwerk auch relativ rasch repariert und dem Verkehr zugänglich gemacht werden (Lit. 69). Trotz Rückschlägen und Unfällen gehört gerade diese Form der Stahlbrücken zu den modernsten und am weitesten verbreiteten unserer Zeit.

Neben diesen Kastenträgerbrücken, deren Entwicklung 1850 mit der Britannia Bridge begann, entstanden jedoch ungefähr zur gleichen Zeit auch die ersten größeren Bogenbrücken aus geschweißtem Eisen bzw. Stahl, wobei es sich anfangs um Fachwerkbogen handelte, bei denen die Fahrbahn teils unten, teils oben, teils in der Mitte angeordnet war. Zu diesen Brücken gehören die schönsten der in jener Zeit aus diesem Material hergestellten Bauwerke. Mit dem Bogen konnte man größere Weiten bezwingen, und die Verbesserung der Qualität des Stahls sowie der Schweißtechnik ermöglichten stetig steigende Leistungen. Aber auch dieser Brückenart blieben große Katastrophen nicht erspart, wobei Materialfehler, das Sprödwerden oder Ermüden sowie Temperaturschwankun- *Fig. 33* gen und dabei wieder besonders große Kältegrade eine Rolle spielten und spielen. Von den großen Fachwerkbogenbrücken erregte die filigrane Müngstener Eisenbahnbrücke über die Wupper (1895 bis 1897) besonderes Aufsehen und zieht noch heute Besucher an. Das Bauwerk, der erste große Freivorbau mit einer Gesamtlänge von 500 m, dessen 80jähriger Bestand im Juni 1977 Anlaß zu Feierlichkeiten war, schwingt sich in 107 m Höhe mit einer Bogenstützweite von 170 m über das Tal und ist noch heute die höchste Stahlbrücke und höchste Eisenbahnbrücke Deutschlands. Sie wurde mit einem Kostenaufwand von 2,7 Millionen Goldmark errichtet; der Betrag erscheint gering gegenüber heutigen Preisen: die Kosten der 1960–1962 durchgeführten Renovierungsarbeiten an dieser Brücke betrugen einschließlich Einrüstung 1,3 Millionen DM.

Weitere Bauwerke dieser Art waren die Brücke über den Nord-Ostsee-Kanal bei Grünenthal, einige *Abb. 88* Rheinbrücken, die eigenwillige Brücke über die Viaur in Frankreich und die Angerschluchtbrücke der Tauernbahn in Österreich, nicht sehr groß, aber mit einem sehr flachen Bogen. Auch die Kornhausbrücke in Bern, 1898 erbaut, mit Steinpfeilern und einem hohen Bogen, wurde viel

bewundert, und man möchte sie auch heute im Stadtbild nicht missen. Eine der anmutigsten
Stahlbrücken der Jahrhundertwende, die Kombination einer Auslegerbrücke mit einem eingeführten *Abb.*
Spannbogen, stellt der zierliche Fußgängersteg von Müller-Breslau bei Oberschöneweide in Berlin *90*
dar. Der Pont Alexandre III., der sich in Paris überaus elegant über die Seine spannt, wurde anläßlich der Weltausstellung von 1900 errichtet und ist die erste große Brücke in Europa, deren Teile aus Stahlguß gefertigt wurden. Die Ornamente im Stil Ludwigs XIV. entsprechen dem damaligen Zeitgeschmack und fügen sich gut in das Stadtbild. Diese Brücke mit 107 m Spannweite gilt als flachster stählerner Brückenbogen der Welt.

Wenn wir diese Entwicklung im 20. Jahrhundert weiterverfolgen, sind einige großartige Leistungen zu nennen: Zu den Giganten unter den Stahlbogenbrücken gehört die Kill-van-Kull-Bridge in New York, die, von O. Amman 1928–1931 erbaut, mit 495 m Stützweite noch heute die größte ihrer Art sein dürfte. Die Hafenbrücke von Sydney in Australien, um 1930 errichtet, steht ihr nur ganz wenig
nach, und auch die in Südrhodesien um 1935 geschaffene Birchenough Bridge besitzt mit 324 m eine *Abb.*
ansehnliche Stützweite; wir finden sie auf einer rhodesischen Briefmarke. Besonders kühn und zart *20*
spannt sich die Glen Canyon Bridge in Arizona über das tief eingeschnittene Tal und zählt mit
304 m Stützweite ebenfalls zu den ganz großen Brücken dieser Bauweise; sie wurde 1958 *Abb.*
fertiggestellt. Feingliedrig wirkt auch die Maslenicki most bei Zadra in Jugoslawien. *91*

Weitere Brücken, die berühmt wurden, sind die Karmsundbrücke in Westnorwegen mit einem besonders hohen Bogen, die Rohrbogenbrücke über den Askeröfjord in Schweden, und auch das Kernstück der Fehrmarnsundbrücke ist eine Stahlbogenkonstruktion. Diese zwischen 1960 und 1963 erbaute Brücke dient der Bahn und der Straße auf zwei Ebenen, und sie wurde besonders
populär, weil sie der Kursrichtung der Zugvögel folgt. Auch bei Ahwáz in Persien entstand eine *Abb.*
beachtlich große Stahlbogenbrücke. *92*

Stahl ist heute ein eminent wichtiges und vielseitiges, wenn auch sehr nüchternes Industrieprodukt. In unserer sich immer rascher wandelnden Zeit vergißt man leicht, welch wachsende Bedeutung Eisen bzw. Stahl im 19. Jh. und noch zu Beginn des 20 Jh.s in den verschiedensten Bereichen gewannen. Die Verwendungsmöglichkeiten, die sich mit der Verbesserung des Materials und durch ausgeprägt modische Formengestaltung steigerten, erreichten ihren Höhepunkt um die Jahrhundertwende, als man nicht nur sehr viele Brücken, sondern auch Fabriks- und Bahnhofshallen, Säle für Kunstausstellungen und Konzerte, Bibliotheken und sogar Kirchenschiffe aus Stahl erbaute, sondern aus diesem Material auch Balkone und Zierat an den Häusern, die Kandelaber der Gasbeleuchtung in den Straßen und andere architektonische Einzelheiten, die uns an den Bauten des Jugendstils begegnen, fertigte. Und die Weltausstellung in Paris brillierte nicht nur mit dem Pont-Alexandre III., sondern auch mit dem Eiffelturm.

Eine letzte kurze Blütezeit des Steinbogen- und Holz-Brückenbaues

Fig. 34 Petrussebrücke in Luxemburg, 1901–1903 von P. Séjourné erbaut

Trotz der neuen Möglichkeiten durch Eisen- und Stahlbaukonstruktionen ruhte die Steinbauweise nicht, sondern blieb im ganzen 19. Jh. und am Beginn des 20. Jh.s für Straßen- wie für viele Eisenbahnbrücken wichtig; besonders für Bauwerke der Eisenbahnen fanden auch öfter Ziegel Verwendung. Wir hörten, daß in England die ersten Eisenbahnviadukte bereits unter Vater und Sohn Stephenson erbaut wurden und danach viele weitere, von denen eine große Anzahl noch heute existiert. Auch auf dem Kontinent wurden mit dem raschen Anwachsen der Eisenbahnlinien solche Bauten notwendig, und in Deutschland entstand zwischen 1841 und 1843 der vielbewunderte
Abb. 94 Goel-Viadukt bei Aachen, mit einer Länge von 200 m. Er existiert nicht mehr, und auf dem in Abbildung 94 wiedergegebenen alten Stich wirkt er, das Tal zerschneidend, mit den dem Zug zuwinkenden Personen im Vorder- und dem Aachener Dom im Hintergrund, fast wie eine Theaterkulisse. Zu den großen Viadukten Deutschlands, die um die Mitte des 19. Jh.s erbaut wurden, zählen jener über die Neiße bei Görlitz, mit einer Länge von 469 m, wobei die Bogen in Gruppen angeordnet waren, dann der zweistöckige Diedenmühl-Viadukt an der Chemnitz-Riesaer-
Abb. 95, 2j Bahn und als bedeutendster der zwischen 1845 und 1851 von John Poppel errichtete Göltzschtal-Viadukt bei Reichenbach in Sachsen, mit einer Länge von 573,76 m und einer größten Höhe von 77,6 m. Fast zugleich mit dem Göltzschtal-Viadukt wurde auf der gleichen Strecke Leipzig–Plauen–Hof auch die Elstertalbrücke in ähnlicher Art erbaut. 1846 war der Grundstein gelegt worden, und fünf Jahre später wurde – *unter größten Strapazen* – der Viadukt vollendet. Dieses Bauwerk, das am 16. April 1945 vor den herannahenden Amerikanern gesprengt worden war, wurde dann nur provisorisch durch einen Längsträger von etwa 250 t Masse und 85 m Länge repariert, so daß im Februar 1946 der Eisenbahnverkehr wiederaufgenommen werden konnte. Inzwischen ist der Bau in seinem alten Aussehen wiederhergestellt worden (Lit. 117). Über die Erbauung dieser beiden Eisenbahnviadukte gibt es eine genaue Beschreibung (Lit. 161); erwähnenswert sind auch die Inschriften, die nach Vollendung an den Bauwerken angebracht wurden: sie nennen das Gründungs- sowie das Einweihungsdatum unter König Friedrich August und tragen, auf einer zweiten Tafel, am Göltzschtal-Viadukt den Spruch: FRUGIFEROS CELERET MOTUS IMMOBILIS IPSE (Selbst unbeweglich möge sie ersprießliche Bewegungen beschleunigen), während am Elstertal-Viadukt auf der zweiten Tafel die Worte stehen: STANDO DISTANTIA JUNGAT (Feststehend verbinde sie Entfernungen).

93 Die Semmeringbahn mit ihren Viadukten, von Carl von Ghega zwischen 1848 und 1853 erbaut, sorgte damals für Schlagzeilen. Im Bild der zweistöckige Viadukt über die „Kalte Rinne“ ▶

94, 95, 96 *Oben:* Wie eine Theaterkulisse wirkt der heute nicht mehr existierende Goelviadukt (1841–1843), in dessen Hintergrund der Aachener Dom zu sehen ist. Nach einem Stich vom Ende des 19. Jh.s. *Unten:* Der Eisenbahnviadukt über das Göltzschtal in Sachsen, einer der berühmtesten des 19. Jh.s, erbaut 1845–1851. Nach einem zeitgenössischen Stich. *Rechts:* Der 1902 errichtete Landwasserviadukt bei Filisur (Schweiz)

97 Der Ponte Vittorio Emanuele über den Tiber in Rom, 1911 fertiggestellt, eine der prächtigen Steinbogenbrücken der Jahrhundertwende

In Österreich entstanden Mitte des 19. Jh.s vor allem die berühmten steinernen Viadukte der 1848–1853 erbauten Semmeringbahn – über den Wagner-Graben und die Kalte Rinne zweistöckig, mit einer schwungvollen Krümmung, die sich gut in die Landschaft fügt. Ebenfalls aus Stein schuf damals Negrelli – Generalinspektor der Österreichischen Staatseisenbahnen, von dem auch die ersten Pläne für den Suezkanal stammen – den Entwurf für die Franz-Josephs-Brücke über die Etsch auf der Strecke nach Verona, außerdem baute er die Nydeckbrücke über die Aare in Bern (1841–1844), eine Steinbogenbrücke mit beachtlicher Spannweite. *Abb. 93*

Die Schweiz wurde berühmt durch den allerdings erst 1902 entstandenen Landwasserviadukt bei Filisur: in einer Kurve von 100 m Radius schwingt sich dieses Bauwerk – 130 m lang und 65 m hoch – in klassischer Schönheit über das Tal. Brunner (Lit. 21) betont, daß besonders die Rhätische Eisenbahn bemüht war, die Brücken mit der Landschaft in Einklang zu bringen, als eine der wenigen Bahnen, die nicht nur des Zieles wegen, sondern auch um ihrer selbst willen befahren werden. Eine große Anzahl von Steinviadukten in solider und schöner Arbeit existiert noch heute in der Schweiz. Ungewöhnlich, mit einem stählernen Mittelträger, ist jener von Eglisau bei Zürich. Eine hervorragende Arbeit in Steinbauweise ist die 1908 errichtete Bogenbrücke über das Landwasser bei Wiesen in der Schweiz, mit 56 m Spannweite. *Abb. 96*

Obwohl um die Jahrhundertwende der Eisenbeton bereits seit etwa 25 Jahren bei Brückenbauten verwendet wurde, bevorzugte man bei Eisenbahnbrücken der schweren Belastung wegen – neben dem Stahl als Baustoff – den Steinbogenbau, und dieser erhielt damals sogar neue Impulse. Es entstanden in vielen Ländern Europas z. T. sehr eigenwillige und originelle Brückenbauten – aus Steinen wie auch aus Ziegeln –, wie z. B. der zweistöckige Eisenbahnviadukt in Bietigheim in Württemberg mit seiner hübschen Gliederung. Für Straßenbrücken war man während des ganzen 19. Jh.s ohnedies vielfach bei der Steinbauweise geblieben. Besonders in den Hauptstädten Europas entstanden während dieser Periode und noch Anfang des 20. Jh.s einige hervorragende Brücken, die sich z. T. in ihrem Aussehen ähneln. Paris, schon im 18. Jh. gerühmt, die schönsten Brücken zu besitzen, fügte nebst anderen mit der Almabrücke über die Seine (1854/55) ein bestechend elegantes Bauwerk hinzu, welches als das schönste dieser Zeit bezeichnet wurde. Die Stadt an der Seine blieb Vorbild und fand viele Nachahmer. Die 1903–1905 entstandene Maximiliansbrücke in München ist ein hübsches Beispiel der damaligen Bauweise und fügt sich gut ins Stadtbild; dasselbe galt für die Mitte des 19. Jh.s erbaute Schwarzenbergbrücke in Wien, die leider wie einige weitere Brücken abgerissen werden mußte, als der Wienfluß kanalisiert und zum größten Teil überdeckt wurde. In Harmonie mit dem Stil der damaligen Epoche wurde auch der schöne Ponte Vittorio Emanuele in Rom errichtet. Kurz nach 1900 entstanden die größten Steinbogenbrücken, die jemals erbaut wurden. 44 Jahre hindurch war die 1859 fertiggestellte Cabin John Arch nahe Washington/USA mit einer Spannweite von 220 Fuß die größte ihrer Art gewesen, als sie von der 1901–1903 von P. Séjourné in Luxemburg erbauten Petrussebrücke mit einer Spannweite von 85 m übertroffen wurde. Erstmals wurde dadurch auch die mittelalterliche Brücke über die Adda bei Trezzo übertroffen, die eine Spannweite von 72 m hatte. *Abb. 97* *Fig. 34*

Die fast zur gleichen Zeit bei Plauen in Sachsen errichtete Syratal-Steinbogenbrücke ist mit mehr als 88 m dann noch ein wenig länger. Bei der Eisenbahnbrücke über den Isonzo bei Salcano in Italien, 1905 erstellt, beträgt die Spannweite 85 m, während eine weitere Brücke dieser Art in Montanges in Frankreich über die Valserine eine Spannweite von ca. 80 m aufweist.

Der Stahlbeton löste dann doch nach und nach die Steinbauweise ab; es ist fast so, als wären diese besonders großen Brücken Höhepunkt und Abschluß zugleich. Bemerkenswerte Steinbogenbrükken entstanden zwar in Deutschland nochmals in der Zeit zwischen 1933 und 1939, besonders bei den in Angriff genommenen Autobahnen; man versuchte sogar allgemein, diese Brückenart zu beleben, und einige Ingenieure traten in Wort und Schrift dafür ein. Der Zweite Weltkrieg unterbrach jedoch diese Aktivitäten, und nachher hatte diese Bauweise schon rein aus wirtschaftlichen Gründen keine Chance mehr. Der Gegenwart fällt einzig die Aufgabe zu, die erhaltungswürdigen Steinbrücken aus allen Perioden zu schützen und zu pflegen.

Erstaunlicherweise brach man in Deutschland im 19. Jh. wie zu Beginn des 20. Jh.s auch für den Bau von Holzbrücken nochmals eine Lanze: C. F. Wiebeking trat zu Beginn des 19. Jh.s für weitgespannte hölzerne Konstruktionen ein, die, wie er meinte, mit ihrer leichteren Struktur besser in die Landschaft paßten als die wuchtigen steinernen Brücken. Er baute im süddeutschen Raum zahlreiche Brücken und ist für sein System etwa 30 Jahre lang auch in Wort und Schrift eingetreten. Am bekanntesten wurde die hübsche, 1808 von ihm erbaute Brücke bei Vilshofen in Bayern mit sehr flacher Wölbung; sie existiert leider nicht mehr. Weitere Brücken, z. T. auch mit mehreren Bogen, errichtete Wiebeking in Freising, Ottingen, Landsberg und Augsburg. Diese Brücken waren jedoch relativ teuer in ihrer Instandhaltung, so daß man auch in diesen Gegenden bald wieder zum Stein und später wie überall zu Stahl oder Beton als Baustoff griff.
Aber auch in den ersten zwei Jahrzehnten des 20. Jh.s finden sich noch Streiter für den Holzbrückenbau. So hebt Laskus (Lit. 89) dessen Vorteile, besonders bei Brückenbauten auf dem Land, hervor; etwa geringeres Raumgewicht des Baustoffes, der außerdem zumindest in holzreichen Gegenden am billigsten sei, geringe Herstellungs- und niedrige Reparaturkosten. Es ist anzunehmen, daß diese Vorteile auch damals nur für ganz einfache und relativ kleine Holzbrücken zutrafen, denn die Erhaltungs- und Reparaturkosten waren, wie man bei den Brücken Wiebekings sehen konnte, recht hoch. Laskus klagt in seinem Buch außerdem darüber, daß viele der schönen, damals oft noch in sehr gutem Zustand erhaltenen Meisterwerke des Holzbrückenbaues aus dem 17. und 18. Jh. abgebrochen worden seien, weil sie dem Verkehr nicht mehr gewachsen waren. Man habe sich vielerorts zu wenig Gedanken gemacht, wie man einerseits den alten Brücken sowie dem Stadt- oder Landschaftsbild und andrerseits dem Verkehr hätte Rechnung tragen können. Diese Klage gilt auch heute noch.

Die Entwicklung des Brückenbaues in Amerika

Fig. 35 Die hölzerne Brücke über den Portage im Zuge der Erie-Eisenbahn (USA)

Die Entwicklung der Holzbauweise sowie deren Übernahme für Stahlkonstruktionen für die zum größten Teil der Eisenbahn dienenden Brücken des 19. Jh.s verlief in Amerika anders als in Europa. In den Vereinigten Staaten, wo man das riesige Land vor allem durch Eisenbahnen zu erschließen begann, bot sich Holz als billigstes und reichlich vorhandenes Baumaterial auch für Brücken an. Von den kleinen bis zu den langen und berühmten Eisenbahnbrücken, wie etwa jener bei Springfield, wurde noch in der zweiten Hälfte des 19. Jh.s ein Großteil aus Holz errichtet, allerdings in einer dort wesentlich verbesserten Technik, die dann auch für Eisentragwerke übernommen wurde.
Es liegt eine Beschreibung der hölzernen Brückensysteme Nordamerikas von Culmann (damals königlich bayerischer Sektionsingenieur) vor, der 1849/50 im Auftrag seiner Regierung eine Reise in die Vereinigten Staaten unternahm (Lit. 28). Obgleich Culmann seinen Bericht mit verblüffendem Hochmut und mit verächtlichen Worten über die Amerikaner beginnt, ist es doch vor allem ihm zu verdanken, daß die amerikanische Holzfachwerk-Bauweise sowie deren Anwendung für Stahlkonstruktionen in Europa bekannt und auch erfolgreich praktiziert wurde. Culmann schreibt: *Amerika ist nichts als eine Kolonie Europas. Die Einwohner, ihre Sitten und Gebräuche sind alle europäischen Ursprungs und selbst die architektonischen Formen unserer Gebäude werden servil nachgeahmt, daß selbst da, wo das Material fehlt, aus dem gewisse Formen hergestellt werden sollten, dieselben aus irgendeinem anderen Material nachgeäfft werden.* Doch nun folgt eine etwas mildere Beurteilung des amerikanischen Brückenbaues: *Im Brückenbau, und namentlich bei den hölzernen Brücken, scheint dies nicht der Fall zu sein; allein wenn man auf die ältesten Brückenkonstruktionen zurückgeht, so findet man, daß auch diese den europäischen nachgebildet sind, und daß sie jetzt nur deshalb von diesen so sehr abweichen, weil die amerikanischen Verhältnisse der Entwicklung der Holzkonstruktionen so günstig sind, daß sie rasch und unabhängig voranschreitend das Mutterland bald weit hinter sich zurückließen, wodurch sie sich natürlich auch jedem fremden Einfluß entzogen.* Culmann berichtet dann, daß der Amerikaner Theodore Burr, der als erster die Wichtigkeit der Streben erkannt hatte, in der zweiten Hälfte des 18. Jh.s u. a. eine Brücke über den Delaware bei Trenton gebaut habe. Es war eine der ältesten großen Holzbrücken Amerikas; nachdem sie 40 Jahre einem lebhaften Straßenverkehr gedient hatte und inzwischen die Eisenbahn von New Jersey nach Philadelphia gebaut wurde – hören wir nochmals Culmann – *und die Brücke noch in gutem Stande*

schien und die Amerikaner sparen, wo sie nur können, so würde das Geleis auf die Brücke, ohne dieselbe vorher verstärkt zu haben, gelegt und liegt noch heute auf derselben. Burr baute übrigens von 1812–1816 eine aus 12 Fachwerkträgern von je 210 Fuß Länge bestehende Brücke über den Susquehanna in Harrisburgh/Pa. Die Hälfte dieser Brücke südlich der Insel war zumindest zwischen 1930 und 1940 noch in Gebrauch (ASCE Bicentennial publication „American Wooden Bridges"). Außerdem entwickelte Burr einen kräftigen, in ein sogenanntes mehrfaches „Kingpost"-Fachwerk einbezogenen Bogen, der nach ihm „Burr Arch" benannt wurde. Diese Holzbogen wurden entweder aus einem besonders starken Balken oder aus Lagen von bis zu zwölf Planken gefertigt. „Burr Arch Bridges" sind noch zahlreich im Staat Indiana anzutreffen, jedoch auch in den übrigen Gebieten; z. T. wurden sie im 19. Jh. noch von ihm selbst gebaut, andere stammen aus dem 20. Jh.

Abb. 101 Sehr berühmt war die Connecticut Bridge bei Springfield, mit sieben Feldern zu je 54 m, nach dem Howeschen System erbaut. Der Architekt William Howe erhielt 1840 ein Patent auf das von ihm entwickelte Fachwerksystem. Er war der erste, der auch eiserne Hängestangen verwendete, und sein Name wurde später mit eisernen Fachwerkträgern verknüpft. Diese amerikanischen Fachwerksysteme, hauptsächlich durch die Publikationen Culmanns in Europa bekanntgemacht, fanden in Österreich u. a. durch Pressel bei Brücken der Südbahn Verwendung. Neben Howe gab es eine Anzahl weiterer Ingenieure, deren Name mit solchen Systemen verbunden wurde, wobei Colonel Stephen H. Long der erste war, der die vorher bekannten Holzkonstruktionen auswertete und sich 1830 das von ihm entwickelte Fachwerk patentieren ließ.

Es gab in Amerika eine ganze Anzahl von Holzbrücken, die Felder von mehr als 60 m Länge – 200 bis 220 Fuß – hatten, und es wurde häufig Fichtenholz (yellow pine) verwendet, das, wenn es

Fig. 35 imprägniert war, relativ lange hielt. Großartig war die mit einem riesigen Fachwerk ausgestattete Brücke von Portage, die der Erie-Eisenbahn diente. Dieses Bauwerk war ca. 876 Fuß lang und in der Mitte ca. 234 Fuß hoch. Es ist 1875 abgebrannt. Auch die Brücke von Moorswater war berühmt, doch das schönste Zimmerwerk – um nochmals Culmann zu zitieren – *das Amerika besitzt und das vielleicht einzig in der Welt dasteht, ist die Cascade Bridge, welche die Erie-Eisenbahn über eine 175 Fuß tiefe und oben mehr als 300 Fuß weite Schlucht führt. Sie ist von Brown entworfen und ausgeführt, und schon seit mehreren Jahren rollen Eisenbahnzüge über dieselbe hinweg, ohne daß auch je nur das geringste Nachgeben bemerkt wurde.* Nach Auskunft des Ohio Covered Bridge Committee wurde dieser schöne Fachwerkholzbogen 1848 jedoch von Colonel J. W. Adams entworfen und hatte eine Spannweite von 275 Fuß. Culmann, der übrigens später (ab 1855) Professor am Eidgenössischen Polytechnikum in Zürich war, gilt als maßgebender Begründer der „graphischen Statik"; über dieses Spezialgebiet hat er zahlreiche Veröffentlichungen herausgegeben.

Eine ganze Anzahl der damals in Amerika tätigen Brückenbauer war deutscher Herkunft, wie z. B.

Abb. 98 Lewis Wernwag; berühmt war seine 1812 als echter Holzbogen ausgeführte Colossus Bridge über den Schuykill bei Fairmont in Philadelphia, die mit etwas mehr als 340 Fuß Spannweite überhaupt die größte je erbaute Holzbogenbrücke war. Leider wurde dieses Bauwerk nach 26 Jahren, am 1. September 1838, durch ein Feuer zerstört. Wernwag war auch der erste Ingenieur, der für eine Brücke – über den Delaware in New Hope, im Jahre 1814 – Eisendiagonalen in die Felder der sechs hölzernen Fachwerkbogen einsetzte. Bereits 1810 hatte Wernwag eine hölzerne vorkragende Brücke über den Nashammony/Pa. erbaut, die er selbst Economy Bridge benannte. Von diesem Jahr an errichtete er viele Brücken; seine erste Eisenbahnbrücke entstand 1830 an der Baltimore–Ohio-Strecke, und auch seine letzte Brücke, 1836 über den Kanal und den Potomac bei Harper's Ferry, diente der Eisenbahn.

Ein weiterer gebürtiger Deutscher war Albert Fink, der ebenfalls mit Holzbrücken begann; sein berühmtestes Werk war jedoch die bereits in Eisen ausgeführte Eisenbahnbrücke über den Monongahela bei Fairmont, um 1852. Die von Fink wie von Bollmann – letzterer stammte ebenfalls aus Deutschland – entwickelten Fachwerkträger wurden damals in Amerika viel verwendet. Das Eisenbahnnetz der Vereinigten Staaten wuchs in jener Zeit enorm: laut dem „Railroad and Engineering Journal" von 1890 gab es damals 4.240 km hölzerne Eisenbahnbrücken (Lit. 129). Zu

98, 99 *Oben:* Die nach 26jährigem Bestehen 1838 abgebrannte Colossus Bridge über den Schuykill bei Fairmont (Philadelphia, USA). Nach einer Aquatintazeichnung von Akrell, 1824. *Unten:* Die verschalte zweifeldrige Holzbrücke über den Big Darby Creek in Amity, Ohio (USA), erbaut 1870

100, 101 *Oben:* Das 1820 patentierte Gitterfachwerk von Ithiel Town, hier bei der Brücke über den Grand River, Rock Creek, Ohio (USA), 1874 erbaut. *Unten:* Das von W. Howe 1840 entwickelte Fachwerk mit eisernen Hängestangen, hier bei der Brücke über den Stonelick Creek, Clermont County (Ohio), erbaut 1870

einer Zeit, als in den meisten Ländern Europas seit 30 oder 40 Jahren höchstens Notbrücken der Eisenbahnen noch aus Holz errichtet wurden bzw. errichtet werden durften, wofür es z. B. in Deutschland schon sehr früh eine gesetzliche Regelung gab.
Eines der eigenartigsten hölzernen Bauwerke in Amerika war gewiß die Kanalbrücke über den Alleghany bei Pittsburgh, die den Pennsylvania-Kanal darüber hinwegführte. Das erstaunliche Bauwerk entstand 1829 und hatte zwei Land- und sechs Mittelpfeiler aus Stein, auf welchen sieben hölzerne Bogen von 150 Fuß Spannweite ruhten. Die Breite betrug 34 Fuß, die Kanalrinne selbst hatte eine Weite von 16 Fuß oben und 15 Fuß unten und war 5 Fuß tief (Lit. 159). Außerdem war das Bauwerk überdacht. Trautwine (Lit. 159), der diese Kanalbrücke genau beschrieb, berichtet, daß die höchste Flut, die es jemals gab, bis zum Boden des Kanalgerinnes stieg, Bäume, Scheunen, ja Häuser wurden angeschwemmt und häuften sich an der Oberstromseite an: *Eine große Menschenmenge hatte sich angesammelt, fürchtend, daß die ganze Brücke von den Pfeilern gehoben würde. Sie blieb aber vollkommen fest und erlitt keinen Schaden!* Weiter wird berichtet, daß sich dieser Kanal sehr bewährte, die durchfahrenden Schiffe verletzten nie das Holz der Seitenwände, und der Bau gereichte seinem Erbauer, Herrn Lothrop, sehr zur Ehre. Dieser baute dann noch Brücken in der gleichen Weise. 1843 ist diese Kanalbrücke dann doch einem Hochwasser zum Opfer gefallen, im gleichen Jahr, in dem Trautwine seinen obenzitierten Bericht in der „Allgemeinen Bauzeitung" veröffentlichte. Auch in Ohio gab es einige Kanalbrücken aus Holz im Bereich des Ohio-Kanals. Die größte davon, die den Ohio-Kanal bei Circleville über den Scioto führte, war 425 Fuß lang und 20 Fuß breit, innen jedoch nur 15 Fuß, so daß 5 Fuß für einen Pfad aus Planken für die Maultiere blieben, welche die Boote zogen. Diese Kanalbrücke wurde 1831 eröffnet und erst 1915 – durch Feuer – zerstört!
Amerika war damals auch reich an überdachten hölzernen Straßenbrücken. Ithiel Town entwickelte 1819 sein 1820 patentiertes Gitterfachwerk, wobei jeweils zwei parallele Bohlen den Ober- und Untergurt bildeten. Dazwischen waren die Gitterstreben relativ dicht angeordnet. Das Tragwerk begann hinter den Widerlagern in einem Abstand, der etwa der Trägerhöhe entsprach, und lief über Steinpfeiler durch. An den Brückenenden, den Widerlagern und den Pfeilern wurden die Gurte durch vertikale Stützen verbunden. Alle Verbindungen wurden durch hölzerne Bolzen hergestellt. Von den vielen in der von I. Town entwickelten Art errichteten Brücken konnten zwischen 1930 und 1940 noch 165 festgestellt werden. Die längste gedeckte Straßenbrücke der Welt – von J. Walcott 1832 erbaut – führte über den Susquehanna in Columbia: sie war 5.690 Fuß lang und ruhte auf 28 Pfeilern. Im Bürgerkrieg 1863 wurde sie durch Feuer zerstört. Eine gedeckte Straßenbrücke mit zwei sehr großen Feldern, die größte ihrer Art im Nordosten der USA, wurde, nachdem sie im Frühjahr 1977 durch Hochwasser mit Eisgang Schaden erlitten hatte, renoviert. Es handelt sich um die Cornish Windsor Bridge in New Hampshire/New England, die 1866 von James Tasker aus Cornish und Bela J. Fletcher aus Claremont als fünfte Brücke an dieser Stelle errichtet wurde. Während die ersten drei (1796, 1824 und 1849) noch drei Pfeiler besaßen – sie wurden alle durch Frühjahrshochwässer zerstört – besaß die Vorgängerin der heutigen Brücke wie diese nur einen Pfeiler und bestand aus einem ähnlichen Gitterfachwerk wie die heutige, die sich als besonders stabil erweist. Das Bauwerk mit einer Länge von 460 Fuß besitzt zwei Fachwerkfelder, in gediegenster Handarbeit ausgeführt. Bis zum Mai 1943 (!) wurde Brückenzoll erhoben, und eine alte Liste weist die vielen unterschiedlichen Beträge auf, die zu entrichten waren. Berühmte Männer, darunter die Präsidenten Hayes, Roosevelt und Wilson, schritten durch das guillotineähnliche Falltor und zahlten ihre Gebühren. Tasker fertigte nicht nur den Konstruktionsplan des starken Fachwerkes an sondern auch ein 8 Fuß langes Modell, dessen phantastische Belastbarkeit er in einer Eisenhandlung des Ortes demonstrierte. Die Brücke erwies sich als so vorzüglich, daß nach ihrem Prinzip weitere Übergänge in New England gebaut wurden, von denen einige noch bestehen.
Insgesamt existieren in den Vereinigten Staaten heute noch 1.039 überdachte hölzerne Brücken – und in Kanada weitere 274 –, wovon etwa 60% zum überwiegenden Teil aus der zweiten Hälfte, die ältesten jedoch aus dem ersten Jahrzehnt des 19. Jh.s stammen. Die übrigen etwas mehr als 40%

Abb. 100

Abb. 99

dieser Brücken wurden erst im 20. Jh. errichtet und nicht etwa nur in den ersten Jahrzehnten, sondern eine beträchtliche Anzahl erst zwischen 1950 und 1971 (die Aufstellung stammt aus dem Jahr 1972); denn in den Vereinigten Staaten gibt es noch Vereinigungen, die diese Brückenart erhalten und fördern, wie „The National Society for the Preservation of Covered Bridges, Inc.".
Erstaunlicherweise gab es in den Vereinigten Staaten sogar überdachte hölzerne Eisenbahnbrücken! So hatte die hölzerne Eisenbahnbrücke über den Chikapoë auf der Connecticut-Linie ein aus gebogenen Bohlen gebildetes Dach. Für uns unvorstellbar, die Brandgefahr durch ein Holzdach noch zu erhöhen. Doch die Brandgefahr machte auch den Amerikanern zu schaffen, die damals bereits gute Verfahren entwickelt hatten, um Holz vor Witterungseinflüssen zu schützen. Ritter (Lit. 129) bemerkt, die Chemie müßte nun ebenso einen Feuerschutz für Holz entwickeln, *dann brauchte Amerika nicht zu bedauern, daß es hauptsächlich Holzbrücken – und einen Mangel an schönen Steinbrücken habe.* Doch einige hübsche, gewölbte Steinbrücken in klassizistischem Stil findet man auch in Amerika, besonders in seinen zahlreichen Parks (Lit. 163).
Wie schon erwähnt, entstanden jedoch neben den vielen hölzernen Bauwerken auch solche aus Eisen bzw. sehr bald aus Stahl, wie die zwischen 1867–1873 erbaute Mississippi-Brücke bei St. Louis, die bereits ganz aus diesem Material hergestellt wurde. Mit zwei Feldern von 520 Fuß und einem dritten von 502 Fuß war diese Brücke einige Zeit die größte ihrer Art. Die Projekte für solche Vorhaben wurden auch in Amerika meistens von Brückenwerkstätten, aber auch von Privatingenieuren erstellt. Es gab keine einheitlichen Vorschriften, wie man sie damals in Europa einzuführen begann, sondern einige hervorragende Ingenieure stellten jeweils „specifications" auf, die allerdings nicht viel voneinander abwichen. Es gab Städte mit besonders vielen Brücken, Pittsburgh wurde z. B. gerühmt, damals die meisten und mannigfaltigsten Brücken besessen zu haben, während Chicago angeblich die meisten Drehbrücken besaß, da der Schiffsverkehr bis tief in die Stadt reichte (Lit. 129).
Interessant ist, daß die Amerikaner bei ihren Brückenbauten viel sachlicher blieben und es nie solch pompöse Portale und monströse Bauten mit üppigem Zierat gab wie da und dort in Europa. Ein amerikanischer Ingenieur, Alfred Boller, schrieb Ende des 19. Jh.s folgende Sätze, deren Forderung erst sehr viel später allgemeine Geltung erlangte (Lit. 149): *Der Bau von Brücken bietet wenig Spielraum für eine künstlerische Architektur. Jede Verzierung an einem solchen Bauwerk muß mit sorgfältiger Berücksichtigung der Konstruktion sowie der Besonderheiten des verwendeten Materials angebracht werden. Eine korrekt durchgeführte Brücke bringt schon an und für sich in Jedermann einen angenehmen, ästhetischen Eindruck hervor, da sie eben die Idee des Mannes und die vollständige Erfüllung des angestrebten Zweckes in sich schließt.*

Die Entwicklung der Ketten- und der Kabelhängebrücken

Fig. 36 Mühlauer Kettenbrücke über den Inn bei Innsbruck (Tirol), 1838–1843 erbaut (Zeichnung nach einem Kupferstich)

Im 19. Jh. kam es in Amerika zu einer eigenständigen Entwicklung der großen Hängebrücken, basierend auf den erstmals im 18. Jh. in Europa konstruierten Kettenbrücken. Ursprünglich wurde diese Brückenart in China entwickelt, und es besteht die wohl berechtigte Annahme, daß die Zeichnungen von Verantius (Fig. 11a) durch Berichte und vielleicht Skizzen von Chinareisenden angeregt wurden. Diese Zeichnungen und neuerliche Berichte werden letzten Endes zu ähnlichen Versuchen in Europa geführt haben. Man weiß (Lit. 162), daß es bereits im Jahr 1515 Hängebrücken oder Seilbrücken in Mitteleuropa gab, und zwar sollen Schweizer bei Casal eine Seilbrücke über den Po geschlagen haben, um Artillerie hinüberzubringen. Ebenso sollen bei der Belagerung von Poitiers (1577) und beim Feldzug des Prinzen Heinrich von Oranien gegen die Städte Gent und Brügge (1631) Seilbrücken verwendet worden sein. Da es sich in den genannten Fällen jedesmal um kriegerische Ereignisse und darum wohl um kurzlebige Notbrücken gehandelt hat, werden es Seilbrücken in ganz einfachen Formen gewesen sein, durchhängend und mit einem nicht sonderlich befestigten Belag. Eine erste kleine eiserne Hängebrücke gab es in England: 1741 wurde nahe Middleton in Teesdale die Winch Bridge mit nur einem Handseil als Fußgängerbrücke für die dortigen Bergwerksleute der Bleiminen gebaut. Ketten und Handseil dieser Brücke sind in Barnard Castle im „Powes Museum" zu sehen, denn diese erste Brücke wurde 1802 durch eine verbesserte zweite Winch Bridge, ebenfalls ein Kettensteg, ersetzt (Lit. 22).

Fig. 11a

Die erste größere Kettenbrücke wurde dann 1796 von James Finley (1762–1828) in Fayette-County, Pensylvanien, errichtet. Finley bekam 1801 ein Patent auf seine Konstruktion und soll bis 1818 vierzig weitere Kettenbrücken in den Vereinigten Staaten gebaut haben.

Verweilen wir aber noch kurz in Europa, wo sich, von England ausgehend, diese Brückenart ausbreitete: 1817 spannten die Brüder Smith bei Dryburgh eine Brücke an vier Ketten über den Tweed, während kurz darauf Sir Samuel Brown (1776–1852) die erste größere Kettenbrücke nahe Berwick ebenfalls über den Tweed baute. Dieses Union Bridge genannte Bauwerk ist bereits mehr als 360 Fuß lang, und die je sechs Ketten sind links und rechts in den Steintoren verankert. Diese erste große Kettenbrücke Englands wurde 1976 gründlich repariert (Lit. 24): das Bauwerk erhielt einen neuen Belag und ebenso einige neue Stahlaufhängungen, wurde aber ganz in seiner alten Konstruktion belassen. Die Brücke gilt als „scheduled ancient monument", unserem „unter Denkmalschutz stehend" vergleichbar. Immer wieder kann man beobachten, wie sorgfältig die

Briten ihre historischen Brücken erhalten und pflegen. Die 24 Jahre später über die Sira in Norwegen errichtete Kettenbrücke, die älteste dieses Landes und ebenfalls bis heute erhalten, ist ganz ähnlich konstruiert.

Abb. 81, 82, 85 In England wurden noch weitere Kettenbrücken gebaut, neben solchen von Brown die große Kettenbrücke Telfords über die Straße von Menai (1819–1826), seine zur gleichen Zeit errichtete Conway Castle Bridge und die berühmte Kettenbrücke Brunels, die Clifton Bridge (1836–1853). Diese neue Brückenart fand viel Anklang und breitete sich binnen kurzer Zeit in vielen Ländern aus. Die Engländer selbst bauten zum Beispiel in Indien eine ganze Reihe solcher Brücken.

In Wien gründete man 1824 eine „Gesellschaft für den Kettenbrückenbau" und erstellte die Sophienbrücke über den Donaukanal als erste Brücke dieser Art in Österreich (Lit. 110). Da der Bau zur allgemeinen Zufriedenheit ausfiel, errichtete man anschließend gleich die nächste solche Brücke. Mitis berichtet: *Durch den glücklichen Erfolg aufgemuntert, welchen der Bau der ersten über den Wiener Donaukanal von der Vorstadt Landstraße in den bekannten Lustwald Prater errichteten Kettenbrücke gehabt hat, unternahm man . . . im Jahre 1827 den zweyten Bau.* Tatsächlich begann man in dem genannten Jahr mit der Karlsbrücke, wobei man sogar schon Stahl für die Ketten verwendete. Und diese neue Art des Brückenbaues, der die Schiffahrt nicht behinderte, wurde sehr bewundert. Die Stelle, an der die Sophienbrücke errichtet wurde, hatte übrigens eine sehr wechselvolle Geschichte: Vor 1776 gab es dort von Erdberg in den Prater nur eine Fähre; in dem genannten Jahr wurde als erster fester Übergang eine schöne überdachte hölzerne Doppelbrücke errichtet. 1811 ließ Fürst Rasumofsky eine steinerne Bogenbrücke erbauen, die seinen Namen trug. Überschwemmungen und Eisstöße setzten diesem Bauwerk jedoch so zu, daß es nach nur achtjährigem Bestehen abgetragen werden mußte. Man kann also verstehen, daß der 1825 errichtete Kettensteg sehr begrüßt wurde. Auch dieser Brücke war keine lange Lebensdauer beschieden: 1872 wurde der Kettensteg durch eine schmiedeeiserne Fahrbrücke mit Trapezfachwerk ersetzt, deren Name nach dem Ersten Weltkrieg in Rotunden-Brücke abgeändert wurde. Ende des Zweiten Weltkrieges, im April 1945, wurde dieses Bauwerk restlos zerstört, kurze Zeit bestand dann eine Behelfsbrücke, die anschließend durch eine neue Stahlträgerrostbrücke ersetzt wurde (Lit. 42). An dieser Stelle gab es also in einem relativ kurzen Zeitraum fast sämtliche Brückenarten.

Doch kehren wir zu Mitis' Beschreibungen (Lit. 110) der Wiener Kettenbrücken zurück. Dieser Autor bringt in seinem Büchlein (1830) einen interessanten Brief Naviers an den Direktor des königlich-französischen Brücken- und Straßen-Corps, bei welchem er damals als Oberingenieur arbeitete, in dem er von zwei Reisen nach England berichtet, bei denen er sich über die englischen Kettenbrücken sowie über weitere sich im Planungszustand befindlichen Projekte informiert hatte und mit bekannten englischen Ingenieuren in Verbindung getreten war. Gegen Schluß schreibt Navier: *Der Gebrauch dieser hängenden Bauwerke, welcher mit wenig Kosten den Bau fester und dauerhafter Brücken gestattet, wird die Zustandebringung von Aktiengesellschaften begünstigen, die solche Gebäude zum Vorteile der Industrie ausführen; auch die Schiffahrtskanäle werden durch selbe leichter und wohlfeiler herzustellen sein, und somit allseitige Vorteile der Industrie und des Staates begünstigt.* Navier dachte also nicht nur an den Bau bzw. die technischen Probleme von Brücken, sondern auch bereits ausgesprochen wirtschaftlich.

Besonders ausführlich befaßt sich Navier mit der Union Bridge bei Berwick und bringt auch Detailzeichnungen in seiner Abhandlung über Kettenbrücken (Lit. 32). Diese Union Bridge war Vorbild für die ersten Kettenbrücken anderer Länder – auch für Österreich. Fast zur gleichen Zeit als die Karlsbrücke über den Donaukanal entstand, wurden in Wien zwei weitere Kettenbrücken über den Wienfluß gebaut, wovon eine nur als Fußgängersteg diente (Lit. 136). 1834–1836 folgte in Graz die Ferdinandsbrücke, an beiden Seiten von „Kettenhäusern" flankiert, in deren beiden Stockwerken Wohnungen und Diensträume für die „Mautnehmer" untergebracht waren. Die Einweihung erfolgte am Geburtstag Kaiser Ferdinands I., am 19. April 1836, und nach ihm erhielt
Fig. die Brücke ihren Namen (Lit. 100). Die Mühlauer Kettenbrücke bei Innsbruck über den Inn, von
36 Duile 1838–1843 mit einer lichten Weite von 75,85 m erbaut, galt dann als die schönste dieser Art in

Österreich. Genau 100 Jahre später wurde sie leider aus Verkehrsgründen abgerissen und durch eine breite Stahlträgerbrücke ersetzt (Lit. 53).

In Nürnberg entstand 1824 ein hübscher Kettensteg für Fußgänger; die erste Kettenbrücke Deutschlands, die dem Straßenverkehr diente, wurde 1825–1827 in Malpane in Oberschlesien errichtet. Im „Actum Malpane" vom 26. September 1827 ist zu lesen (Lit. 167), daß an diesem Tag, um die Belastung der Brücke zu erproben, alles Rindvieh aus dem Ort und der Umgebung – im ganzen 75 Stück – in schnellem Trab über die Brücke getrieben wurde; nach eingehender Prüfung und Untersuchung wurde diese dann für den Verkehr freigegeben.

Doch nun zurück zu den Vereinigten Staaten. Eine erste Hängebrücke, nicht mit Ketten, sondern mit Drahtkabeln – es handelte sich um eine leichte Fußgängerbrücke von 408 Fuß Länge –, wurde bereits 1816 von White und Hazard über den Schuykill-Fall in Fairmont/Philadelphia errichtet. Sie stürzte allerdings im selben Jahr unter einer schweren Eis- und Schneelast ein.

Der entscheidende Schritt in der Entwicklung der Kabelhängebrücken gelang später dem mit 26 Jahren nach Amerika ausgewanderten deutschen Ingenieur Johann (John) Roebling, der anfangs hauptsächlich in der damals aufblühenden Stadt Pittsburgh tätig war. Im März 1841 beantragte Roebling ein Patent auf die Herstellung von Drahtkabeln aus Parallelseilen, die gespannt und eng mit Draht umwickelt waren; solche Kabel wurden später für die größten Hängebrücken verwendet. Aufsehen erregte bereits die im März 1855 fertiggestellte erste und bisher einzige Eisenbahn-Hängebrücke der Welt, die über die Niagaraschlucht führte und mit 250 m Spannweite zu dieser Zeit eine außergewöhnliche Leistung darstellte. Roebling ließ die dicken Drahtkabel erstmals aus Stahl anfertigen, und auch die restlichen Konstruktionsteile der Brücke bestanden aus Stahl. Zum Erstaunen aller hielt das Bauwerk der Belastung durch die Züge stand; in Amerika wie in Europa hatten Ingenieure bestritten, daß eine solche Brücke für den Eisenbahnverkehr tragfähig sei. Dieses Bauwerk wurde zwar 1896/97 durch eine Stahlbogenbrücke ersetzt – mit 167 m Stützweite war sie eine der bedeutendsten dieser Zeit (erbaut von S. Buck) –, weil die nicht vorgespannten zusätzlichen Schrägseile der Brücke von Roebling nicht die erwartete Steifigkeit des Balkens gebracht und somit zu keiner Minderung der zu großen Durchbiegungen geführt hatten. Zum Unterschied von der Belastung der Straßenbrücken ist bei Eisenbahnbrücken die Vollast immer vorhanden, vor allem die besonders ungünstige halbseitige Mittelfeldbelastung. Dies ist wohl auch der Grund, warum später keine Hängebrücken mehr für den Eisenbahnverkehr gebaut wurden.

Abb. 2m

1860 errichtete Roebling die etwas kleinere Hängebrücke in Pittsburgh, 1867 die Hängebrücke über den Ohio bei Cincinnati mit bereits 328 m Spannweite. Als wahre Meisterleistung folgte zwischen 1870 und 1883 der Bau der Brooklyn Bridge in New York. J. Roebling sen., der 1867 mit dem Entwurf begann, starb tragischerweise nach Vollendung der Pläne bei den letzten Vermessungsarbeiten 1869. Sein ältester Sohn, Washington Roebling, technisch ebenso begabt, übernahm die Leitung des Bauvorhabens und führte es trotz eines bitteren Schicksals zu Ende: gelähmt durch die „Caisson-Krankheit" (Druckluftschäden, die bei zu schnellem Absenken oder Heben der Caissons entstehen), arbeitete er mit ungebrochenem Willen und hervorragend unterstützt von seiner Frau weiter an dieser kühnen Brücke. David Steinman (Lit. 150), selbst ein berühmter Ingenieur und Brückenbauer, schildert das Leben und den persönlichen Einsatz der Roeblings packend und erschütternd und läßt den Leser ahnen, welche geistige Kraft und welch körperlicher Einsatz oft nötig waren, um solche Pionierleistungen zu vollbringen. Als die Brooklyn Bridge am 24. Mai 1883 nach mehr als 13 Jahren Bauzeit vom damaligen Präsidenten der Vereinigten Staaten – Arthur Chester – eingeweiht wurde, betrachtete man sie sozusagen als Achtes Weltwunder. Gegen die damals in Europa errichteten Hängebrücken waren die der Roeblings grandios und kühn und ihrer Zeit voraus, und die Brooklyn Bridge blieb mit 488 m Spannweite 20 Jahre hindurch die längste Hängebrücke der Welt. Für heute ist das eine lange Zeitspanne, denn es ist selbstverständlich geworden, daß technische Rekorde laufend überholt werden und neue Materialien und neue Konstruktionen immer neue Brücken entstehen lassen, Bauwerke, die sich scheinbar schwebend und mühelos über Täler, Flüsse, Meeresarme schwingen und fast nichts von den oft enormen

Abb. 104

Schwierigkeiten des Gründens und Bauens ahnen lassen. Natürlich steckt in jeder neuen Bauweise, die erfolgreich in einem Land praktiziert wurde, der Anreiz, sie ebenfalls anzuwenden, und so könnte man fast sagen, daß damals die Devise herrschte, jede größere Stadt müsse zumindest eine Hängebrücke besitzen.

In England und Deutschland oder auch in Österreich hielt man länger am Typus der ursprünglichen Kettenbrücke fest, während Frankreich und die Schweiz diesbezüglich dem amerikanischen Vorbild rascher folgten, ja als Schrittmacher für Kabelbrücken galten. Ein gemeinsames Werk des Schweizer Ingenieurs und Generals Henri Dufour und des französischen Ingenieurs Marc Séguin war die erste größere Hängebrücke mit Stahlkabeln in Europa, in Genf zwischen 1822 und 1823 erbaut. Berühmt
Abb. wurde dann die zwischen 1832 und 1834 von dem französischen Ingenieur Chaley errichtete
3g Saanebrücke bei Fribourg, eine Hängebrücke mit 273 m Spannweite und einer ganz aus Holz bestehenden Fahrbahn. Mit dieser Brücke blieb die Schweiz lange Zeit unübertroffen in Europa. Die vier aus 4.224 Einzeldrähten hergestellten Kabel wurden an Holzrosten in den als Steinportalen ausgeführten Widerlagern befestigt. Auch hier wählte man eine spektakuläre und vermutlich recht fröhlich verlaufende Belastungsprobe vor und zur Einweihung: Man ließ 15 Geschütze schwersten Kalibers, mit 50 Pferden bespannt, samt 300 Mann über die Brücke ziehen, und zur Eröffnung gingen dann 2.000 Personen, als Prozession formiert, im Takt einer Militärmusik zweimal über die Brücke (Lit. 35). Leider war diese Brücke dem steigenden Verkehr der heutigen Zeit nicht mehr gewachsen und wurde inzwischen abgetragen. Nur der Name der zu ihr hinführenden Straße erinnert noch heute an das Bauwerk.

In Frankreich entstand eine ganze Anzahl solcher Brücken; erwähnenswert wegen seiner beachtlichen Weite von 192 m ist der mit seinen Türmen an die Conway Castle Bridge erinnernde Pont-Charles-Albert bei Cruseilles (südlich von Genf auf französischem Boden). Diese heute noch beeindruckende, dem Fußgängerverkehr dienende Brücke wurde 1838 unter König Albert von Sardinien errichtet. Dicht daneben steht eine moderne Stahlbetonbogenbrücke.

1850 wurde in Aarau in der Schweiz eine große Kettenbrücke mit 96 m Spannweite erbaut, und diese Brückenart wurde in Europa auch noch Anfang des 20. Jh.s angewandt; 1899–1903 entstand z. B. in Budapest die berühmte Elisabethbrücke, eine versteifte Kettenbrücke mit 290 m Spannweite, die zur Zeit ihrer Erbauung die größte dieser Art in der Welt war.

Bezüglich der Hängebrücken mit Stahlkabeln blieb Amerika führend, diese Bauwerke wurden dort immer kühner. Von den ganz großen Brücken dieser Art befinden sich etwa 75% auch heute auf amerikanischem Boden. Doch auch in Amerika wird diese Bauweise immer seltener und nur mehr zur Überwindung sehr großer Spannweiten angewandt. Die Golden Gate Bridge, 1937 in San Francisco errichtet, machte Schlagzeilen, und ihre 4.200 Fuß Spannweite werden auch heute nur von
Abb. der Verrazano Narrows Bridge, die 1964 über die New York Bay fertiggestellt wurde, um 60 Fuß
2q übertroffen. Sie wie die George Washington Bridge in New York sind Werke von Othmar Amman, der 1904 als junger Ingenieur aus Schaffhausen in der Schweiz nach Amerika ging, um sich weiterzubilden, jedoch dort blieb und einen großen Anteil an der Entwicklung des Brückenbaues in seiner neuen Heimat hatte. Othmar Amman starb 1965, die Verranzano Bridge hatte er im Alter von 85 Jahren erbaut. Er vertrat die Ansicht, daß große Brücken nur mit sehr viel Wissen und Erfahrung, gekoppelt mit ebensoviel Sinn für Schönheit und Harmonie geschaffen werden können (Lit. 154).

Die Mackinac Bridge über die Straits of Mackinac im Staat Michigan, 1957 vollendet, ist insgesamt länger als die Verrazano Bridge, ihre Spannweite beträgt 3.800 Fuß. Diese Brücke gehört zu den berühmtesten Bauwerken, die David Steinman schuf, einer der erfolgreichsten lebenden Brückenbauingenieure Amerikas. Seine Vorbilder waren schon in der Jugendzeit die beiden Roeblings, mit denen er sich sehr beschäftigte und verbunden fühlte. Steinman ist fast auf den Tag genau 80 Jahre später geboren als J. Roebling, und er war es auch, der 1948 den Auftrag erhielt, die damals mehr als 60jährige Brooklyn Bridge von zwei auf sechs Fahrbahnen zu verbreitern, so daß sie mit den inzwischen dazugekommenen Brücken auch heute noch den New Yorker Verkehr bewältigt. Steinman hat am Bau von mehr als 370 Brücken in fünf Erdteilen planend oder beratend mitgewirkt

und u. a. einen eindrucksvollen Entwurf einer Hängebrücke über die Straße von Messina geschaffen. Acht seiner großen Brücken sind als „schönste Brücken Amerikas“ ausgezeichnet worden.
Die viertgrößte Hängebrücke der Welt ist die bereits genannte über den Hudson führende George Washington Bridge in New York (1931); die fünftgrößte Amerikas wurde durch ihren Einsturz berühmt: die Tacoma Narrows Bridge im Staat Washington, USA. Das besonders schlanke Bauwerk besaß wegen der beachtlichen Spannweite von 855 m und der äußerst geringen Breite von 11,90 m keine Torsionssteifigkeit, so daß zufolge der kombinierten Torsions-Biegeschwingungen bereits eine Windgeschwindigkeit von 11 m/sec ausreichte, die Hänger zufolge Materialermüdung zu brechen (Lit. 41). Diese Brücke wurde am 7. November 1940 derart vom Wind „aufgeschaukelt“, daß sie sich langsam zu verdrehen begann, bis sie krachend in die Tiefe stürzte. Da der Vorgang relativ langsam vor sich ging, kamen keine Personen zu Schaden. Bereits vor diesem Unglück waren zehn Hängebrücken durch Windschwingungen eingestürzt, so daß die gehegten Befürchtungen, auch diese Brücke könnte das gleiche Schicksal erleiden, dazu führten, Prof. Farquharson mit der laufenden Beobachtung zu betrauen. Auch am 7. November 1940, ungefähr 4 Monate nach der Verkehrsübergabe, war er damit beschäftigt, als er die bedrohliche Situation, die durch den Sturm entstand, erkannte und sich in Sicherheit brachte, dabei jedoch filmte, so daß der ganze Vorgang dieses Brückeneinsturzes als Film vorliegt. Sicher können sich manche Leser erinnern, dieses aufregende Ereignis damals in der Wochenschau gesehen zu haben. Auch das Ehepaar Arlington behielt die Nerven, als ihr Auto beim Befahren der Brücke plötzlich gegen die Bordkante geschleudert wurde: sie sprangen aus dem Wagen, krochen, so schnell sie konnten, an der Brüstung dem Ufer entgegen, wobei Joe Arlington so viel Kaltblütigkeit bewies, noch auf der Brückenbahn und dann am Ufer einige Photos zu machen (Lit. 135). Mit einer den neuen Erkenntnissen Rechnung tragenden Hängewerkskonstruktion wurde die Tacoma Bridge 1950 zum zweiten Mal fertiggestellt. *Abb. 117*
Zu den größten Brücken dieser Art in Europa gehören die Salazarbrücke über den Tagus in Lissabon, Portugal – 1967 dem Verkehr übergeben, dürfte sie noch immer die fünftgrößte der Welt sein –, gefolgt von der neuen Firth of Forth Bridge in Schottland, die 1964 dem Verkehr übergeben wurde, und weiters der 1966 erstellten Hängebrücke über den Severn in Westengland. Die erste große Hängebrücke Europas ist allerdings bereits 1959 bei Tancerville über die Seine erbaut worden, doch wurde sie inzwischen von den oben genannten an Spannweite überflügelt. In Kleve-Emmerich entstand 1966 die größte deutsche Hängebrücke über den Rhein, mit 500 m Spannweite, und im gleichen Jahr wurde auch die Nya Älvorgsbron in Göteborg in Schweden gebaut. *Abb. 2n* *Abb. 86* *Abb. 2r*
Die am 29. Oktober 1973 eröffnete Hängebrücke über den Bosporus mit 3.450 Fuß Spannweite erreicht zwar nicht die Weite der ganz großen Brücken Amerikas, sie verbindet aber zwei Kontinente miteinander, verdeutlicht den Sinn des „Brückenschlages“ besonders eindrucksvoll und ist – seit den Schiffsbrücken des Darius über den Bosporus und des Xerxes über die Dardanellen – die erste feste Verbindung zwischen Kleinasien und Europa. Neben der zur Ausführung gelangten Stahlkabelbrücke gab es Vorschläge für eine Brücke mit einem massiven Versteifungsträger sowie für eine Spannbandkonstruktion, bei der das relativ biegesteife vorgespannte Band nur eine Dicke von 30 cm aufwies und direkt als Fahrbahn dienen sollte. Die Varianten dokumentieren den heutigen hohen Stand der Brückenbauwissenschaft. *Abb. 105*
Seit dem Frühjahr 1973 ist in Kingston upon Hull an der britischen Nordküste die bisher längste Hängebrücke der Welt – mit 1.410 m Spannweite, Pfeilerabstand 1.380 m – im Bau; nach anfänglichen Schwierigkeiten ist die Arbeit nun so weit vorgeschritten, daß die Brücke 1979 dem Verkehr übergeben werden soll, so daß sich Europa dann rühmen kann, Amerika bezüglich dieser Brückenart übertroffen zu haben.
Mittlerweile hat sich ein weiterer Typus von Stahlkabelbrücken durchgesetzt: die Schrägkabel- oder Schrägseilbrücke. Eigentlich war die von Verantius gezeichnete Brücke mit schräggespannten Ketten bereits ein Vorgänger dieser Bauweise. Aus dem Jahr 1784 liegt dann eine Beschreibung samt Skizze des Deutschen Imanuel Löcher für eine hözerne Brücke vor, die ebenfalls bereits alle Merkmale einer Schrägseilbrücke aufweist. 1817 wurde in England eine Fußgängerbrücke mit 34 m Spannweite

in dieser Konstruktion ausgeführt, und 1821 entwarf der Franzose Poyet eine hölzerne Balkenbrücke, die mit geraden Eisenstäben an hohen Masten aufgehängt werden sollte. Ein weiteres, ebenfalls unausgeführtes Projekt stammt aus dem Jahr 1840, vom Engländer Hatley, mit Abspannungen, die von einem Mittelpylon ausgehen (Lit. 158).

Die heute im Stahlbau besonders in Deutschland entwickelte und inzwischen vielfach erprobte Methode des Aufhängens des Brückenträgers durch straffgespannte Schrägkabel wurde erstmals 1953–1955 von dem deutschen Ingenieur F. Dischinger – allerdings in Schweden bei der Strömsundbrücke – mit zwei Pylonen angewandt. Bereits 1935 war, ebenfalls von einem deutschen Ingenieur namens Haupt, eine Patentanmeldung für die Mittelträgerbrücke erfolgt (Lit. 168). Schon 1954, ein
Abb. 102 Jahr nach der Arbeitsaufnahme an der schwedischen Brücke, begann man mit dem Bau der Nordbrücke (Theodor-Heuss-Brücke) in Düsseldorf, wobei die Kabel parallel in einer Harfe geführt werden, während sie bei der schwedischen Brücke im Pylonenkopf vereint sind. Die Düsseldorfer Nordbrücke fand viel Anklang, und beide Arten der Kabelführung werden seither – entweder mit wenigen dicken oder, der optischen Wirkung wegen, mit vielen feinen Kabeln – bei den in der Folgezeit entstandenen Stahlschrägseilbrücken angewandt. Die Düsseldorfer Rheinbrükken, die inzwischen zu einer ganzen Schrägseil-Brückenfamilie anwuchsen, gaben dieser Entwicklung wesentliche Impulse.

Die vielfachen Möglichkeiten der Kabelführung und die Konstruktion verschiedenartiger Pylonen – wobei sich bei sehr weitgespannten Brücken A-förmige Pylonen am sinnvollsten erwiesen – geben diesen Bauwerken ein individuelles Aussehen. Die Schrägseilbrücke von Bratislava (Preßburg) mit 303 m Stützweite und einem nach hinten geneigten A-Pylon setzt am flachen Ufer sozusagen ein markantes Gegenstück zur Burg auf der gegenüberliegenden Flußseite. Unweit davon, in Hainburg,
Abb. 107 Österreich, entstand Anfang der siebziger Jahre eine sich ebenfalls gut in die Landschaft fügende Schrägseilbrücke.

Den mit fünf weiteren an erster Stelle preisgekrönten Entwurf einer Schrägseilbrücke über die Straße von Messina, dessen Verwirklichung technisch möglich erscheint, stellt F. Leonhardt (Lit. 9) vor. Desgleichen für Deutschland ein sehr kühnes und großes Projekt: den Entwurf einer Autobahnbrücke im Verlauf Weinsberg–Nürnberg über das Kochertal in einer Höhe von 186 m (!) und mit einer Länge von 1.128 m, dessen Ausführung, wie die Autoren (Lit. 9) feststellen, richtungweisend werden könnte. Das breite Tal bis auf die zwei Pylonen an den Hangansätzen völlig frei von Pfeilern, darüber in großer Höhe die Brückenbahn wie an Zauberfäden hängend, mag manchen als schwindelerregendes Projekt erscheinen. Es wurde nicht verwirklicht, der Bau einer Brücke über das Kochertal ist jedoch inzwischen in Angriff genommen worden (siehe S. 199).

Die Stadtverwaltung von Köln, die sich nach dem Krieg als ungemein rührig zeigte, entschied sich 1955 auf Grund eines Wettbewerbes erstmals für eine asymmetrische Brücke dieser Art, um die Silhouette des Domes nicht zu stark zu beeinträchtigen: es entstand die schöne, das Stadtbild bereichernde Severinsbrücke, welcher inzwischen ähnliche Bauwerke folgten, wie die elegante Kniebrücke in Düsseldorf. Auch die Nordbrücke Mannheim–Ludwigshafen (Kurt-Schumacher-Brücke), eine Schrägseilbrücke mit Paralleldrahtbündeln, besitzt nur einen einzigen, rechtsrheinischen Pylon, der die Brückenbahn um 71,50 m überragt (1968–1972). Bei allen anderen Schrägseilbrücken vorher und weitgehend auch nachher wurde – bzw. wird – das paketierte patentverschlossene Seil und bei den Hängebrücken für die Herstellung des Hauptseiles wiederum das Luftspinnverfahren angewendet.

Am Beispiel von Köln soll auf die ungeheure Nachkriegsleistung und die Bedeutung insbesondere der Rheinbrücken hingewiesen werden. Der Rhein – uralter Verkehrsweg in der Nord-Süd-Richtung wie vielfältiger Übergang wichtiger Handelsstraßen, etwa des „Hellweg" (der alten Salzstraße) – und die Notwendigkeit, diesen Fluß zu überbrücken, war schon für Cäsar und die Baumeister des Mittelalters ein Problem. Erst im Verlauf des 19. und 20. Jh.s entstanden hauptsächlich durch die Entwicklung des Stahlbaues viele Brücken über den Rhein, besonders in den industriellen Ballungszentren. Sie alle wurden im Zweiten Weltkrieg zerstört. Das in den fünfziger Jahren einsetzende wirtschaftliche Wachstum der Stadt Köln, der Wiederaufbau aller zerstörten Rheinbrücken sowie der Neubau der Severins- und der Zoobrücke – dies waren insgesamt sechs Straßen- und zwei Eisenbahnbrücken innerhalb von 20 Jahren – waren eine bewundernswerte Leistung für eine in ihrer baulichen Substanz schwer zerstörten Stadt, die alle Schwierigkeiten, auch finanzieller Art, zu überwinden wußte (Lit. 84). Diese Stadt, die sich sprunghaft beiderseits der Ufer ausbreitete, ist heute mehr denn je auf ihre Brücken angewiesen: die Brücken sind es, die Groß-Köln zu einer Einheit zusammenschließen, die es zu einer Brückenstadt machen.

In Deutschland folgten inzwischen weitere Beispiele für Stahlschrägseilbrücken, wie die Norderelbbrücke der Autobahn in Hamburg, die Autobahnbrücke über den Rhein bei Leverkusen oder diejenige bei Speyer. Diese Bauweise scheint sich immer mehr für große Brückenbauten durchzusetzen, und als eindrucksvolles Bauwerk wurde am 23. September 1974 die 1970 begonnene *Abb.*
Köhlbrandbrücke in Hamburg dem Verkehr übergeben. Der Brückenzug ist 3.618 m lang, die *103*
Rampen wurden im feldweisen Vorbau mit Vorschubrüstung ausgeführt, während die Pylonen und der Hauptteil der Brücke in einer Länge von 520 m – wobei auf die Zentralöffnung 325 m entfallen – aus Stahl bestehen. Die Pylonen haben eine markante Form und geben zusammen mit den Schrägseilen dem Bauwerk ein elegantes Aussehen.

Für Schlagzeilen sorgte auch die Schrägseilbrücke im Stadtteil Oberkassel in Düsseldorf, die, ca. 40 m entfernt von der alten Rheinbrücke errichtet, nach etwa zweijähriger Benützung an die Stelle der alten – inzwischen abgebrochenen – Brücke, Anfang April 1976 binnen zwei Tagen eingeschoben wurde, so daß nur für kurze Zeit eine Verkehrsumleitung notwendig war.

Ein Verschiebungsvorgang beim Brückenbau ist übrigens durchaus nichts Neues, nur die Methoden wurden im Laufe der Zeit verbessert: das Einschieben des neuen Fachwerkträgers der Trisannabrücke wurde bereits beschrieben, und bei Baubeginn der nunmehr eingestürzten Wiener Reichsbrücke etwa war die Verschiebung der alten Brücke um 26 m erforderlich, welche Arbeit am 12. September 1934 binnen 6¹/₂ Stunden durchgeführt wurde, was für die damalige Zeit ebenfalls eine technische Meisterleistung darstellte.

Auch in Frankreich entstand inzwischen eine riesige Schrägseilbrücke über die breite Loiremündung bei Saint-Nazaire: nach dreijähriger Bauzeit – 1972–1975 – wurde diese 3.356 m lange Straßenbrücke dem Verkehr übergeben. Das Schrägseilmittelstück aus Stahl von 720 m Länge übertrifft jenes der Köhlbrandbrücke um 200 m, allein die Zentralöffnung beträgt 404 m. Von den beiden stählernen Pylonen mit einer Höhe von 60 m gehen insgesamt 72 Stahlkabel aus, die den Hohlkasten-Blechträger dieses Brückenmittelstückes tragen, während die auch bei dieser Brücke in Spannbeton ausgeführten Rampen nördlich auf 21 und südlich auf 29 Pfeilern ruhen. Fein und zartgliedrig wirkt dieses Bauwerk über der Weite der Loiremündung.

Die Schrägseilbrücken sind das zur Zeit letzte, erfolgreiche Glied in der in Europa und Amerika Ende des 18., Anfang des 19. Jh.s begonnenen Entwicklung von Ketten- und Kabelbrücken.

Der Beton erobert den Brückenbau

Fig. 37 Fußgängersteg über die Töß bei Wülfingen-Winterthur (Schweiz), 1934 von Robert Maillart erbaut

Vorerst ein kleiner Exkurs: Im 19. Jh. hat man in Deutschland, allerdings nur kurze Zeit hindurch, versucht, Hohlsteine beim Brückenbau zu verwenden. Cohausen berichtet darüber in der „Zeitschrift für Bauwesen“ (Berlin 1856). Er meint, daß bereits in alten Zeiten hie und da für leichte Gewölbe Hohlsteine verwendet wurden, wobei sie anfangs auf der Töpferscheibe aufgedreht und in zylindrischer Form belassen – oder auch prismatisch gedrückt – wurden. Die industrielle Fertigung wurde im 19. Jh. auch für Tonröhren genützt: nachdem man angefangen hatte, diese zu pressen, wurden auch solche mit rechteckigem Profil hergestellt und in Gewölbestärke zurechtgeschnitten. Dem Besitzer der Mettlacher Steingutfabrik im Saarland gelang es 1830, Röhrenstücke mit Boden in einem Arbeitsgang herzustellen. Die ersten derartigen Wölbsteine hatten Schwalbenschwanzform und wurden zum Bau einer kleinen Brücke im Mettlacher Park verwendet. Man erkannte dabei, daß die Schwalbenschwanzform unpraktisch und außerdem schwieriger zu formen war, und so fertigte man für die nächste, 1842 errichtete größere Brücke – ebenfalls im Mettlacher Park – Hohlsteine in Kastenform mit einer Trennwand, in der Höhe unterschiedlich, von den Widerlagern zum Scheitel abnehmend. Es war eine reine Fußgängerbrücke mit elegantem flachem Bogen, und ihre Elastizität war so groß, daß sie vibrierte. Zur „Probe“ ließ man 20 Mann aufgeschlossen im Tritt darüber marschieren, damit wurde sie für gut befunden und für den „Fußgängerverkehr“ freigegeben. Man hatte auch Sinn für schöne Widerlager, die aus lokalen Natursteinen erstellt wurden. Cohausen berichtet noch von einer dritten, 1846 im Park zu Septfontaines bei Luxemburg aus Hohlsteinen erbauten Brücke, wobei die einzelnen Stücke die Form von zwei aneinanderliegenden Röhren hatten, die jedoch keinen Boden besaßen, so daß man den Wasserspiegel durchsah. Die Brückenbahn hatte das Aussehen eines Gitterrostes und verlieh dem Bauwerk etwas ungemein Leichtes und Ungewohntes. Auch über die Kosten weiß Cohausen zu berichten; die Mettlacher „Wölbsteinbrücke“ sei sehr billig gewesen: 22 Zimmermannstage, 28 Maurertage, 26$^1/_2$ Handlangertage, 1.220 Stück Hohlsteine und 12 Zentner Zement – machten 121 Taler! Offenbar sind diese Brücken aber Ausnahmen geblieben.

Wenn es auch heißt, daß wir heute im „Betonzeitalter“ leben und viele meinen, dieses Material sei eine Erfindung unserer Zeit, so ist der Beton doch keineswegs etwas Neues – sondern uralt: Es ist erwiesen, daß er schon in der Antike verwendet wurde. Die von den Phöniziern aus Kalk und Ziegelmehl wie aus Kalk und vulkanischer Asche hergestellten wasserfesten Mörtel sind die ältesten, von denen man derzeit weiß, es wird sogar vermutet, daß die Sumerer bereits ähnliche Mörtel kannten. Die Griechen im südlichen Italien sowie die Römer entwickelten das Gußmauerwerk – von dem wir schon bei den römischen Brücken hörten, das aber auch bei ihren anderen Bauten Verwendung fand –, und durch viele alte Quellen – Cato d. Ä., Plinius d. Ä., Frontinus und insbesondere wieder Vitruv – ist überliefert, daß die Römer hydraulischen Mörtel aus Kalk mit

Pozzolanerde – oder mit Ziegelmehl oder Tuffstein – kannten und benutzten. Kurz nach Christi Geburt verwendeten die Römer Beton im Hafen- und Molenbau (Lit. 60). Beton entstand damals jedoch nicht auf der Suche nach einem neuen Baumaterial, sondern über den Weg zu einem hydraulischen Bindemittel, welches auch unter Wasser möglichst rasch erhärten sollte, um es für Brücken und Wasserbauten aus Stein anzuwenden. Im allgemeinen wurde zum Bauen sogenannter Luftmörtel aus Weißkalk und Sand benützt. Als natürliches hydraulisches Bindemittel wurden die vulkanischen Ablagerungen – hauptsächlich im Mittelmeergebiet und da wieder besonders in der Gegend von Neapel bei Pozzuoli – bekannt, wodurch der Name Pozzolanerde entstand. Aber auch der Traß der vulkanischen Eifel wurde für diesen Zweck entdeckt und verwendet. Nach J. F. John und F. Quietmeyer (Lit. 60) sollen auch im Mittelalter hydraulische Bindemittel zur Anwendung gekommen sein, und im 17. Jh. machte man Experimente mit Schmiede- und Koksschlacken als Zusätzen zum Kalk.
Bélidor (Lit. 8) dürfte der Schöpfer der heutigen Bezeichnung Beton sein. Er spricht in seinem 1753 erschienenen Buch „Architecture hydraulique“ über hydraulische Grobmörtel, die er „Béton“ nennt. In der zweiten Hälfte des 18. Jh.s und zu Beginn des 19. Jh.s befaßte man sich besonders in England – z. B. John Smeaton und James Parker – und ebenso in Frankreich schon sehr intensiv mit dem Problem, ein gutes hydraulische Bindemittel künstlich herzustellen. In Frankreich war es vor allem der Ingenieur L. J. Vicat (1786–1861), der viele wissenschaftliche Untersuchungen anstellte und seine gewonnenen Erkenntnisse auch erprobte: Er verwendete Beton zwar noch nicht als Baustoff, aber als Bindemittel für die Pfeiler einer Brücke über die Dordogne bei Souillac, die 1816 entstand.
In England gelang es Joseph Aspdin (1779–1855), einem Maurermeister und Bauunternehmer, den ersten künstlichen Zement herzustellen, und er bekam am 21. Oktober 1824 ein Patent für seinen „artificial stone“, den er „Portland-Cement“ nannte. Den Namen wählte Aspdin, weil sein Erzeugnis, zu Betonsteinen verarbeitet, eine gewisse Ähnlichkeit mit dem in dieser Landschaft vorkommenden Portlandstein besaß, der gern zum Bauen benützt wurde. 1837 baute der Engländer J. B. White ein Haus ganz aus Beton! Für den Brückenbau wurde dann zuerst Stampfbeton verwendet, und zwischen 1860 und 1870 wurden in Frankreich und Spanien einige Brücken mit Spannweiten bis zu 36 m in dieser Art erbaut. Zum Teil allerdings stand man diesem neuen Material sehr ablehnend gegenüber, besonders in Deutschland, und es gibt genügend Belege für diese massive, ja zum Teil vernichtende Kritik von seiten recht prominenter Fachleute, die dem Beton keine Zukunft für den Brückenbau vorhersagten.
Diese Ablehnung führte einesteils zur Wiederbelebung des Bauens von Steinbogenbrücken, wobei man sich die römischen Bauwerke zum Vorbild nahm; andererseits war der Bau von Betonbrücken nicht aufzuhalten, aber eine Anzahl von ihnen wurde nach dem Prinzip der Steinbrücken, also aus Betonsteinen errichtet. Der erste Versuch einer Betonbrücke in Deutschland scheint uns heute eher kurios, wenngleich er damals Aufsehen erregte. Anläßlich der Gewerbe- und Kunstausstellung in Düsseldorf 1880 wurde eine kleine, von einem Pavillon bekrönte Treppenbrücke errichtet, bei welcher fast mehr Beton für den Aufbau und Zierat als für die eigentliche Brücke verwendet wurde. Doch bereits zwei Jahre später wurde von der Sächsischen Eisenbahnverwaltung die erste Beton-Eisenbahnbrücke bei Seifersdorf erbaut, wenn auch noch mit relativ kleinem Bogen von 10 m. Aufsehen in der Fachwelt wie bei der Bevölkerung erregte 1890 die Donaubrücke bei Munderkingen (von Carl v. Leibbrand erbaut), mit einem flachen Bogen von 50 m Spannweite, die zwar aus Betonsteinen bestand, aber doch die erste größere Brücke aus diesem Material war. Es folgten noch weitere Brücken in dieser Bauweise, die sogar im 20. Jh. bis in die vierziger Jahre noch vereinzelt angewandt wurde; so entstand z. B. 1940 in der Schweiz die Lorrainebrücke über die Aare in solchem Kunststeinmauerwerk.
Franzosen haben sich als erste erfolgreich mit dem Problem befaßt, wie man Beton, der für sich allein zu wenig Zugfestigkeit besaß, verbessern könne. Joseph Monier, von Beruf Gärtner, jedoch mit großem technischem Talent ausgestattet, ließ sich 1867 auf seine mit Eisen bewehrten

Beton-Wasserkübel ein Patent geben. Nach einigen kleineren Zusatzpatenten folgte 1873, also schon sechs Jahre später, ein Zusatzpatent für Brücken und Gewölbe aus „Eisenbeton"; eine Bewehrungszeichnung für solche Bauwerke war beigefügt.

Den Gedanken, in ähnlicher Art Eisenbeton herzustellen, hatten vorher der Engländer W. B. Wilkinson, der bereits 1854 ein Patent für Bauteile aus Eisenbeton erhielt, und zwei Franzosen, von denen J. L. Lambot schon 1855 ein Patent für Pflanzenkübel, Wasserbehälter und Schiffsplanken mit Eiseneinlagen anmeldete, sowie F. Coignet, der im gleichen Jahr ein englisches Patent für Betondecken mit kreuzweiser Eisenstabbewehrung erhielt. Doch erst Moniers Versuche und besonders ein weiteres ausführliches Zusatzpatent von 1878 wurden weltbekannt. Bereits 1875, zwei Jahre nach seinem Patent für Brücken, entstand in Frankreich die erste Eisenbetonbrücke in Monier-Bauweise: eine flachgewölbte Fußgängerbrücke von 16,5 m Spannweite im Schloßpark von Chazelet. Im Übereifer versuchte man allerdings, das Geländer in Form eines rohgezimmerten Holzgitters aus diesem neuen Baustoff nachzuahmen, was weder sinnvoll noch schön war. Noch öfter verleitete auch später diese neue Material zu kitschigen oder kuriosen Auswüchsen, wie dies ja auch beim Baustoff Eisen bzw. Stahl anfangs der Fall gewesen war.

1884 wurde von zwei deutschen Firmen das Monier-Patent erworben, das ein Jahr später G. A. Wayss übernahm; dieser veranlaßte zusammen mit Reg.-Baurat Koenen Versuche in größerem Rahmen, und Letztgenannter brachte auch wertvolle statische Erkenntnisse ein. Es entstanden damals zahlreiche kleinere Brücken, von denen die schlank und elegant wirkende Bogenbrücke mit 40 m Spannweite, die 1890 auf der Industrieausstellung in Bremen errichtet wurde, herausragt und durch ihre klare Linie besticht. Weitere Marksteine für die Entwicklung des Eisenbetons setzte in Frankreich François Hennebique (1843–1921). Ursprünglich Steinmetz, dann Bauunternehmer, wurde er ein erfolgreicher Ingenieur und ebenso erfolgreicher Geschäftsmann, der zum ersten Mal ein „Bewehrungsprinzip" für die Stahleinlagen aufstellte und sich dieses 1892/93 patentieren ließ. Aber auch in Deutschland und Österreich wurden um diese Zeit intensive Forschungen angestellt, und 1898 wurde in Berlin der „Deutsche Beton-Verein" gegründet. In Österreich wurde damals die Ybbsbrücke in Groß-Hollenstein gebaut (1896/97), mit 44 m Spannweite; in wenigen Jahren wurden dann die Spannweiten immer größer.

Friedrich Ignaz v. Emperger (1862–1942) leistete hervorragende Forschungsarbeit, und der Name
Abb. E. Mörsch ist ebenfalls untrennbar mit dem Brückenbau verbunden. Die Entwürfe für die
108 Isarbrücke bei Grünwald in Bayern (1903/04), mit zwei Öffnungen von je 70 m Spannweite sowie die Gmündertobelbrücke über die Sitter bei Teufen/Appenzell in der Schweiz (1908), die damals für Schlagzeilen sorgten und weitere Marksteine in dieser Entwicklung bedeuten, stammen von E. Mörsch. Die Teufener Brücke besitzt einen 70 m hohen Bogen von 79 m Spannweite, und schlanke, aufgesetzte Säulen und ein durchbrochenes Geländer geben dem Bauwerk das schöne, leichte Aussehen.

Auch Italien gehört mit einem besonders eleganten Brückenbau mit 100 m Spannweite und einem äußerst flachen Bogen zu den Ländern, die damals als Schrittmacher für Betonbrücken galten: Die Risorgimentobrücke in Rom, von Hennebique entworfen, wurde Vorbild für ähnliche Bauwerke dieser Art. Indessen sorgte auch die Schweiz mit dem 1912/13 errichteten Langwieser Eisenbahnviadukt der Chur-Arosa-Bahn für großes Aufsehen. Mit dem Schweizer Ingenieur Robert Maillart (1872–1940) erwuchs dem Land außerdem ein bedeutender Brückenbauer (Lit. 11), der weitere Erkenntnisse einbrachte und eine neue Tragwerksform entwickelte, mit der er seine meist zarten und feingliedrigen Brücken schuf. Sein Schaffen liegt noch vor dem Siegeszug des Spannbetons für Brücken, wodurch dann allgemein schlankere Bauten möglich wurden. Maillart, der sich bereits fünf Jahre nach Abschluß seines Studiums selbständig machte, führte viele seiner Entwürfe als Bauunternehmer selbst aus. Von ihm stammen insgesamt 34 größere und kleinere Brücken, bei denen technisches Können wie Sinn für sachliche Schönheit zum Ausdruck kommen. Trotzdem machte auch er anfangs noch einige Male geringe Zugeständnisse an die damals herrschende Ansicht, Betonbrücken müßten in ihrem Aussehen Steinbrücken ähneln, wodurch sie aber wuchtiger

102, 103 *Rechts:* Die Düsseldorfer Nordbrücke (Theodor-Heuss-Brücke) über den Rhein, 1954 begonnen, die erste Schrägseilbrücke Deutschlands. *Unten:* Die Köhlbrandbrücke über den Hamburger Hafen, 1974 vollendet, die mit den hohen Pylonen neue Akzente setzt

104 Die Brooklyn Bridge über den East River in New York (1870–1883), die erste, sehr weit gespannte Hängebrücke (488 m)

105 Die 1973 fertiggestellte Hängebrücke über den Bosporus in Istanbul (Türkei)

106, 107 *Oben:* Die Maracaibobrücke über den gleichnamigen See in Venezuela, deren in 50 m Höhe geführter Mittelteil aus Betonschrägseilbrücken gebildet wird, wurde nach nur 40monatiger Bauzeit 1962 dem Verkehr übergeben. *Unten:* Die Donaubrücke bei Hainburg (Österreich), 1971/72 als asymmetrische Schrägseilbrücke erbaut

108–114 *Links oben:* Die Isarbrücke bei Grünwald (Bayern), 1903/04 nach Plänen von E. Mörsch erbaut. *Rechts oben:* Die Pleichtalbrücke auf der Autobahnstrecke Würzburg–Fulda (1963), die feldweise auf Vorschubrüstung betoniert wurde. *Mitte links:* Die Ambachtalbrücke der Sauerland-Autobahn bei Burg, Dillkreis, im freien Vorbau mit einer provisorischen Überspannung errichtet (1966–1968). *Mitte rechts:* Die Megdovabrücke (Griechenland), 1964/65 erbaut, ein Beispiel für die gevoutete Art des freien Vorbaues. *Unten links:* Die Siegtalbrücke der Sauerland-Autobahn, mit einer Vorschubrüstung erstellt

(1965–1970), „überschreitet“ nicht nur das Tal mit dem Fluß und der Eisenbahn, sondern auch einen Teil von Eiserfeld. *Unten Mitte:* Die 1975 fertiggestellte Betonschrägseilbrücke über den Donaukanal in Wien im Verlauf der Ostautobahn. Erstmals in Österreich fand dabei die Drehbauweise Anwendung. *Unten rechts:* Der Teileinsturz der Autobahnbrücke im Maltatal bei Gmünd (Kärnten) Mitte der siebziger Jahre, ausgelöst durch das Zusammentreffen vieler „Unzulänglichkeiten“ materieller wie menschlicher Art. Die Brücke wurde 1976 fertiggestellt

wirkten, als es diesem Material entsprach. So mußte sich auch Maillart eine Kritik der Schweizer Bauzeitung gefallen lassen. Von Maillart stammen wichtige Erkenntnisse bezüglich der Verwendung neuer Baumaterialien: *Der Ingenieur möge sich daher von den durch die Tradition der älteren Baustoffe gegebenen Formen lösen, um in voller Freiheit und mit dem Blick aufs Ganze die zweckmäßigste Materialausnutzung zu erzielen.* Material und Konstruktion sollten klar erkennbar sein und nicht durch aufgesetzte Teile verfälscht werden.

Maillarts Brücken, besonders aus seiner späteren Schaffensperiode, entsprechen dieser hohen und gültigen Forderung. Der elegante Fußgängersteg über die Töß bei Wülfingen-Winterthur (1934) *Fig.*
zeigt die Verwendung eines versteiften Stabbogens. Öfter schuf Maillart Dreigelenkbogen, wie bei *37*
der vor ein paar Jahren renovierten zweifeldrigen Brücke in Billwill bei Oberbüren. Besonders schön und klar in der Konstruktion ist die 1933 erbaute Schwandbachbrücke (Stabbogen) oder die knapp vorher (1932) fertiggestellte Roßgrabenbrücke (Dreigelenkbogen) bei Schwarzenburg (beide in der Nähe von Bern). Herausragend und von allen Brücken Maillarts am meisten bewundert ist die bereits 1929/30 bei Schliers in Graubünden errichtete Salginatobelbrücke mit 90 m Spannweite. Sie liegt heute leider ganz abseits, und das Tal ist so dicht verwachsen, daß sie fast nicht zu photographieren ist und man kaum etwas von der tiefen Schlucht ahnt. Bei der Betrachtung gerade solch besonders kühner Bauwerke im schwierigen Gebirgsgelände sollte es dem Beschauer klarwerden, daß es fast eine ebensolche Kunst wie die Erbauung der Brücke selbst war, vorher das Lehrgerüst zu erstellen, welches im Fall der Salginatobelbrücke besonders beeindruckend war. Solche Lehrgerüste wurden früher nur aus abgebundenem Holz aufgebaut, meist ohne Verwendung von Nägeln; sie galten als Meisterstücke der Zimmermannskunst, außerdem aber waren sie Gegenstand ausführlicher und komplizierter Berechnungen.

Es ist im Rahmen dieses Buches unmöglich, alle technischen Phasen des sich immer weiter ausfächernden Brückenbaus zu verfolgen und alle führend daran beteiligten Ingenieure namentlich zu nennen. Es gibt viele hervorragende Fachbücher darüber. Einige Männer der damaligen Zeit seien jedoch genannt: Der Franzose Eugène Freyssinet (1879–1962), gleichermaßen Konstrukteur und Forscher, besaß nach seinen eigenen Worten *die grenzenlose Liebe zu einer Aufgabe, der man uneingeschränkt und vorbehaltslos sein ganzes Leben gibt* (Lit. 60). Schon 1923 erregte er mit der damals weitestgespannten Stahlbeton-Bogenbrücke über die Seine bei Saint-Pierre-du-Vauvray Aufsehen. Es handelte sich um ein besonders schönes Bauwerk mit aufgehängter Fahrbahn und einer Spannweite von 123 m (bei den meisten anderen Brücken dieser Zeit wurde die Fahrbahn über dem Bogen angeordnet). Bei dieser Brücke kam ein faszinierendes Lehrgerüst zur Anwendung: Fachwerkbogen wurden durch Gruppen fächerförmig angeordneter Holzgittermaste gestützt. Wie berichtet wird, wurde während des Betonierens – etwa ein Viertel der Masse war erst aufgebracht – durch einen Sturmwind das Gerüst in den Fluß geschleudert, und es gab einige Tote und Verletzte. Doch ließ Freyssinet das Gerüst, das vermutlich eine zu geringe Querversteifung besessen hatte, wieder aufrichten und konnte den Bau dann glücklich zu Ende führen. Eine weitere Bogenbrücke mit aufgehängter Fahrbahn entstand 1932 bis 1934 bei La Roche-Guyon, ebenfalls über die Seine, mit 161 m Spannweite. Das bedeutendste Werk Freyssinets – auch nach seinen eigenen Worten – ist die 1926 bis 1930 erbaute Brücke über den Elorn bei Plougastel in der Nähe von Brest. Sie galt mit ihren drei Bogen von je 186,4 m Spannweite nicht nur als gewagte Konstruktion, sondern abermals war auch das Lehrgerüst kühn und neu: Ein freitragender Gerüstbogen wurde am Ufer aufgebaut und jeweils an die betreffende Stelle eingeschwommen. Nicht alle Brücken jener Zeit wurden jedoch mit Hilfe eines Holzgerüstes erbaut: Joseph Melan (1853–1941), seit 1893 Professor an der Technischen Hochschule in Brünn, ab 1902 in Prag, entwickelte eine – nach ihm benannte – Bauweise, wobei ein Stahlgerüst zur Aufhängung der Schalung verwendet und dieses dann als steife Bewehrung einbetoniert wurde. Die erste Melanbrücke entstand 1898 in Steyr, Oberösterreich, die Schwimmschulbrücke, mit 42,4 m Spannweite und einem sehr flachen Bogen. Sie existiert leider nicht mehr. Diese Melan-Bauweise wurde 1894 durch Fr. v. Emperger in Amerika bekannt gemacht, wo es bis dahin keine nennenswerte Brücke in Eisenbeton gegeben hat (Lit. 30). Diese Bauweise

fand dort rasche und vielfältige Verbreitung, einesteils, weil guter Zement in den USA rar war, andererseits, weil schon damals in Amerika Arbeitskräfte teurer waren als in Europa und dort, im Gegensatz zu unserem Kontinent, diese Bauweise wirtschaftlicher war. Das bedeutendste Werk in
Abb. 119 Melan-Bauweise in Deutschland ist die 1929 geschaffene Echelsbachbrücke über die Ammer in Bayern, damals die viertgrößte Stahlbetonbrücke der Welt; in der schmalen Schlucht wirkt sie besonders eindrucksvoll.

Frankreich genoß in jenen Jahren bezüglich des Bauens großer Stahlbetonbrücken bereits einen internationalen Ruf. In Spanien erregte die 1930 begonnene – wegen des Bürgerkrieges unterbrochene – Arbeit an der erst 1942 fertiggestellten Eisenbahnbrücke über den Rio Esla abermals weltweites Aufsehen: Das Lehrgerüst des Bogens – mit einer Spannweite von 209,84 m im Mittelteil der Brücke, die eine Gesamtlänge von 480 m aufweist – bestand aus einem filigran aussehenden Stahlfachwerk, das dann als Bewehrung in demselben verblieb. Der Entwurf für diese Brücke stammt von F. Martin Gil. Auch in Schweden begann man viele Brücken zu bauen. Das Land, teils gebirgig, mit vielen schwierig zu überwindenden Tälern und Schluchten, andererseits mit vielen Meeresarmen zwischen dem Festland und den Inseln, die früher nur mit Fähren zugänglich waren, benötigte mit der sich schnell entwickelnden Industrialisierung ebenso rasch neue Verkehrswege mit den dazugehörigen Brückenbauten. Es gelang dort eine Spitzenleistung mit der Sandöbrücke, die alle übrigen ähnlichen Bauwerke in Europa mit einer Spannweite von 269 m in den Schatten stellte, ja fast 20 Jahre die weitestgespannte Stahlbetonbogenbrücke der Welt blieb. 1943 vollendet, ist sie heute noch die viertgrößte dieser Art. Kleinere Brücken – auch Eisenbahnbrücken – dieser Bauweise, wie die 1919 über den Örefluß erbaute, waren in den Jahren bis 1940 dort sehr zahlreich entstanden.

Deutschland litt bis zum Beginn der dreißiger Jahre unter den Nachwirkungen des Ersten Weltkrieges, so daß keine besonders großen Brücken dieser Art errichtet wurden. Außerdem scheint man sich in Deutschland damals noch sehr um die buchstabengetreue Erfüllung von Vorschriften und um Sinn und Wert der Stahlberechnung gestritten zu haben, wie Fr. v. Emperger vor dem Deutschen Betonverein Klage führte bzw. umgekehrt die französische Praxis pries (Lit. 168). Erst mit Beginn des Baues der Autobahnen wurden viele Brücken, die zum Teil ganze Täler überspannen, notwendig, und es entstanden damals auch neuartige Bauwerke mit Zwillingsbogen, entweder als Bogenscheibenbrücken, wie die Helmstedter Autobahnbrücke (1936), oder in aufgelöster Bauweise, wie die für ihre Größe feingliedrig und elegant wirkende Autobahnbrücke über das Rohrbachtal bei Stuttgart (1938) oder die Autobahnbrücke bei Leipheim (1935). Berühmt wurde die besonders schöne Teufelsbrücke bei Jena, 1936 bis 1938 erbaut, ebenfalls ein Zwillingsbogen, mit 138 m Spannweite damals zugleich die weitestgespannte Autobahnbrücke. Übertroffen wurde sie später von der Blombachtalbrücke über die Autobahn bei Wuppertal, mit 150 m Spannweite.

Abb. 120 Hinsichtlich ihrer Bauweise außergewöhnlich, möglicherweise sogar einmalig ist die Stahlbetonbrücke über den Storms River im Zuge der Garden Route in Südafrika. Bei dieser nach einem Entwurf von R. Morandi 1956 erbauten Paul Sauer Bridge wurden die beiden Bogenhälften, auf großen Lagern ruhend, in vertikaler Position betoniert und dann durch Drehung der Lagerkörper langsam abgesenkt, bis sie in Brückenmitte verbunden werden konnten. Auf diesem Bogen wurden dann die abermals ungewöhnlichen schrägen Fahrbahnstützen und die Fahrbahn selbst erstellt. Über der tiefen Schlucht sieht diese Brücke sehr reizvoll aus.

Zu den berühmtesten und zugleich bezauberndsten Bauwerken der Stahlbetonbogenbauweise zählt die ganz zarte, ja zerbrechlich wirkende Brücke über den Bixbybach in Kalifornien. Tief unter der Brücke das wilde Wasser als herrlicher Kontrast zu diesem zierlichen Wunderwerk der Technik mit 100 m Spannweite.

Auch in vielen anderen Ländern wurden Brücken in dieser Bauweise und mit zum Teil beachtlichen Maßen gebaut, z. B. in Italien zwischen 1956 und 1960 im Verlauf der Autostrada del Sole auf der Strecke Mailand–Neapel, in der Tschechoslowakei über die Moldau, in Norwegen über den Puddefjord oder in Venezuela über den Daracas–La Guiara.

Die größten Stahlbetonbrücken sind jedoch die 1962 erbaute Gladesville Bridge in Sydney, Australien, mit 1.000 Fuß Spannweite, gefolgt von der 1961 über den Parana in Südamerika errichteten Brücke mit 951 Fuß und der Arrabidabrücke über den Sado in Portugal. Die bereits erwähnte Sandöbrücke steht an vierter Stelle, gefolgt von zwei Brücken in Jugoslawien: einer über die Krka und einer anderen über die Donau bei Novi Sad, beide 1967 fertiggestellt. Die Brücke von Plougastel bei Brest steht heute immerhin noch an elfter Stelle (lt. Colliers Encyclopedia).
Diese Stahlbetonbogenbauweise wird heute schon wieder etwas seltener angewandt, seit man auch mit Spannbetontragwerken große Weiten überbrücken kann; im Flachland wird diese Bauweise bevorzugt. Dank sehr wirtschaftlicher Bauverfahren konnte die Bogenbauweise jedoch dort konkurrenzfähig bleiben, wo die geologischen Verhältnisse es gestatten. In Österreich – wie auch in der Schweiz – entstanden und entstehen immer noch große, schöne Bogenbrücken, wie die 1964 fertiggestellte Radigundenbrücke im Lesachtal zwischen St. Lorenzen und Wiesen in Kärnten. Es wurden dabei die zwei stehend montierten Bogenhälften des Lehrgerüstes aus stählernen Rüstträgern durch Absenken der Scheitelpunkte geschlossen. Die Niesenbachbrücke der Südautobahn am Packsattel in der Steiermark wurde im freien Vorbau hergestellt und 1973 dem Verkehr übergeben. Besonders hervorzuheben sind die für die Österreichischen Bundesbahnen 1971 bzw. 1974 *Abb.* fertiggestellten Brücken der Tauernbahn-Südrampe in Kärnten: die bei Pfaffenberg-Zwengberg mit *118* 200 m Stützweite, und die nahe Falkenstein-Gratschacher Brücke mit zwei Bogen von ca. 120 m und 150 m Stützweite, die über einem grazil wirkenden, an Seilen verspannten „Cruciani-Gerüst" betoniert wurden. Dieses Gerüst wird in Österreich bereits seit 1955 verwendet und besteht aus Bretterpaketen, die über distanzierende V-Verbände und Diagonalverspannung allein durch Reibungsschluß tragfähig gemacht werden. Zur Erreichung einer ausreichenden Stabilität müssen die dünnwandigen Einzelbogen abgespannt werden.
Im Verlauf der Brennerautobahn finden wir ebenfalls eine Anzahl schwungvoller Bogenkonstruktionen, wie etwa die Berg-Isel-Brücke bei Innsbruck, und zu den jüngst fertiggestellten derartigen Bauwerken Österreichs zählt die in 70 m Höhe die Mur überspannende Bogenbrücke der Umfahrung Judenburg in der Steiermark. Derzeit im Bau an der Nordrampe der Tauernbahn ist die Stahlbetonbogenbrücke über den Lindischgraben in einer Höhe von etwa 100 m und mit 154 m Spannweite, in Entwurf und Ausführung ganz ähnlich den beschriebenen Brücken der Tauernbahn-Südrampe. Dieser Umstand zeigt, daß sich dieser ästhetisch sehr befriedigende Brückentypus gerade für Gebirgstäler immer wieder anbietet.
Die Idee, Stahlseile oder Rundstangen als Bewehrung zu verwenden und diese – je nach dem Verfahren – vor oder auch nach dem Erhärten des Betons zu spannen und im letzteren Fall mit einem geeigneten Einpreßmörtel zu füllen, bedeutete einen neuen und weiteren Schritt in der Brückenbauweise. Die Anfänge des Spannbetons gehen auf eine amerikanische Patentanmeldung aus dem Jahr 1886 zurück, wobei der Erfinder Jackson fürs erste nur an Gehsteige, Dächer und Decken dachte, in die er Stahlstäbe einlegen und diese an Ankermuttern anziehen wollte (Lit. 168). Doch dauerte es lange, bis man die Möglichkeiten dieser Bauweise erkannte. Mit der Anwendung für den Brückenbau setzten in großem Maßstab intensive Forschung, viele Versuche und neue Berechnungsarten für die immer neuen Probleme ein, auch nach der Patentanmeldung Eugène Freyssinets, die 1928 erfolgte; denn es war abermals der Franzose Freyssinet, der maßgebend an dieser Entwicklung beteiligt war und hier bahnbrechend wirkte, ja als „Vater des Spannbetons" gilt (Lit. 60). Freyssinet ist sich auch des Wertes seiner Erkenntnisse und Erfindungen für das künftige Baugeschehen voll bewußt gewesen, was auch im Titel seiner ersten großen Veröffentlichung zum Ausdruck kommt: „Une Révolution dans l'Art de Bâtir."
In Deutschland waren es vor allem Franz Dischinger (1887–1953) und bald auch U. Finsterwalder (geb. 1897), die sich an der Entwicklung beteiligten, in Österreich befaßte sich Fr. v. Emperger mit dem Problem.
Bereits 1927/28 wurde von Dischinger eine Bogenbrücke in Alsleben erbaut, deren Fahrbahn ein angespanntes Stahlzugband erhielt, strenggenommen aber noch keine Spannbetonbrücke war. Die

erste solche Brücke Deutschlands ist die Straßenbrücke in Aue, Sachsen, 1935/36 erbaut, deren Mittelfeld 69 m weit gespannt ist. 1938 entstand nach dem durch die Firma Wayss & Freytag von Freyssinet erworbenem Patent aus vorgefertigten Spannbetonträgern mit sofortigem Verbund eine Brücke über die Autobahn bei Oelde in Westfalen mit 33 m Spannweite. Umfangreiche Versuche in Frankfurt und an der Technischen Hochschule in Dresden waren dem Bau vorausgegangen. Als gelöst galt das Problem dieser Bauweise jedoch noch immer nicht. Es war abermals Freyssinet, der mit der 1941 begonnenen Marnebrücke bei Luzancy neue Wege beschritt. Das Bauwerk, das wegen der Kriegsereignisse erst 1945 fertiggestellt werden konnte, wurde in völlig neuer Methode erbaut, und es folgten gleich fünf weitere Brücken über die Marne in den Jahren 1947 bis 1949. In diesem Zusammenhang sei darauf hingewiesen, daß in Frankreich durch die Ereignisse des Zweiten Weltkrieges 7.550 größere und kleiner Übergänge zerstört wurden, davon 160 km total (Lit. 39), so daß nach dem Krieg der Brückenbau verstärkt einsetzte. Freyssinet hat damals die Möglichkeit des modernen Brückenbaues sehr gerühmt. Er meinte, von prähistorischer Zeit bis zum 19. Jh. seien Material und Formen ziemlich gleich geblieben; 2.000 Jahre lang habe man Bogen „konstruiert", doch nun errechne man sie, und immer neue und vielfältige Möglichkeiten stünden offen.
Auch in Deutschland waren nach dem Zweiten Weltkrieg die meisten Brücken zerstört, doch fehlte für den Wiederaufbau anfangs fast alles. Manche Brückenteile, z. B. bei Stahlbrücken, konnten gehoben und damit die Brücken fürs erste repariert werden. Betonbrücken, die nur teilweise zerstört waren, wurden durch Hilfskonstruktionen provisorisch benutzbar gemacht. Doch dann entstanden auch neue Bauwerke in Spannbeton: 1948/49 die Kanalhafenbrücke in Heilbronn, von Wayss & Freytag nach dem Verfahren von Freyssinet ausgeführt, 1949 die Herdbrücke in Ulm und kurz darauf die sehr bekannt gewordene, elegant wirkende Donaubrücke von Finsterwalder am Gänstor in Ulm, die bereits wieder neue Wege beschritt.
F. Dischinger und U. Finsterwalder werden oft in einem Atemzug genannt, schon deshalb, weil beide lange gemeinsam bei der Firma Dyckerhoff & Widmann gearbeitet haben. Ihre Beiträge zur Entwicklung des Spannbetons sind ebenso groß wie ihre Leistungen auf anderen Gebieten des Bauwesens. Von Dischinger, der dann einem Ruf an eine Hochschule folgte, stammen u. a. viele Entwürfe weitgespannter Dreigelenksbogenbrücken, wobei er eine eigene Art der Vorspannung entwickelte und 1949 bei einem Vortrag beim Deutschen Betonverein sogar Brückenkonstruktionen mit Schrägkabeln vorstellte.
U. Finsterwalder verblieb bei Dyckerhoff & Widmann und arbeitete maßgebend an dem Spannverfahren „Dywidag", bei dem durch Gewindeanschlüsse die Koppelfähigkeit in einfachster Weise gegeben war; es wirkte später sehr befruchtend auf neue Baumethoden. Ab 1950 etwa setzte eine sich immer rascher verbreitende Brückenbauweise in Spannbeton ein, in Deutschland und Frankreich, ja in ganz Mitteleuropa, und es beginnt ein Eroberungs- und Siegeszug um die ganze Welt. Wenn auch für andere Bauten angewandt, ist es doch der Brückenbau, in dem der Spannbeton triumphiert, und in kurzer Folge werden immer neue Verfahren entwickelt.
Im Hinblick auf den derzeit zu erkennenden Trend in den westeuropäischen Staaten kann die Trennung in 1. Ortsbetonbauweisen und 2. Fertigteilbauweisen sinnvoll erscheinen.
Beide lassen sich abermals in einige Gruppen unterteilen:

1a) Brücken werden auf ortsfester, umsetzbarer oder im Gelände längs- bzw. querverschiebbarer Rüstung erbaut.

1b) Die Bauwerke werden auf Vorschubrüstung feldweise hergestellt, wie dies z. B. im Falle der *Abb. 109* Hochstraße in Lenneberg geschah oder bei der Pleichtalbrücke auf der Autobahnstrecke Würzburg–Fulda (1963). Dabei ist ein Vorbauträger für das System nicht unbedingt erforderlich, aber ein brauchbarer Montagebehelf.

1c) Die Arbeiten werden nach dem System des abschnittweisen, feldweisen Vorbaues mit einer einteiligen Vorschubrüstung, die auf dem bereits fertiggestellten Brückenteil vorgefahren wird *Abb. 112* und sich in der Arbeitsstellung auf den jeweils nächsten Pfeiler abstützt, durchgeführt. Als Beispiel dafür sei die Siegtalbrücke bei Eiserfeld (Autobahn) genannt. Diese Bauweise leitet bereits zu dem unter 1d beschriebenem Freivorbau über. Auf der Abbildung kann man den beiderseitigen Vorbau gut erkennen, der in dieser Höhe äußerst kühn anmutet: die Pfeilerhöhe beträgt rund 100 m bei einer Stützweite von 105 m. Noch eindrucksvoller wirkt vielleicht die Elztalbrücke (1964/65), deren schlanke Pfeiler von ebenfalls bis zu 100 m Höhe in Pilzform in die relativ dünne Fahrbahndecke eingebunden sind. Mit Recht erregte dieses elegante, von U. Finsterwalder projektierte Bauwerk Aufsehen. Die „Pilzkonstruktion" war übrigens bereits Mitte der fünfziger Jahre bei der Hochstraße in Ludwigshafen erstmals für den Brückenbau verwendet worden. Dieses System ist patentiert, und ungefähr gleichzeitig mit der Elztalbrücke entstanden solche „Pilzbrücken" am Brenner, wie z. B. die Paschbergbrücke. In der Folge wurde es allerdings sehr still um diesen Brückentypus. Mit Vorschubrüstung entstand in jüngster Zeit eine der längsten Autobahnbrücken Europas über das Ahrtal, mit einer Gesamtlänge von 1.521 m, wobei die auf den Fundamenten errichteten Pfeiler ebenso wie der Unterzug der Brückenbahn durch Holhbauweise voll begehbar gestaltet wurden, so daß eine ständige Überwachung und Instandhaltung des Bauwerkes gewährleistet ist (Lit. 157).

1d) Eine weitere Bauart ist der Freivorbau, dessen erste Anwendung bei der Lahnbrücke Balduinstein erfolgte. Bei dieser Bauweise wird vom Pfeiler aus – meist gevoutet, d. h. mit zunehmender Trägerhöhe am Auflager – in Abschnitten bis zur Feldmitte vorgebaut. In Einzelfällen kann als Ersatz dieser Vouten eine provisorische Überspannung gewählt werden. Als Beispiel für den ersten Fall sei hier die 1962 in Bendorf bei Koblenz – von U. Finsterwalder – in Dywidag-Spannbeton errichtete Betonbalkenbrücke genannt, die damals die am weitesten gespannte derartige Brücke der Welt war. Weitere Beispiele sind die Nadabrücke in Japan oder *Abb.* die Megdovabrücke in Griechenland. Die derzeit weitestgespannte, im freien Vorbau herge- *111* stellte Brücke ohne Hilfsabspannung ist die Uradobrücke in Japan, mit einer Hauptspannweite von 230 m bei einer Gesamtlänge von 602 m. Als Beispiel für den zweiten Fall sei die *Abb.* Ambachtalbrücke bei Burg im Dillkreis (Autobahn-Sauerlandlinie) angeführt. *110*

1e) Das Taktschiebeverfahren: bei diesem wird der in einer ortsfesten Schalung an einem Brückenende hergestellte Trägerabschnitt von 10 bis 30 m Länge zur Freisetzung der Schalung jeweils um diese Teillänge vorgeschoben und zur Gewichtseinsparung beim Lanzieren ein stählerner Vorbauschnabel verwendet. Dieses Verfahren wurde u. a. 1962 bei der nach Plänen von F. Leonhardt und W. Baur errichteten Caronibrücke bei Ciudad Bolivar in Venezuela angewandt.

Bei den Fertigteilbauweisen unterscheidet man grob folgende Arten:

2a) Auf Vorbauträgern eingefahrene Einfeldbalken, wie z. B. bei den Autobahnbrücken Talbrücke Haiger, Windelbachtalbrücke und den Talbrücken von Bleche und Rinsdorf, alle an der Sauerlandlinie.

2b) Einfeldbalken werden eingeschwommen, wie dies etwa bei der Rheinbrücke bei Vallendar zur Insel Niederwerth (1959) oder u. a. bei der Brücke in Abidjan an der Elfenbeinküste (1952/53) geschah.

2c) Querschnittsbreite Brückenfertigteile werden im freien Vorbau unter Zwischenschaltung von Klebefugen aneinandergespannt. Nach dieser Methode wurden vorzugsweise in den westeuropäischen Ländern und in Übersee Brücken mit Stützweiten von 20 bis 100 m als vorgefertigte Durchlaufträger errichtet. Als repräsentativster Vertreter gilt die 1974 fertiggestellte Rio Niteroi-Brücke in Brasilien mit einer Gesamtlänge von 13.290 m und einer Fläche von 320.000 m².

Als dritte größere Gruppe könnte man noch gemischte Bauweisen anführen. Ein Beispiel dafür ist u. a. die Maracaibobrücke in Venezuela: das außerordentlich bekannte Bauwerk, erbaut nach Plänen *Abb.* des Italieners Riccardo Morandi, von dem auch viele andere Brücken entworfen wurden, zählt mit *106* einer Länge von 8.678 m zu den größten Brücken der Welt. Allein die Bauzeit von nur 40 Monaten (sie wurde im August 1962 dem Verkehr übergeben) ist erstaunlich, ebenso beachtlich ist ihre

Fahrbahnhöhe von 50 m, die auch den größten Tankern eine ungehinderte Durchfahrt ermöglicht. Der Mittelteil, sozusagen das Kernstück der Brücke, besteht aus fünf Schrägseilbrücken aus Beton von je 235 m Spannweite, wobei die Kragarme an A-förmigen Pylonen hängen. An dieses Mittelfeld schließen sich beidseitig die abfallenden Rampenbrücken an, die zuerst 85 m und gegen die Ufer zu kleiner werdende Abstände aufweisen. Die vorgefertigten Fahrbahnträger ruhen auf V- und X-förmigen Stützen. Die Brücke wurde übrigens knapp zwei Jahre nach Fertigstellung von einem Tanker an einem Pfeiler gerammt, wobei noch ein weiterer Pfeiler zerstört wurde und die angrenzenden Fahrbahnteile ins Meer fielen. Leider konnte eine Warnung der die Brücke befahrenden Kraftfahrzeuge nicht schnell genug erfolgen, und so stürzten einige von ihnen rettungslos in die Tiefe. Die Firmen, welche die Brücke errichtet hatten, konnten den Schaden binnen eines halben Jahres beheben.

Für die Entwicklung der Schrägseil- und Hängebrücken in Beton diente der Stahlbau als Vorbild. Zunächst befanden sich diese neuen Bauweisen in einem Forschungs- und Versuchsstadium, kamen inzwischen aber erfolgreich zur Anwendung. So entstand bei Merelbeke in Belgien Anfang der sechziger Jahre eine Hängebrücke in vorgespannten Beton mit 100 m Spannweite. Auch Fußgängerstege dieser Art wurden gebaut (Lit. 168).

Bezüglich der Schrägseilbrücken ist ein äußerst interessantes Objekt das von A. Pauser entworfene, *Abb. 113* 1975 fertiggestellte Bauwerk mit Spannbetonstreckträgern über den Donaukanal in Wien im Verlauf der Ostautobahn. Die beiden Brückenteile wurden samt den zu ihrer Aufhängung notwendigen Pylonen aus Stahlbeton parallel am linken und rechten Ufer hergestellt und dann in einem ganz langsamen Drehvorgang auf einer landseitig dafür vorbereiteten Betonbahn über den Kanal eingeschwenkt, wobei zur Verminderung der Reibung kleine Teflonstücke untergelegt wurden. Dieser spektakuläre Vorgang ging jeweils glatt und ohne Zwischenfälle in ca. vier bis fünf Stunden vor sich. Die Autorin und andere Zuschauer waren von dem geringen Aufwand einer kleinen Hydraulikpumpe beeindruckt, mit deren Hilfe die mehrere tausend Tonnen schweren Teile bewegt wurden. Das fehlende Mittelstück der Brückenbahn in einer Länge von 8 m wurde anschließend eingebaut. Es ist die erste Brücke dieser Bauweise in Österreich und sie weist auf die ständig neuen Möglichkeiten hin.

Die Drehbauweise wurde übrigens erstmals 1964 in der Fachliteratur bekannt, als sie bei der Errichtung einer Fußgängerbrücke in England Anwendung fand. In Deutschland gab es 1969 und 1972 je ein Projekt dieser Bauweise, die jedoch beide nicht zur Ausführung kamen. Nebst dem beschriebenen Bauwerk in Wien wurde etwa gleichzeitig in der DDR eine Talsperrenbrücke „eingedreht", und bei Höxter-Lüchtringen entstand eine Weserbrücke nach diesem Bauverfahren (Lit. 146).

In Frankreich wurde kürzlich die derzeit weitestgespannte Betonschrägseilbrücke über die Seine zwischen Rouen und Le Havre errichtet, die Brotonne-Brücke, mit zwei Rampen von unterschiedlicher Länge sowie dem 606 m langen Hauptbauwerk, dessen Mittelfeld 320 m weit gespannt ist, während die Randfelder je 143 m Spannweite aufweisen. Dieses Hauptbauwerk besitzt zwei 62 m hohe Stahlbetonpylonen mit je 18 als Harfe geführten Seilen. Der Spannbetonbalken wurde im freien Vorbau beidseitig je vom Pylon aus betoniert (Lit. 157).

Inzwischen hat auch der Leichtbeton Eingang in den Brückenbau gefunden, erstmals wurde er in den Vereinigten Staaten 1953/54 angewandt. In Deutschland wurde er zur Erprobung für einige kleinere Spannbetonbrücken verwendet; besonders geeignet scheint er für elegante Fußgängerstege zu sein, deren schwungvolle Leichtigkeit durch die Wirkung von Weißzement noch betont wird. Die teuren Zuschlagstoffe beschränken allerdings vorläufig die Anwendung des Leichtbetons im Brückenbau.

Es muß betont werden, daß hier nur in groben Zügen die Möglichkeiten und der technische Fortschritt des modernen Brückenbaues dargestellt werden konnten. Praktisch werden nur kleinere Brücken längere Zeit hindurch nach einem bestimmten Bauverfahren ausgeführt, während die großen Vorhaben fast immer Einzelprojekte sind, die selbst bei großer Ähnlichkeit zu vorher

erstellten Bauwerken in irgendeiner Weise neue technische Wege beschreiten und den Brückenbau durch vielfältige Variationen bereichern. So wurden mehrere Neuentwicklungen beim Bau der Ende 1977 fertiggestellten Eschachtalbrücke – im Zuge der Autobahn Stuttgart–Bodensee – in die Praxis umgesetzt; es handelt sich um einen Freivorbau mit Hilfsträger, und weil sich die dort erprobten Entwicklungen sehr bewährten, werden sie nun auch bei der inzwischen in Angriff genommenen Kochertalbrücke Geislingen der Autobahn Weinsberg–Nürnberg angewandt. (Das Projekt einer Schrägkabelbrücke über dieses Tal wurde bereits erwähnt.) Diese nun im Bau befindliche Talbrücke, mit Feldweiten von 81 m, 7 × 138 m, 81 m und einer Gesamtlänge von 1.128 m, wird extrem hohe Pfeiler – bis zu 180 m – besitzen, die mit Kletterschalung hergestellt werden. Der Überbau, ein einzelliger Hohlkasten mit auskragender Fahrbahnplatte, erfolgt im freien Vorbau. Die Summe an Erfahrungen, die bei solch großen und äußerst schwierigen Bauvorhaben gewonnen wird, gibt sicher abermals Anstöße für Weiterentwicklungen.
Auch in Österreich kann man zur Zeit auf besonders markante Beispiele verweisen, denn die beiden 1977 in Angriff genommenen Streckenabschnitte der Tauernautobahn erfordern eine Vielzahl von Brückenbauten in unterschiedlicher Bauweise, mit z. T. durch die Geländeverhältnisse bedingten extrem schwierigen Gründungen, jedoch einer auffallend kurzen Bauzeit von zwei bis drei Jahren, so daß diese Serie von Brückenbaustellen zumindest für Österreich bisher in ihrer Art einmalig ist. Bei der Trassenführung durch das Fritzbachtal bis Eben im Pongau ist besonders der „Talübergang Larzenbach" hervorzuheben, der die Talsohle in 120 m überquert und mit einer Pfeilerschafthöhe von ca. 100 m zu den höchsten auf Pfeilern ruhenden Balkenbrücken Österreichs gehört. Bei der Trassenführung durch das Liesertal bis Gmünd entfallen von der ca. 16 km langen Gesamtstrecke immerhin etwa 8 km auf Brückenbauten, z. T. Hangbrücken, z. T. Talübergänge, von denen einer als Stahlbetonbogentragwerk mittels eines Cruciani-Gerüstes erstellt wird; alle übrigen Brücken werden als Spannbetonträger entweder auf zwei Pfeilerreihen oder auf einer Pfeilerreihe mit auskragenden Fahrbahnen in folgenden Bauweisen errichtet:

- Spannbetondurchlaufrahmen mittels Freivorbau auf Vorschubrüstung,
- Spannbetondurchlaufrahmen mit Vorbauwagen (klassischer Freivorbau),
- Spannbetondurchlaufträger, Hohlkastentragwerk, mittels Vorschubrüstung mit feldweiser Betonierung,
- Spannbetondurchlaufträger, Hohlkastentragwerk, mittels konventionellem Lehrgerüst,
- Spannbetondurchlaufträger, Hohlkastentragwerk, Herstellung in Segmentbauweise mit Klebefuge,
- Spannbetondurchlaufträger, Hohlkastentragwerk, mittels Taktschiebeverfahren.

Neueste Erkenntnisse, ortsbedingte Varianten sowie die durch Geologie und Witterung erschwerten Bedingungen machen diese Baustellen besonders interessant.
Die Fülle der heute zur Verfügung stehenden Möglichkeiten: verbesserte Gründungsmethoden, Fertigteilbauweise (da Betonträger durch Vorspannung transportsicher gemacht werden können), Pfeiler in vorher unbekannter Höhe, die kombinierten Bauweisen, die besonders große Brücken in der Gesamtwirkung günstiger erscheinen lassen, das Einschwimmen riesiger Teile, Pylonen mit Schrägseilen, die ein neues Brückenbild schufen, und vieles mehr, lassen rund um die Welt Brücken entstehen, die z. T. faszinierend, ja atemberaubend wirken. Daneben ist es ein Verdienst der heutigen Ingenieure und Architekten, daß auch kleine Straßen- und Eisenbahnbrücken – selbst wenn sie eine Art Serienprodukt sind wie die vielen unbedeutenden Autobahnübergänge – heute ansprechend und in einer technisch einwandfreien Form gebaut werden.
All dieser Fortschritt ging nicht ohne schwere Rückschläge vonstatten, die hier nur angedeutet werden konnten, etwa daß die neue Bauweise oder das Material – wie beim Beton – in Zweifel gezogen, ja für den Brückenbau als nicht brauchbar gehalten wurden, Probleme, die beim Gebrauch von Gußeisen und dann bei der Verwendung von Stahl auftauchten, und vieles mehr. Die vielen Unglücksfälle, die sich im Laufe der Zeit beim Brückenbau ereigneten, würden ein Buch füllen. Sie

wurden durch die unterschiedlichsten Ursachen und Bedingungen hervorgerufen, sei es, daß eine Konstruktion nicht ausgereift, daß Randerscheinungen nicht erkannt, Probleme der Windstärke, der Temperaturunterschiede und deren Wirkung auf das Material noch nicht berücksichtigt wurden oder die Berechnungsarten noch nicht genug verfeinert waren, sei es, daß es sich um Materialfehler oder menschliches Versagen handelte. Oft ist es nicht nur eine dieser Möglichkeiten, sondern ein unglückliches Zusammentreffen vieler Momente, die ein Unglück verursachen, wie dies auch bei
Abb. dem aufsehenerregenden Unfall beim Bau der Autobahnbrücke im Maltatal bei Gmünd in Kärnten
114 der Fall gewesen ist.
Abb. Noch sensationeller war der Einsturz der Wiener Reichsbrücke. Die sich dabei offenbarende Wiener
115 Brückenmisere machte schlagartig die Wichtigkeit dieser Donauübergänge bewußt. Aus diesen Ereignissen sollte allgemein die Lehre gezogen werden, daß Brücken auch in unserer Zeit laufender Pflege und Überwachung bedürfen. Veröffentlichungen über mögliche Ursachen von Brückeneinstürzen – wie etwa das Abgleiten eines Lagers zwischen zwei nicht vollkommen parallelen Platten, den sogenannten Kirschkerneffekt – erfolgen in Fachzeitschriften (Lit. 1) und finden möglicherweise nicht immer den Weg bis zu den für die Brückenüberwachung verantwortlichen Stellen.

Die Beziehung Mensch – Brücke in unserer Zeit

Fig. 38 Schleifkottenbrücke über die Wupper (Nordrhein-Westfalen), mit Doppelpfeilern aus gebrauchten Schleifsteinen

Es ist eine erstaunliche Tatsache, daß die Menschen heutzutage von Brücken nur dann Notiz nehmen, wenn es sich um eine außergewöhnliche Konstruktion handelt, die in der Tagespresse eingehend besprochen wird, wenn eine Brückeneinweihung Anlaß besonderer Feiern ist, oder wenn eine Brücke durch ihren spektakulären Einsturz Aufmerksamkeit erregt. Doch Wochen später ist auch dieses Bauwerk wieder vergessen. Brücken sind reine „Gebrauchsartikel" geworden; man benötigt sie für Schiene und Straße, und man benützt sie, ohne viele Gedanken an diese Objekte zu verschwenden. Je kühnere, technisch raffinierte und komplizierte Brücken hergestellt werden, um so mehr verlieren vielfach ihre Benützer das richtige Verhältnis dazu. Da sie nicht imstande sind,

115 Die 1934 dem Verkehr übergebene Reichsbrücke war bis zu ihrem spektakulären Einsturz am 1. August 1976 ein Wahrzeichen Wiens

116, 117 *Links:* Im walisischen Hafen Milford Haven kam es im Juni 1970 beim Bau der Cleddau Bridge zu einem folgenschweren Unglück. *Rechts:* Am 7. November 1940 brach die durch den Sturm „aufgeschaukelte" und verdrehte Tacoma Narrows Bridge (Washington, USA)

119 Die Echelsbachbrücke über die Ammer (Bayern), 1929 in Melan-Bauweise errichtet, damals die viertgrößte Stahlbetonbogenbrücke der Welt

◀ 118 *Links:* Das Cruciani-Gerüst der Bogenbrücke für die Österreichischen Bundesbahnen bei Pfaffenberg-Zwengberg (Kärnten). Der Bau wurde 1971 vollendet

120 R. Morandi entwarf die 1956 erbaute Brücke über den Storms River in Südafrika mit den zarten schrägen Fahrbahnstützen. Die beiden Bogenhälften wurden in vertikaler Stellung betoniert und dann abgesenkt

121, 122 *Oben:* Die aus dem 19. Jh. stammende Brücke über das Goldene Horn in Istanbul, die leider nicht mehr existiert. Nach einem zeitgenössischen Stich. *Unten:* Über den Jehlan in Srinagar (Kaschmir) führte die malerische Straßenbrücke mit ihren Verkaufsläden; beachtenswert die Brückenpfeiler aus kreuzweise aufgeschichteten Baumstämmen

gedanklich auch nur einen Teil der geistigen Kraft, die darin steckt, zu erfassen, wird alles mehr oder weniger gleichgültig, zumindest selbstverständlich hingenommen. Vielleicht liegt es auch daran, daß die Faszination, die von einem technisch wie ästhetisch besonders vollkommenen Bauwerk ausgeht, nicht von jedem empfunden wird.

Die Beziehung zu einer Brücke entstand ja früher dadurch, daß diese sehr oft die einzige im näheren Lebensbereich war, sich ein großer Teil des täglichen Lebens darauf abspielte und Material wie Bauweise jedermann vertraut war. Mit Holz, Stein und Ziegel wußten alle Menschen umzugehen, und wie oft mußten sie im Notfall beim Reparieren helfen! Solch ein Nahverhältnis der Bevölkerung zu modernen Brücken kommt heute nur noch selten zustande. Die Beziehung zu den alten Brücken aber ging ebenfalls vielfach verloren. Wie wir bereits am Beispiel vieler historischer Brücken hörten, wurden sie im ersten Ansturm der neuen technischen Möglichkeiten sowie durch das unglaubliche Anwachsen des Verkehrs nach dem Zweiten Weltkrieg in großer Zahl abgerissen. Gerade beim Studium einschlägiger Literatur kann man die Feststellung machen, daß eine große Anzahl bemerkenswerter alter Brücken in Europa wie im Orient, von denen heute keine Spur mehr zu finden ist, in den um 1900 oder bis zum Ersten bzw. sogar bis zum Beginn des Zweiten Weltkrieges publizierten Büchern noch als existent aufscheinen. Um so mehr sind die nunmehrigen Aktionen zur Rettung denkmalschutzwürdiger Objekte zu begrüßen, in welche – manchmal noch immer zu wenig – nun auch historische Brücken einbezogen werden.

Daß es nicht immer glückt, alte Brücken für den heutigen Verkehr umzugestalten, sahen wir am Fall der Esslinger Brücke, die so viel von der alten Schönheit eingebüßt hat. Besser gelang schon die Lösung in Heidelberg, wo der aus dem 18. Jh. stammenden „alten Brücke" äußerlich die an ihr vorgenommene Operation kaum anzumerken ist: das alte Bauwerk wurde abgebrochen und durch eine Betonkonstruktion mit höherem Scheitelpunkt ersetzt, die dann mit den alten Quadersteinen verkleidet wurde. Zugleich wurden die Fundamente des Turmpaares verstärkt, um dieses vor Einsturz zu schützen. Selbst hohe Lastautos können die Durchfahrt der Uferstraße benützen, und Brücke und Schloß aus rotem Sandstein prägen weiter das gewohnte Stadtbild. In Säckingen konnte man die Brücke ebenfalls in ihrer malerischen Art erhalten. Das Flußbett des Hochrheins mußte dort wegen eines Kraftwerkbaues vertieft werden, weshalb die vier Strompfeiler Betonkerne erhielten, die 9 m tief in das Flußbett reichen und außen über der Wasseroberfläche wieder mit Granitquadern verblendet wurden; die Joche der Brücke wurden zugleich verstärkt und die Fahrbahn erneuert. Das Aussehen des schönen Holzaufbaues blieb unverändert. Die Arbeiten erfolgten in den Jahren 1961–1966. Und auch bei der gleichaltrigen Holzbrücke in Stein am Rhein, die leider schon im 19. Jh. ihren dachartigen Überbau verloren hatte, konnte man eine Verbreiterung der Brücke von 5 auf 9 m durch eine eingeschobene Stahlkonstruktion vornehmen, die dann mit Holz verkleidet wurde; das ursprüngliche Gefüge des hölzernen Sprengwerkes blieb erhalten (Lit. 50). In den Jahren 1975/76 konnte in Fritzlar durch Zusammenarbeit vieler Persönlichkeiten und der zuständigen Ämter der vollständige Abbruch der alten Ederbrücke verhindert bzw. ihre wertvollste Bausubstanz gesichert und restauriert werden. Der längere nördliche Brückenabschnitt, der in seinen wesentlichen Teilen noch aus dem 13. Jh. stammt, soll nun als Fußgängerbrücke dienen. D. Großmann (Lit. 58) hat sich eingehend mit dem kultur- und baugeschichtlich so interessanten Objekt beschäftigt, welches unter anderem alte Steinmetzzeichen und Inschriften aufweist; im ersten Bogen war in gotischer Zeit durch Vermauerung eine Kapelle eingerichtet worden, später befand sich auch oben auf der Brücke eine Kapelle sowie eine barocke Figur des hl. Nepomuk. Gerade solche begrüßenswerte Aktivitäten zur Revitalisierung alter Bauwerke bringen, wie in diesem Fall, verschüttete, vergessene, aber sehr aufschlußreiche Details weit zurückreichender Bauperioden zutage. *Abb. 3c*

Daß man sich auch in anderen Ländern mit diesem Problem beschäftigt, zeigt das Beispiel der Löcherbrücke (Pont-des-Trous) über die Schelde in Tournai: es handelt sich dabei um eine wuchtige Spitzbogenbrücke, flankiert von zwei schweren Türmen, die Teil der Stadtbefestigung war; dieses Bauwerk soll aus dem Jahr 1290 oder 1329 stammen. Da die Schelde nach dem Zweiten Weltkrieg *Fig. 39*

Fig. 39 Löcherbrücke (Pont-des-Trous) in Tournai über die Schelde (Belgien), Ende des 13. oder Anfang des 14. Jh.s (heutiger Zustand)

für die großen Schiffe um 2,4 m angestaut werden mußte und die Mittelöffnung der Brücke zerstört war, hob man die Türme, die zugleich renoviert wurden, und baute die dreibogige Brücke mit vergrößerter Mittelöffnung im alten Stil wieder auf; so wurde dieses markante Bauwerk erhalten (Lit. 48).

Die günstigste, wenn auch leider nicht immer durchführbare Lösung ist gewiß, historische Brücken dem Fußgängerverkehr zu überlassen, und seit immer mehr Ortsumfahrungen angelegt werden, sind die Chancen größer geworden, hie und da alte Brücken zu retten. Auch die Bindung der Menschen zu diesen Bauwerken kann wieder wachsen, wenn sie sie zu Fuß überschreiten.

Fig. Ein eigenes Kapitel könnte man den Merkwürdigkeiten des Brückenbaues widmen. Als Beispiel
38 eines originellen Fußgängersteges sei die Schleifkottenbrücke an der Wupper bei Solingen angeführt,
Abb. bei welcher die alten Schleifsteine eine weitere Verwendung fanden. Romantisch verspielt war die
121 heute nicht mehr bestehende alte Brücke über das Goldene Horn in Istanbul. Einzigartig dürfte der prachtvolle Brückenaufgang mit sechs schmalen, sehr hohen Bogen zur Zitadelle von Aleppo sein: diese war ursprünglich eine byzantinische Festung, wurde im 13. Jh. unter dem Mameluken-Sultan Halid neu errichtet, im 16. Jh. von den Türken restauriert und bietet sich heute noch unverändert
Abb. dar. Ganz besonders malerisch und auch der Bauweise wegen ein Unikum ist die Straßenbrücke mit
122 Läden in Srinagar in Kaschmir. Als Beispiel eines nahezu landschaftszerstörenden Bauwerkes sei
Fig. eine moderne Straßenbrücke in Brasilien, die nicht zu verbinden, sondern zu zerschneiden scheint,
40 angeführt.

Wenn wir rückschauend die verschiedenen Arten des Brückenbaues betrachten, so ist festzustellen, daß es tatsächlich keine kontinuierliche Entwicklung gegeben hat. Der in Mesopotamien so früh in Backsteintechnik angewandte Bogen – er reicht bis in die Anfänge des 3. Jahrtausends v. Chr. zurück – blieb Jahrtausende hindurch Leitbild für Brücken aus Stein oder Ziegeln. Li Chhun, der Erbauer der An Chi, gab diesem ersten flachen Bogen die bewundernswerte Form, die möglicherweise durch Erzählungen der frühen Chinareisenden zu Denkanstößen in Europa führte und die ersten flachen Brücken der Renaissance entstehen ließ, obwohl eine gleichwertige Leistung erst im 19. Jh. erfolgte.

Der Holzbrückenbau, von vielen Völkern gepflegt, erhielt maßgebende Impulse erst im 18. Jh., zuerst in der Schweiz und dann in Amerika, wobei diese Erkenntnisse dann für den frühen Eisenbrückenbau genutzt wurden.

Bei Hängebrücken aus dem vielfach so unterschiedlichen pflanzlichen Material war ohnedies nur eine begrenzte handwerkliche Verbesserung möglich, die bei manchen Völkern intensiver, bei manchen geringer ausfiel, schließlich aber jahrhundertelang im selben Stadium verharrte. Der Anreiz

zur Benutzung eines haltbareren Materials, bzw. die Suche und Erprobung, führte im Fernen Osten zur Verwendung des Eisens; abermals sind China und vielleicht Tibet die Ursprungsländer der ersten eisernen Hängebrücken – mit durchhängender sowie mit ebener Fahrbahn –, und auch in diesem Fall dürfte die Kunde davon durch immer neue Berichte nach Europa gekommen sein, wo sie – wie auch in Amerika – in den letzten zwei Jahrhunderten eine überraschende Entwicklung auslöste. Die echte und nahezu explosionsartige Weiterentwicklung auf mathematisch-technischem Gebiet sowie bezüglich des Materials nahm zweifellos Ende des 18. und Anfang des 19. Jhs. in Europa ihren Anfang und steigerte sich noch besonders im 20. Jh., wobei vor allem die Länder Frankreich, Großbritannien, Italien, Deutschland, die Schweiz und Österreich – daneben die Vereinigten Staaten von Amerika – richtungsweisend wurden und den Brückenbau auf zum Teil völlig neuen Wegen zu den heutigen überragenden Leistungen führten.
Bewunderung und Achtung aber sollte uns für beide erhalten bleiben: für die neue Brückenbaukunst wie für die der Vergangenheit.

Fig. 40 Straßenbrücke auf der Strecke Rio de Janeiro–Belo Horizonte (Brasilien), Betonkonstruktion

Nachwort

Für die freundliche Hilfe bei der Beschaffung von Unterlagen oder Bildmaterial sowie für Hinweise oder Auskünfte möchte ich mich ganz besonders bei nachstehenden Persönlichkeiten bedanken, ebenso auch bei Archiven, Ämtern und Bibliotheken, besonders jenen der Technischen Hochschule (jetzt Technische Universität) Wien, der Universität Wien und der Österreichischen Nationalbibliothek.

Frau Dr. Türhan Alpar, Türk. Botschaft – Presse und Information, Wien; Prof. Dr. Otto Borst, Esslingen; Prof. Roy A. Burgess, Salford/England; Hermann Danner, Stuttgart; Mr. John A. Diehl, Chairman (Ohio Covered Bridge Comittee), Cincinnati; Baurat h. c. Dr. Walter Fessler, Wien; Prof. Dr. Walter Frodl, Wien; Dr. W. G. Frohlich, Zürich; Mr. John Harris, London; Prof. Dr. Ing. Fr. Hartung, München; Dipl.-Ing. Dr. Techn. Rudolf Heckel, Wien; Prof. Dr. O. Ladstätter, Wien; Reg. Baurat a. D. Dipl.-Ing. Helmut Löser, Dresden; Dipl.-Ing. Dr. Techn. Ehsanollah Moayad, Teheran; Mr. Koji Ogaki, Nakahava/Japan; Prof. Dr. Ing. N. Panajotopoulos, Saloniki; Dipl.-Ing. Alfred Pauser, Wien; Dipl.-Ing. Erwin Rummler, Aichwald b. Stuttgart; Pater Andreas Tomaschek, Stiftsarchiv Zwettl, Niederösterreich; Assistent Richard Trappel, Sinolog. Institut, Wien; Baudirektor Dipl.-Ing. Hofrat W. Tschepper, Wien; Herr Welt, Stadtamt Plochingen.

British Information Center, Wien; Bürgermeister der Stadt Säckingen; Diözesanarchiv Eichstätt; Information-Center der Indischen Botschaft, Wien; Italienisches Verkehrsamt, Wien; Kommission für Natur-Heimatschutz und Denkmalpflege des Kantons Uri/Schweiz; Kriegsarchiv, Wien; Landesdenkmalamt Baden-Württemberg, Stuttgart; Magistrat der Stadt Fritzlar; Österr. China-Forschungsinstitut, Wien; Österr.-Sowjetische Gesellschaft, Wien; Peruanische Botschaft, Wien; Spanisches Fremdenverkehrsamt, Wien; Stadtarchiv Mainz; Stadtarchiv Schwäbisch Hall; Tiefbauamt der Stadt Heilbronn. Schließlich danke ich den Mitarbeitern des Verlages für die gute Zusammenarbeit.

Wien, im Frühjahr 1979 — Charlotte Jurecka

Literaturverzeichnis

1) Ackermann, H.: „Mögliche Ursachen der Fahrbahnsenkung an der Autobahnbrücke bei Hochheim.“ Tiefbau/Ingenieurbau/Straßenbau 3, Bertelsmann Fachzeitschriften GmbH, Gütersloh 1976

2) Amt der Oberösterreichischen Landesregierung: „Die Straßen der Römer“, Wels 1951

3) Aschbach, J.: „Über Trajans steinerne Donaubrücke“, Mitteilungen der k. k. Central-Commission zur Erforschung und Erhaltung der Baudenkmäler, III. Jg. Nr. 8, Wien 1858

4) Bargellini, P.: „Die Kunst der Etrusker“, Paul Zsolnay Verlag, Hamburg–Wien 1960

5) Becker, J.: „Die religiöse Bedeutung des Brückenbaues im Mittelalter, mit besonderer Beziehung auf die Frankfurter Mainbrücke“, Archiv für Frankfurts Geschichte und Kunst, 1869

6) Becker, M.: „Der Brückenbau“, L. Mäcken-Verlag, Stuttgart 1854 u. 1858

7) Behrens, G.: „Verschwundene Mainzer Römerbauten“, Mainzer Zeitschrift, Mainz 1934

8) Bélidor, B. F. de: „Architectura Hydraulica“, 1769

9) Beyer, E. und Lange, K.: „Verkehrsbauten“. Brücken/Hochstraßen/Tunnel, Entwicklungstendenzen aus Düsseldorf, Beton Verlag, Düsseldorf 1974

10) Bienert, G.: „Verkehrs- und bauhistorische Betrachtungen über die Dresdner Elbbrücken“, Wiss. Ztschr. d. Hochschule für Verkehrswesen 2/17, Dresden 1970

11) Bill, M.: „Robert Maillart“, Verlag für Architektur, Erlenbach u. Zürich 1949

12) Bisse, W. H.: „Zur Ursache des Stahlbrücken-Absturzes Koblenz-Horchheim“, Tiefbau 1, Bertelsmann Fachzeitschriften GmbH, Gütersloh 1973

13) Böhme, F. M.: „Deutsches Kinderlied und Kinderspiel“, Leipzig 1897

14) Boerschmann, E.: „Baukunst und Landschaft in China“, Verlag Ernst Wasmuth, Berlin 1926

15) Bonatz, P., und Leonhardt, F.: „Brücken“ (Blaue Bücher), Verlag K. R. Langewiesche Nachf. Hans Köster, Königstein i. Taunus 1951

16) Borst, O.: „Die Esslinger Pliensaubrücke“, Stadtarchiv Esslingen/Neckar 1971

17) Bozkurt, O.: „Koca Sinan' in Köprüleri“, Diss. Istanbul Teknik Univertesi, Mimerlik Fakültesi, Istanbul 1952

18) Briegleb, J.: „Die vorrömischen Steinbrücken des Altertums“, Technikgeschichte in Einzeldarstellungen, Nr. 14, VDI-Verlag, Düsseldorf 1971

19) „Brücke, Die“, Staatliche Pressestelle der Hansestadt Hamburg, Hamburg 1975

20) „Brückenbau, Der“, Handbuch der Ingenieurwissenschaften, Bd. 2, Leipzig 1906

21) Brunner, J.: „Beitrag zur geschichtlichen Entwicklung des Brückenbaues in der Schweiz“, Buchdruckerei Büchler & Co., Bern 1924

22) Casson, H. (mit Illustrationen von P. Sharp): „Bridges“ (National Benzole Books), Chatto and Windus Ltd., London 1963

23) Cichorius, C.: „Die Reliefs der Trajanssäule“, Verlag Georg Reimer, Berlin 1900

24) Civil Engineer, New: Number 174, 1 January 1976, S. 16 f. u. S. 22

25) Cohausen, v.: „Caesars Rheinbrücken“, Leipzig 1867

26) Cüppers, H.: „Eine römische Straßenbrücke über die Enns“, Bonner Jahrbücher Bd. 165, Verlag Butzon & Berker, Kevelaer/Rhld. 1965

27) Cüppers, H.: „Die Trierer Römerbrücken“, Trierer Grabungen und Forschungen 5, Trier 1969

28) Culmann, K.: „Über die Brücken in den Vereinigten Staaten von Nordamerika“, Allg. Bauzeitung, Wien 1851

29) Daviler, S. A. C.: „Ausführliche Anleitung zu der ganzen Civil-Baukunst . . .“, übersetzt von L. C. Sturm, Augsburg 1725

30) Deinhard, J. M.: „Vom Caementum zum Spannbeton“, Bd. II, Bauverlag, Wiesbaden–Berlin 1964

31) Delbrück, R.: „Hellenische Bauten in Latium“, Straßburg 1907

32) Dietlein, J. F. W.: „Auszug aus Navier's Abhandlung über die Hängebrücken“, Berlin 1825

33) Doherty, C. H.: „Science builds the bridges“, Brockhamton Press, Leicester (o. J.)

34) Döring Ruth: „Die Krämerbrücke“, Aus der Vergangenheit der Stadt Erfurt, Bd. 1, Heft 5, S. 144–150, Hrsg.: Wissenschaftliches Kollektiv zur Erforschung der Erfurter Stadtgesch., Erfurt 1955

35) „Drahtbrücke zu Freiburg über die Sarine“, Allg. Bauzeitung, Wien 1836
36) Dubly, H. L.: „Ponts de Paris à travers les siècles“, Edition des deux Mondes, 1957
37) Durm, J.: „Handbuch der Architektur“, Alfred Kroner Verlag, Stuttgart 1905
38) Ebe, G.: „Brücken im Stadtbilde“, Der Städtebau, Berlin 1906
39) École Nationale des Ponts et Chaussées: „Regards sur la France“, 5. Jg. Nr. 14, Paris 1961
40) Egli, E.: „Sinan“, Verlag f. Architektur, Erlenbach–Zürich 1954
41) Eldridge, C. H.: „The Tacoma Narrow Bridge“, Civil Engineer 10/1940/Nr. 5
42) Ellinger, M.: „Entwicklung des Brückenbaues von der Jahrhundertwende bis heute“, Der Aufbau, 21. Jg. 1/2, 1966
43) Erfurt, Rat der Stadt: „Erfurt“, Erfurt 1955
44) Falk, F.: „Die Kirche und der Brückenbau im Mittelalter“, Historisch-politische Blätter für das katholische Deutschland, 87/1881
45) Feldhaus, F. M.: „Museum der Weltgeschichte“, Akad. Verlagsgesellschaft Athenaion, Berlin 1931
46) Finsterwalder, U., und König, H.: „Die Donaubrücke beim Gänstor in Ulm“, Bauingenieur, Springer-Verlag, Berlin 1951
47) Fischer v. Erlach, Joh. Bernhard: „Historia Architectura“, Wien 1721
48) Franz, G.: „Anwendung des Spannbetons zur Hebung von Brückentürmen (bei der sogenannten Löcherbrücke in Tournai)“, Bauingenieur, Springer-Verlag, Berlin 1951
49) Funcke, J.: „Straßen und Brücken in Nordrhein-Westfalen“, Widmann-Verlag, München 1958
50) F. W.: „Alte Brücken für den modernen Verkehr“, Tiefbau, Bertelsmann Fachzeitschriften GmbH, Gütersloh 1969
51) Garilasco, Inca-, de la Vega: „Comentariios Reales de los Incas“, Lima 1959
52) Gazzola, P.: „Ponti Romani“, Olschki-Verlag, Florenz 1963
53) Gerlich, F.: „Brücken in Tirol“, Amt d. Tiroler Landesregierung, Innsbruck 1958
54) German, W.: „Chronik von Schwäbisch Hall“, Schwäbisch Hall 1900
55) Ghega, C.: „Über den nordamerikanischen Brükkenbau“, Kaulfuss' Witwe Prandel & Co., Wien 1845
56) Gille, B.: „Ingenieure der Renaissance“, Econ-Verlag, Wien–Düsseldorf 1968
57) Gradmann, E.: „Die Kunst- und Altertumsdenkmale der Stadt und des Oberamtes Schwäbisch Hall“, Esslingen 1907
58) Großmann, D.: „Die Ederbrücke in Fritzlar“. Erschienen zum 1250jährigen Jubiläum der Stadt Fritzlar 1976
59) Guhl und Koner: „Das Leben der Griechen und Römer“, Berlin 1860/61
60) Günschel, G.: „Große Konstrukteure I. Freyssinet/Maillart/Dischinger/Finsterwalder“. Ullstein, Berlin–Frankfurt a. Main–Wien 1966
61) Hague, D. B.: „Conway Suspension Bridge“, The National Trust, London 1928
62) „Handwörterbuch des deutschen Aberglaubens“, Berlin und Leipzig 1927
63) Hanftmann, B.: „Vom Regensburger Brückenmandl“, Verhandlungen des historischen Vereins für Oberpfalz und Regensburg, 85/1935
64) Hart, F.: „Kunst und Technik der Wölbung“, Georg D. W. Callwey, München 1965
65) Hartmann, F.: „Ästhetik im Brückenbau, unter besonderer Berücksichtigung der Eisenbahnbrükken“, Leipzig–Wien 1928
66) Hartung, F.: „Altiranische Wasserbauten“, Wasser- und Energiewirtschaft 4, Baden (Schweiz) 1972
67) Hassinger, H.: „Zollwesen und Verkehr in den Österreichischen Alpenländern bis um 1300“, Mitteil. d. Inst. f. Österreichische Geschichtsforschung 73, Wien 1965
68) Hayes, J.: „London, a pictorial history“, B. T. Batsford Ltd., London 1969
69) Heckel, R.: „The fourth Danube Bridge in Vienna – Damage and Repair“, Paper given at the conference on developments in bridge-design and construction, Cardiff 1971
70) Heinzerling, F.: „Steife, doppelte Spreng-, Häng- und Hängspreng-Werke im Holzbrückenbau“. Denkschrift der Industrie- und Gewerbeausstellung 1902 in Aachen, Aachener Verlags- und Druckerei GmbH
71) Heinzerling, F.: „Historische Übersicht über die technische Entwicklung der Brücken in Stein und Holz“, Allg. Bauzeitung, Wien 1868/1869/1871
72) Hirt, A. L.: „Die Geschichte der Baukunst bei den Babyloniern vor Alexander dem Großen“, Berlin 1822
73) Hoshino, K.: „Gestaltung von Brücken“, Verlag Konrad Wittwer, Stuttgart 1972
74) Hutter, T.: „Die Karlsbrücke in Prag, ihre Geschichte, Beschreibung und Sagen“, Prag 1890
75) Jacobs, D. und Neville, A. E.: „Bridges, Canals and Tunnels“, Am. Heritage Publ. Inc.
76) Jehle, F.: „Zur Geschichte der Säckinger Brücke“, Badische Heimat, 36, Heft 4, Freiburg i. Breisgau 1956, sowie ders.: „Zur Baugeschichte der Säckinger Rheinbrücke“, Bürgermeisteramt Säckingen 5. Juli 1967
77) Justi, F.: „Geschichte des alten Persiens“, Berlin 1879
78) Katanic, N., und Goikovic, M.: „Matériaux

servant à l'étude des vieux ponts de pierre et aqueducs en Serbie, Macédonie et Monténégro", Institut Fédéral pour la protection des monuments historiques, Belgrad 1961
79) Killer, J.: „Die Werke der Baumeister Grubenmann", Zürich 1942
80) Kircher, A.: „Monumenti Sinici, quod anno 1625", Off. Rungiana, 1672
81) – – „China monumentis illustratii", Amsterdam 1667
82) Kleinstäuber, C. H.: „Geschichte und Beschreibung der altberühmten steinernen Brücke zu Regensburg", Verhandlungen des historischen Vereins von Oberpfalz und Regensburg, 26/1879
83) Klinger, B.: „Vom Steg zur Hängebrücke", Tiefbau 12, Bertelsmann Fachzeitschriften GmbH, Gütersloh 1969
84) „Kölner Rheinbrücken", hsg. von der Stadt Köln zur Einweihung und Verkehrsübergabe der Zoobrücke am 22. Nov. 1966, Wilhelm Ernst & Sohn, Berlin 1966
85) Koller, H.: „Enns und Wien in der Karolingerzeit", Jahrbuch für Landeskunde von Niederösterreich, 1964
86) Kreuzberg, P. J.: „Das Brückenspiel in der Rheinprovinz", Ztschr. d. Vereins f. Rhein.-Westf. Volkskunde, 2/1905
87) Krieger, E.: „Schwäbisch Hall. Mit Großkompurg, Kleinkompurg, Steinbach und Limpurg", Schwäbisch Hall 1953
88) Lacroix, E.: „La construction des ponts et viaducs en bois, en pierre, ponts metallique, fondations tubulaires", Paris 1872
89) Laskus, A.: „Hölzerne Brücken", Berlin 1955
90) Layard, A. H.: „A description of province of Khúzistán", Journal of the Royal Geographical Society, London 1846
91) Lempp, R.: „Von alten und neuen Holzbrücken", Schwäbisches Heimatbuch, Jg. 1938
92) – – „Steinbrücken in Württemberg aus alter und neuer Zeit", Schwäbisches Heimatbuch, Jg. 1940
93) Lenk, A.: „Die Gezeiten der Geschichte", Econ-Verlag, Düsseldorf–Wien 1974
94) Leonhardt, F.: „Verschiedene Spannbetonbrükken in Süddeutschland", Bauingenieur, Springer-Verlag, Berlin 1953
95) Leupold, J.: „Theatrum Pontificale oder Schauplatz der Brücken", Leipzig 1626
96) Looz-Corswarem, O. Graf v.: „Zur Geschichte der Verwaltung der Koblenzer Moselbrücke", Jb. f. Geschichte und Kunst d. Mittelrheins und seiner Nachbargebiete, 1/1949
97) „Magnificent China", Hua Hsia Publications, Hongkong 1972
98) Malberg, A.: „Historische, technische und finanzielle Notizen über die Themse-Brücken in und oberhalb Londons", Ztschr. f. Bauwesen, Berlin 1856
99) – – „Historisch-kritische Bemerkungen über Kettenbrücken", Ztschr. f. Bauwesen, Berlin 1859
100) Mandel, A.: „Über den Bau der Ferdinandsbrücke zu Gratz", Allg. Bauzeitung 30, Wien 1836
101) Martini, M.: „Novus Atlas Sinensi", Amsterdam 1655
102) Mauer, F.: „Die alte Römerbrücke in Heilbronn-Neckargartach", Schwäbische Heimat, Ztschr. zur Pflege von Landschaft, Volkstum und Kultur, Stuttgart 1961
103) Mayer, M.: „Schwäbische Brücken", Schwäbisches Heimatbuch, Jg. 1919
104) Mayerhöfer, A.: „Die Brücken im alten Rom", Erlangen 1884
105) Mechel, C.: „Plan, Durchschnitt und Aufriß der drei merkwürdigsten Brücken in der Schweiz, nämlich . . .", Basel 1805
106) Mehrtens, G.: „Der Deutsche Brückenbau im XIX. Jhdt.", Denkschrift bei Gelegenheit der Weltausstellung des Jahres 1900 in Paris, Springer-Verlag, Berlin 1900
107) Merckel, C.: „Die Ingenieurtechnik im Altertum", Berlin 1899
108) Meyer, A. G.: „Eisenbauten, ihre Geschichte und Ästhetik", Esslingen 1907
109) Mitis, I.: „Die Carls-Brücke oder Beschreibung der ersten Stahl-Kettenbrücke in Wien", Verlag J. P. Sollinger, Wien 1829
110) – – „Die Sophienbrücke oder beschreibende Darstellung der ersten Kettenbrücke in Wien", Verlag J. P. Sollinger, Wien 1830
111) Modrijan, W.: „Das Aichfeld", Judenburg 1962
112) Moser, H.: „Durch Zentralasien", Brockhaus, Leipzig 1888
113) Nagel, W.: „Die alte Dresdner Augustusbrücke", Veröffentlichung des Vereins für Geschichte Dresdens, Dresden 1929
114) Napoléon III.: „Über Caesars Rheinbrücken"
115) Nationale Organisation zum Schutz der historischen Werke Irans: „RAH WA RABAT" (Wege und Verbindungen), Teheran 1971 (in persischer Sprache)
116) Needham, J.: „Science and Civilisation in China", Cambridge University Press, Bd. 4, Cambridge 1971
117) Neues Deutschland (Zeitung der DDR): 19./20. April 1975
118) Neue Zürcher Zeitung: „Die ältesten Steinbrükken der Schweiz", 5./6. April 1975
119) Niessen, H.: „Italienische Landeskunde", Berlin 1902
120) Niester, H.: „Unsere historischen Brücken sind

in Gefahr“, Nachrichtenblatt der Denkmalpflege in Baden-Württemberg, 1964
121) Ollone, D': „Les dernières Barbares, China-Tibet-Mongoli“, Paris 1911
122) Pauser, A.: „Über die Niesenbachbrücke (Pack/Stmk.)“, Zement und Beton 77, Wien 1974
123) – – „Die Schrägseilbrücke über den Donaukanal“, Zement und Beton 77, Wien 1974
124) Perronet, J. R.: „Description des projects et de la construction des ponts . . .“, vol. I, Paris 1872
125) Poellnitz, P. v.: „Die Römische Rheinbrücke bei Mainz“, Diemer, Mainz 1884
126) Raunig, W.: „Bernstein/Weihrauch/Seide“, Verlag A. Schroll & Co., Wien–München 1971
127) Reinle: „Die Kunstdenkmäler der Schweiz“, Kanton Luzern II, Stadt Luzern I
128) Richthofen, F. Freiherr v.: „Tagebücher aus China“, Dietrich Reimer (E. Vohsen), Berlin 1907
129) Ritter, W.: „Der Brückenbau in den Vereinigten Staaten Amerikas“, Weltausstellung Chicago 1893, Berichte der schweizerischen Delegierten, Zürich 1895
130) Rolt, L. T. C.: „Isambard Kingdom Brunel“, Longmans, Green & Co., London 1960
131) Ruedi, E.: „Die Rheinbrücke zu Schaffhausen“, Schaffhausener Beiträge zur vaterländischen Geschichte, 15/1938
132) Ruesch, E.: „Haben die Engländer die Kapellbrücke gerettet?“, Zeitung „Vaterland“ 134/1968 – ders.: „Die Kapellbrücke – älteste noch erhaltene Holzbrücke Europas“, „Luzerner Tagblatt“ 78/1969 – ders.: „Unbekannte Kapellbrücke“, „Vaterland“ 108/1971
133) Ržiha, R.: „Die ehemalige Judithbrücke zu Prag“, Prag 1878
134) Schäfer, G.: „Die Rheinbrücke zu Basel“, Kunstdenkmäler des Kantons Basel-Stadt, 1932
135) Schaper, G.: „Einsturz der großen Hängebrücke bei Tacoma/USA“, Die Bautechnik, Jg. 19, Heft 7/1941
136) Schmid, A.: „Über die in Wien bestehenden Kettenbrücken“, Allgem. Bauzeitung, Wien 1836
137) Schmidt, L.: „Johannes-Andachten und Nepomuklieder in Niederösterreich“, Jb. d. Niederösterr. Volksliedwerkes, 1960
138) Schneider, G.: „Die Balduinbrücke über die Mosel in Koblenz“, Jb. f. Geschichte u. Kunst des Mittelrheins, 1949
139) Schramm, C. Chr.: „Historischer Schauplatz der Brücken . . .“, Leipzig 1735
140) Schranka, E. M.: „Brückenkunde. Cultur- und literar-historische Studie mit einer Geschichte der Prager Karlsbrücke von Th. Hutter“, Staats- und Stadtarchiv, Prag 1890
141) Schröder, K., und Künsberg, E. Frh. v.: „Lehrbuch der Deutschen Rechtsgeschichte“, 1932
142) Schultze-Naumburg, P.: „Die Gestaltung der Landschaft durch den Menschen“, Bd. I, Georg D. W. Callway, München 1928
143) Schumacher, R.: „Die Drususbrücke über die Nahe bei Bingen“, Jb. f. Geschichte u. Kunst d. Mittelrheins, 1952/53
144) Seifert, A.: „Ein Leben für die Landschaft“, Diederichs, Düsseldorf–Köln 1962
145) – – „Im Zeitalter des Lebendigen“, Bd. I, Müllersche Verlagshandlung, Planegg vor München 1943
146) Specht, M., Powitz, G., Priedrigkeit, B.: „Anwendung der Drehbauweise beim Bau der Weserbrücke Höxter-Lüchtringen“, Bauingenieur 4, Springer-Verlag, Berlin 1977
147) Sprague de Camp, L.: „Ingenieure der Antike“, Econ-Verlag, Düsseldorf 1964
148) Sprotte, B.: „Aus der Geschichte der Tauberbrücken“, Eigenverlag des Verfassers, Kreuzwertheim 1977
149) Steiner, F.: „Über den Brückenbau in den Vereinigten Staaten von Nordamerika“, Bericht über die Weltausstellung in Philadelphia 1876, Verlag Fascy u. Grick, Wien 1878
150) Steinmann, D. B.: „Brücken für die Ewigkeit“, Werner-Verlag, Düsseldorf 1957
151) Straub, H.: „Die Geschichte der Bauingenieurkunst“, Birkhäuser, Basel–Stuttgart 1964
152) Sturm, L. C.: „Gründliche und practische Unterweisung, wie man Fang-Schleussen und Roll-Brücken nach der . . .“, Augsburg 1715
153) – – „Architectura civili – militaris oder vollständige Anweisung Brücken gehörig anzugeben“, Augsburg 1719
154) Stüssi, F.: „From Leonardo da Vinci to Othmar H. Amman“, Internationale Vereinigung für Brükkenbau und Hochbau. Mitteil. 25/1969, Redaktion: Sekretariat der IVBH, Zürich
155) Taper, O.: „Gedenkwürdige Verrichtung der Niederländischen Ost-Indischen Gesellschaft in dem Kaiserreich Taising oder Sina durch ihre zweyte Gesandschaft 1662 als auch die dritte Gesandschaft an Kouchi, Sinischen und Ost-Tartarischen Kaiser, verrichtet durch Pieter van Hoorn“, Jacob van Mans, Amsterdam 1675
156) Texier, C.: „Description de L'Asie Mineure“, Didot, Paris 1839/40
157) Tiefbau/Ingenieurbau/Straßenbau, Bertelsmann Fachzeitschriften GmbH, Gütersloh, Juni 1976
158) Thul, H. „Schrägseilbrücken“, Vorbericht. Neunter Kongress Internationale Vereinigung für Brückenbau und Hochbau, Amsterdam 8.–13. Mai 1972
159) Trautwine, J. C.: „Beschreibung des hölzernen

Aquädukts, mittels dessen der Pennsylvania-Kanal bei Pittsburgh über den Alleghany-Fluß geführt ist", Allgem. Bauzeitung, Wien 1843
160) Tschepper, W., und Schmid, W.: „Die Geschichte der Trisanna-Brücke", Österr. Ing. Ztschr. 8/3. Jg.
161) Unser Vogtland: „Die Göltzschthal- und die Elsterthalbrücke", 3. Bd., hg. von G. Doehler, Gera 1897
162) Urlichs, H. L.: „Die Brücken des alten Roms", Sitzungsberichte der Königlich Bayerischen Akademie der Wissenschaften (o. J.)
163) United States Department of the Interior, National Parc Service: „Crossing, Culverts and Bridges", Reprint from Parc and Recreation Structures, 1938
164) Verantius Faustus: „Machinae novae", Venedig 1694
165) Vouga, P.: „La Tène", Leipzig 1923, sowie Wawre, H., und Vouga, P.: „La Tène", Neuchâtel 1908
166) Walbiner, K., und Pauser, A.: „Besondere Bauvorhaben und Entwicklungen im Brückenbau", Österr. Ing. Ztschr. 9/1975
167) Werner, E.: „Die ersten Ketten- und Drahtseilbrücken", Technikgeschichte in Einzeldarstellungen, VDI-Verlag, Düsseldorf 1973
168) Wittfoht, H.: „Triumph der Spannweiten", Beton Verlag, Düsseldorf 1972
169) Zimmerhaeckel, F.: „C. J. Caesars Rheinbrücke", Ztschr. für mathematischen und naturwissenschaftlichen Unterricht, Leipzig 1899
170) Zucker, P.: „Die Brücke – Typologie und Geschichte ihrer künstlerischen Gestaltung", Wasmuth, Berlin 1921

Personenregister

(Die im Literaturverzeichnis in alphabetischer Reihenfolge genannten Autoren sind hier nicht enthalten)

Ortsregister

ABBILDUNGSNACHWEIS

Gustav Ammerer, Wien: Abb. 19 – Archäologisches Institut d. Univ. Wien: Abb. 32 – Botschaft Großbritannien, Information Center, Wien: Abb. 8, 48, 49, 57, 66, 67, 84, 85, Fig. 20 – Botschaft Indien, Presseabteilung, Wien: Abb. 87 – Botschaft Türkei, Presse u. Information, Wien: Abb. 72, 74, 105, 121 – Botschaft Peru, Wien: Abb. 7, Fig. 3 – Roger Burgess, Salford, Großbritannien: Abb. 9 – Hermann Danner, Stuttgart: Abb. 56 – Deutsche Fotothek, Dresden: Abb. 41, 51, 95 – Deutsches Museum, München: Abb. 76, 77, 122 – John A. Diehl, Cincinnati, Ohio: Abb. 98, 99, 100, 101 – Dyckerhoff & Widmann K.G., München: Abb. 111 – Walter Fessler, Wien: Abb. 12, 13 – Grün & Bilfinger A.G., Mannheim: Abb. 106 – Gutenberg-Museum, Mainz: Abb. 25 – Handbuch der Ingenieur-Wissenschaften II (Lit. 20): Abb. 90 – Rudolf Heckel, Wien: Abb. 81, 82, 83, 92, 107, 116 – Hoch-Tief A.G., Essen: Abb. 119 – Italienisches Fremdenverkehrsamt, Wien: Abb. 31, 58, 61 – Jugoslawisches Fremdenverkehrsbüro, Wien: Abb. 73, 75, 91 – Wolfgang Jurecka, Wien: Abb. 44 – Landesbildstelle, Wien: Abb. 115 – J. Leupold (Lit. 95): Abb. 42, Fig. 27a, 27b – Magistrat der Stadt Linz a. d. D., Museum-Lichtbildarchiv: Abb. 47 – Anna Mathä, Wien: Abb. 24 – Mayreder/Kraus & Co., Linz a. d. D.: Abb. 5 – C. Merckel (Lit. 107): Abb. 10, 29, 30 – A. G. Meyer (Lit. 108): Fig. 11b – Hartmut Michl, München: Abb. 43, 45, 78, 79, 80 – Koji, Ogaki, Nakahava: Abb. 20, 21, 22, 23 – Österreichische Bundesbahn, Bildarchiv, Wien: Abb. 1, 88, 89, 93, 96, 118 – Alfred Pauser, Wien: Abb. 102, 103 – Burkhard Pillat, Wien: Abb. 104 – E. Penninger, Hallein: Abb. 50 – Polensky & Zöllner, Frankfurt a. M.: Abb. 112 – Porr A.G., Wien: Abb. 11 – Dieter Reisser, Wien: Abb. 38 – Erwin Rummler, Aichwald: Abb. 3a–h, 6 – C. Chr. Schramm (Lit. 139): Abb. 62 – Schrollverlag, Archiv, Wien: Abb. 46, 63, 86 – Spanisches Fremdenverkehrsamt, Wien: Abb. 35, 64, 65 – Stadtamt Plochingen, Württemberg: Abb. 52 – Stadtverwaltung Köln, Bildarchiv: Abb. 4 – Stadtverwaltung Luzern: Abb. auf dem Vor- u. Nachsatzblatt – Strabag Bau-A.G., Köln: Abb. 109 – H. G. Tafel, Aachen: Abb. 60, 94 – Richard Trappel, Wien: Abb. 16, 17, 18 – Technische Universität Wien: Abb. 117 – Wayss & Freitag K.G., Frankfurt a. M.: Abb. 110 – F. Zimmerhaeckel (Lit. 169): Fig. 17

Alle übrigen Fotos stammen vom Verfasser

Sämtliche Zeichnungen: Walter Jurecka, Wien

Eygentliche vnd
kandtlich abcüntr